高等学校规划教材

地下工程施工技术

（第2版）

主　编　任建喜

副主编　李金华　郑选荣

编　者　任建喜　李金华　郑选荣

　　　　于远祥　朱　彬　张　琨

西北工业大学出版社

西安

【内容简介】 本书为高等学校"十二五"规划教材,主要内容有地下工程的内涵及其发展现状、岩体隧道钻爆法施工技术、软弱地下工程施工技术、盾构法施工技术、隧道掘进机施工技术、井巷工程施工技术、基坑工程施工技术、地下连续墙施工技术、顶管法施工技术、沉管法施工技术、冻结法施工技术和注浆法施工技术等。

本书可作为高等学校土木工程、城市地下空间工程、工程力学、工程管理相关专业学生的教材,也可供从事有关土木工程及城市地下空间工程设计、施工、监理、监测等工作的工程技术人员参考。

图书在版编目(CIP)数据

地下工程施工技术 / 任建喜主编 . —2 版　—西安:
西北工业大学出版社,2022.12
ISBN 978 - 7 - 5612 - 8609 - 8

Ⅰ. ①地…　Ⅱ. ①任…　Ⅲ. ①地下工程-工程施工-高等学校-教材　Ⅳ. ①TU94

中国版本图书馆 CIP 数据核字(2022)第 257846 号

DIXIA GONGCHENG SHIGONG JISHU
地 下 工 程 施 工 技 术
任建喜　主编

责任编辑:梁　卫		**策划编辑:**梁　卫	
责任校对:孙　倩		**装帧设计:**李　飞	
出版发行: 西北工业大学出版社			
通信地址: 西安市友谊西路 127 号		邮编:710072	
电　　话: (029)88491757,88493844			
网　　址: www.nwpup.com			
印 刷 者: 西安浩轩印务有限公司			
开　　本: 787 mm×1 092 mm		1/16	
印　　张: 19.25			
字　　数: 505 千字			
版　　次: 2012 年 2 月第 1 版　2022 年 12 月第 2 版　2022 年 12 月第 1 次印刷			
书　　号: ISBN 978 - 7 - 5612 - 8609 - 8			
定　　价: 58.00 元			

如有印装问题请与出版社联系调换

第 2 版前言

《地下工程施工技术》是 2010 年 9 月编写的,国内多所高校土木工程专业、城市地下空间工程专业的本科生使用了该书。总体上讲,该书内容齐全,特色鲜明,是一本较好的"地下工程施工技术"课程教材,受到了广大师生的欢迎。近年来,地下工程施工技术的发展日新月异,新理论、新技术、新装备、新工艺和新工法不断涌现,急需更新教材内容。

在国家"十三五"科技创新的总体布局中已经列入了"深地"探测的重要内容,形成了挑战自然极限的"深空""深地"和"深海"三大战略科技布局。从理论上讲,地球内部可利用的成矿空间分布在从地表到地下 10 000 m。目前世界先进水平的勘探开采深度已达 2 500～4 000 m,向地球深部进军是我们必须解决的战略科技问题。地下空间的安全开发和利用是城镇化发展新阶段的必然要求。

随着以物联网、大数据、人工智能为标志的第四代工业革命的到来,地下工程建筑领域迎来复杂而深刻的变革,我国西部大开发与"一带一路"倡议的不断推进,在"碳达峰碳中和"战略下地下工程建设已迎来快速发展期,向深部要资源是保障国家资源安全和可持续发展的战略选择。

目前,教育部正在工科高等教育中实施"卓越工程师教育培养计划 2.0",强调培养本科生的科研精神和动手实践能力,着力培养学生解决复杂工程问题的能力。随着成果导向教育理念在教育教学中不断贯彻,土木工程专业及城市地下空间工程专业的教育教学质量不断提高。与第 1 版相比,《地下工程施工技术》第 2 版基本内容保持不变,更新了许多过时的施工设备、施工工艺和工法,增加了智能建造、绿色施工等内容,体现了地下工程施工领域新技术、新设备、新工艺和先进的施工管理理念。第 2 章增加了数码电子雷管起爆系统以及隧道钻爆法预制装配式建造等内容;斜井井筒设计、斜井硐室及串车车场设计、立井井筒工程、立井井筒装备属于设计类内容,在其他专门课程中讲解,第 2 版删除了这些内容,并在第 6 章增加了顺槽智能掘进技术的内容。由于第 1 版第 13 章的内容有专门的课程讲述,为避免重复,予以删除。基于科研与本科教学相互融合的理念,笔者将部分科研成果融入了本书的不同章节中。

本书共分 12 章。第 1、8、11 章由任建喜编写,第 2、3、12 章由郑选荣编写,第 4、5 章由李金华编写,第 6 章由于远祥编写,第 7 章由朱彬编写,第 9、10 章由张琨编写。本书由任建喜担任主编,李金华、郑选荣担任副主编。

本书的出版得到了西安科技大学教材建设委员会的立项支持,衷心感谢西安科技大学对本教材出版提供的资金支持!

由于水平有限,书中难免存在疏漏和不足之处,请读者批评指正。

编　者
2022 年 7 月

第 1 版前言

土木工程是建造各类工程设施的科学技术的总称。它主要包括工程设施的勘测、设计、施工、保养和维修等。土木工程的主干学科是结构工程、岩土工程、桥梁与隧道工程；相关学科有市政工程，供热、供燃气、通风及空调工程，防灾、减灾及防护工程，水工结构工程，港口、海岸及近海工程等。目前，土木工程专业按照专业方向进行教学，2010 年中华人民共和国住房和城乡建设部制定的《土木工程专业规范（讨论稿）》推荐的三个专业方向是建筑工程、桥梁与隧道工程和地下工程。"地下工程施工技术"是土木工程专业地下工程方向推荐的专业课之一，属于施工原理与方法的知识单元。本书包含了该规范建议的地下工程施工技术课程的知识点。

随着大学扩招，土木工程本科教育已经从精英教育转向大众教育，培养高级工程应用型人才成为土木工程专业教学的任务。特别是 2010 年教育部启动了"卓越工程师教育培养计划"，强调培养学生的动手实践能力。本书的编写适应了国家对土木工程人才培养的要求。

本书的主要内容包括地下工程概述、岩体隧道钻爆法施工技术、土质隧道施工技术、盾构法施工技术、隧道掘进机施工技术、井巷工程施工技术、基坑工程施工技术、地下连续墙施工技术、顶管法施工技术、沉管法施工技术、冻结法施工技术、注浆法施工技术和地下工程施工组织与施工监测。本书的内容反映了地下工程领域施工的新技术、新设备、新工艺和先进的管理理念。本着科研与教学相互促进、科研成果融入本科教学的宗旨，本书的许多内容来自于笔者的最新科研成果。为提高学生的学习效果，便于学生学习和复习，本书每章均给出了思考题。

本书由任建喜担任主编，郑选荣担任副主编。全书共分 13 章。具体编写分工如下：第 1，7，8，11 章和第 13 章的 13.1～13.4 节由任建喜编写，第 2，3，12 章由郑选荣编写，第 4，5 章由李金华编写，第 6 章由于远祥编写，第 9，10 章由冯晓光编写，第 13 章的 13.5 节由朱彬编写。

本书的出版得到西安科技大学教材建设委员会的立项支持，衷心感谢西安科技大学对本书提供的支持！

由于水平有限，书中存在的缺点和不足请读者批评指正。

编　者
2011 年 9 月

目　　录

第1章 绪 论

本章主要介绍地下工程的内涵、地下工程建设成就、地下工程发展现状,提出了地下工程施工技术发展方向和地下工程装备发展方向,简述了本书涉及的内容,介绍了本课程的学习方法。

1.1 地下工程的内涵

地下工程是指深入地面以下为开发利用地下空间资源所建造的地下土木工程,地下工程涉及的内容很多,主要有地下房屋、地下构筑物、地下铁道、公路隧道、水下隧道、城市交通轨道系统、上下水道、电力及瓦斯管道、地下商业街、地下停车场、地下水力发电站、地下能源发电站、地下工厂、地下核能发电设施、各种通道工程、地下共同沟、过街地下通道、人防避难工程及各种储备设施等。

地下空间利用目前主要是指利用地下 100 m 以内的空间,以后将逐步发展到地下 100 m 以外的空间。地下深度 2 km 以内是地下水资源和人类可利用的空间。地下深度 5 000 m 到 10 000 m 左右是能源和资源空间,这里有丰富的油气、矿产和地热资源;而 10 000 m 左右也是目前人类科技可以抵达的最深处,10 000 m 再往下则是地震、火山爆发等自然灾害发生的空间。

21 世纪是地下空间开发利用的高峰期,世界将有 1/3 的人口在地下生活工作,地下空间工程的安全高效建设成为重中之重。国家"十四五"发展规划和 2035 年远景目标纲要明确提出,统筹推进传统基础设施和新型基础设施建设,打造系统完备、高效实用、智能绿色、安全可靠的现代化基础设施体系。随着我国川藏铁路、粤港澳大湾区、长江经济带、京津冀协调发展等国家发展战略规划的启动与实施,地下空间的开发利用进入了一个高速发展期。在城市的总体规划中,地下空间的发展模式已经由原来的"单点建设、单一功能、单独运转"转变为现阶段的"统一规划、多功能集成、规模化建设"。从长远来看,中国地下空间的开发利用将进入"超深、超敏感"阶段,急需构建"一体化、生态化"的地下城市。

近年来,以公共交通为导向的城市发展模式(Transit Oriented Development,TOD)发展很快,TOD 通过交通枢纽与商业功能的相互结合及整体规划,实现并加快城市一体化进程。我国的 TOD 目前可分为城市型 TOD 和区域型 TOD 两类。城市型 TOD 是以地铁、轻轨等大运量公共交通车站为中心,以居住、公共服务、商业功能为主导的混合开发区域;区域型 TOD 是以高速铁路、城际铁路车站为中心,以商业、商务功能为主导的高强度混合开发区域。这类 TOD 最终形成城市副中心或城市商务中心区。

1.2　地下工程建设成就与发展现状

1.2.1　地下工程建设成就

截至 2020 年底,我国铁路营业里程达 14.5 万 km,其中,投入运营的铁路隧道共 16 798 座,总长约 19 630 km;截至 2019 年底中国已建公路隧道累计 19 067 座,总里程 1 896.66 万 km,与 2009 年底的总里程相比,增长了 381.14%;截至 2020 年底,我国共修 245 条水下隧道。国家重大工程如南水北调、西部大开发、西气东输、川藏铁路等相继开工,城市轨道交通、地下空间开发和跨区域交通不断推进,我国的隧道和地下工程修建规模和难度均为世界最大。

地铁、地下停车场、综合管廊等城市地下工程的开发利用,是人类社会和经济实现可持续发展、建设资源节约型和环境友好型社会的重要途径。"十二五"以来,我国城市地下空间建设量显著增长,年均增速达到 20% 以上,约 60% 的现状地下空间为"十二五"时期建设完成。"十三五"阶段,以轨道交通和综合管廊为主导的地下交通和市政设施的建设规模、建设水平及工程运维等已赶超世界。

我国在隧道和城市地下工程的开发技术和装备领域已经取得了巨大的成就。经过多年攻关,我国的盾构施工已从"跟跑"发展到"并跑",部分技术已经跻身世界前列。自主设计制造的土压平衡盾构、泥水平衡盾构、全断面非圆盾构以及全断面硬岩隧道掘进机(Tunnel Boring Machine,TBM)在国家重大基础设施建设方面发挥了决定性作用。然而,我国在隧道和地下工程领域仍然面临着诸多严峻挑战,山岭隧道和穿江越海隧道的施工难度显著增大,大埋深、大断面,高地应力、多破碎带,高地温,高瓦斯及高水压等复杂条件隧道越来越多,亟须开展新一代开发技术和装备的发展战略研究。

近 30 年来,大量隧道和地下工程项目的建设,为多种施工方法的应用提供了广阔的舞台。建设过程广泛吸纳了世界各国先进的建设理念、方法和技术,并在此基础上自主创新,取得一系列针对我国复杂地质环境的技术创新和突破。例如:地铁盾构隧道工法、近接施工安全控制等技术取得了长足进步;顶管技术、非开挖技术和水下沉管技术等取得积极进展;地层位移和变形控制技术引领全球;水下沉管隧道技术、大断面顶管技术等领先世界;在软岩大变形控制技术、瓦斯隧道施工通风技术、大断面盾构施工技术、全断面隧道硬岩掘进机施工技术等方面也处于世界先进水平。大量新技术的研发应用,提升了我国隧道和地下工程建设的地质适应能力和施工效率。

1.2.2　地下工程发展现状

随着地下工程开发不断朝着"深、大、长"方向发展,地质环境亦趋于复杂,高地应力、高地温、高瓦斯、高水压等引起的突发性工程灾害和重大恶性事故频发,现有技术面临着巨大的挑战。随着设计计算理论体系不完善,复杂地质条件下特深综合设施结构设计、建造技术体系亟须完善。此外,还面临着以下几个方面的问题:

(1)深层地下结构设计理论不完善。对于山岭隧道和穿江越海隧道,随着开挖深度不断增加,围岩变形及稳定性控制难度也急剧增加。深层土与浅层土的赋存环境和力学性态存在显著差异,现有的地下结构设计理论已不适用于"高水压、高应力、灾变难预测"的深层环境。

(2)复杂环境与极端地质下施工困难。复杂地质条件,如高地应力,高烈度震区,高地温,高原岩溶,深大活动断裂带等,带来岩爆、突涌水,软岩大变形等,导致施工困难。

(3)超大断面隧道支护难。超大断面导致隧道掘进效率,围岩和支护的稳定性,管片拼接、隧道密封和抗浮能力等的控制难度迅速增加。

(4)超长隧道施工风险高。超长隧道导致地质测量、掘进、抗震、通风、运输、安全救援等问题的难度陡增,施工风险高。

(5)城市地下工程的安全开发利用难。城市地下工程的安全开发利用需要城市地质结构、岩土体特性、地下水类型及分布和地质灾害等方面的信息。我国城市地下工程建设面临复杂的地质问题,包括复杂周边环境下近接施工的扰动控制、城市深部地下工程勘察精度不足以指导工程设计和施工、地下水的控制与保护、软土地区的地基处理和长期沉降控制、活动断层及地裂缝、复杂多元地质结构、卵砾石的开挖稳定性、上软下硬地层的开挖与扰动控制等。

1.3　地下工程施工技术与施工装备发展方向

1.3.1　地下工程施工技术发展方向

(1)绿色施工技术。绿色低碳发展是当今时代科技革命和产业变革的方向,是最有前途的发展领域。我国工程建设在这方面的潜力相当大,可以形成很多新的经济增长点。绿色施工技术应着眼于建筑全生命周期,在保证工程质量和安全的前提下,通过科学管理和技术进步,在工程建造过程中最大限度地节约资源和保护环境。建筑的绿色性能和绿色施工,助推生态文明建设和社会经济可持续发展,达到工程项目全生命周期的环境,经济和技术效益最大化。全面深入地推动绿色施工技术,装配式建筑的实践是我国隧道和地下工程施工技术的发展方向之一。

(2)信息化及数字化技术。随着计算机技术的发展,国内外研究方向主要集中在利用各种算法来简化各类设计。工程领域有诸多方面都可以与人工智能算法和技术相结合,如利用人工智能算法可大量简化冗杂重复的计算过程,将新的隧道图像不加注释地发送到分割网络中,使用分割网络完成裂缝的分割,提取裂缝,分析并及时采取相应的措施。数字化技术在岩土工程中得到初步应用。例如:无人机、机器人、三维激光扫描、光纤传感等监测技术已应用于大型岩土工程中;大数据、云计算、地理信息系统(Geographic Information System,GIS)配合人工智能(Artificial Intelligence,AI)建立监测＋管理系统,可对工程进行全过程管理并及时反馈;虚拟现实(Virtual Reality,VR)技术、人工智能开始用于复杂工程的项目管理。但目前数字化智能技术在隧道和地下工程的应用中,存在技术间融合不够、基础性数据不足及系统性平台缺失等问题,将数字化技术与地下空间开发相融合是未来智能建造的发展趋势。

(3)复杂条件下超长隧道施工技术。目前及今后较长时期内,隧道及地下工程建设普遍面临埋深大、隧道长、修建难度大的问题,且面临高地震烈度,高地应力、高落差、高地温和强活动断层等技术挑战。面对此等复杂隧道,应重点研发隔离消能技术,在初期支护和二次衬砌之间回填柔性材料,尽可能地将地层蠕变和地震引起的突变位移吸收消化在初期支护和中间的缓冲层上,从而不影响二次衬砌正常的使用功能;研发岩爆微震监测与预测预警系统,将现场监测结果传输到管理平台,及时分析和反馈,从而避免岩爆对隧道设备与人员的危害;研发高地温隧道综合降温技术,开发新型降温系统,辅助通风、蓄冰降温等多种措施,全面治理深埋隧道热害;研发使用韧性高、磨损性更好的大直径盘形滚刀或新型刀具,开发脉冲型水射流、激光、微波、高压气体膨胀破岩等 TBM 辅助破岩技术,使其应用更经济、破岩效率更高。

(4)复杂海底隧道施工技术。根据交通运输和经济发展的需要,国家中长期规划在琼州海峡、渤海海峡和台湾海峡建立 3 个通道,拟建隧道长度分别为 28 km、126 km、147 km。穿江越海隧道工程呈现出"高水压、长距离、大直径"的特点,在穿越海底沟谷、风化深槽、活动断裂带、强地震带和生态敏感区时,极易造成重大灾难。当前的技术很难满足上述工程在测量、施工、运营和维护等方面的需求。针对超长海底隧道,须重点攻克悬浮隧道、超长沉管隧道的设计与施工关键技术,并对软弱围岩钻爆隧道安全快速施工、混凝土结构长寿命保障、超高水压防排水及结构体系、超长区段运营通风、隧道防灾救援、智能化运载工具等关键课题开展科技攻关。

(5)城市地下工程施工技术。随着城市地下工程利用越来越广,深度不断增大,土地资源立体空间利用往往与地铁及既有建(构)筑物下穿、上跨或直穿相关,面临着一系列的施工难题。关键是地下工程面临着"水、软、变形难以预测"三大技术难题,要实现地下工程施工引起的地层位移和变形尽可能控制在允许值之内,确保周边环境与建(构)筑物的安全。城市地下空间典型的近接施工技术包括地层冻结组合系统技术、盾构下穿控制精细技术、重叠隧道与桩基组合下穿建筑群技术、超近距离矩形顶管技术、穿越密集成片老旧小区组合技术、跨地铁运营隧道建设地下空间等。

1.3.2　地下工程装备发展方向

(1)绿色制造装备。"中国制造 2025"要求组织实施好绿色制造工程,地下工程装备也必须走绿色制造之路。地下工程装备体积大、质量大、用材多、能源消耗大且掘进过程中会有大量渣土与污染源排出,在制造业转型升级、实施绿色制造的大趋势下,地下工程装备的绿色制造将是未来重点发展方向。未来,我国的隧道和地下工程建设及其装备研制需要在国家有关部委的指导下,通过国家绿色制造系统集成项目的实施,开创我国施工装备的全生命周期绿色再制造新模式,推动我国施工装备绿色再制造产业化,完善我国大型施工装备绿色再制造技术标准与产业发展,最终有效推动我国隧道和地下工程装备再制造产业的健康发展。

(2)全生命周期的智能制造。为应对第 4 次工业革命,我国将推进信息化与工业化深度融合作为"中国制造 2025"中 9 项战略任务之一。把智能制造作为两化深度融合的主攻方向,着力发展智能装备和智能产品,推进生产过程智能化,培育新型生产方式,全面提升企业研发、生产、管理和服务的智能化水平。隧道和地下工程装备通过智能设计、智能制造、智能掘进以及智能运维等手段,对相关施工装备整个生命周期进行有效管理,以获得装备生命周期费用最经济、设备综合产能最高的理想目标,是我国隧道和地下工程建设技术装备的发展方向之一。

（3）极端山岭地区地下工程装备。山岭隧道工程环境复杂，极端、高压、高地应力、高地温、极硬和极软地层等极端工况限制了通用性的地下工程装备的应用，对地下工程装备在可靠性、先进性、环保性等方面提出了更高、更严苛的要求，为装备可靠性和适应性带来新挑战。因此，加快推进极端工况下地下工程装备颠覆性创新，提高施工装备的适应性、可靠性势在必行，亟须研发新一代地下工程装备，如异形岩石掘进装备、超硬岩施工装备和软岩大变形施工装备、高海拔施工装备等。

（4）海域地下空间开挖装备。海域地下空间开挖装备面临着设备抗压密封难、掌子面稳定难、刀具更换难、深地远海垂直钻探难等问题，亟待突破高压密封、土-泥-水多相平衡、随钻原位测量等技术，开发海域可靠性高、适应性强的全断面掘进装备、深地远海随钻探测装备等海域隧道和地下空间开发新装备。针对超大埋深、超高水压、超大断面及地质复杂多变的海域地下空间建设需求，需要重点研究高效破岩的长寿命刀盘刀具优化设计技术和超高水压条件下盾构防水密封设计与制造技术、大功率高性能节能环保型变频驱动技术，高水压大断面掘进施工技术；针对复杂的海洋环境可能存在极端的换刀环境，需要实现极端环境下盾构刀具更换，保证其长距离和高水压状态下顺利掘进；针对海底隧道施工需求和面对的问题，研究泥水TBM双模式掘进机总体集成技术，泥水和TBM模式刀盘转速与性能最优匹配、开挖压力平衡控制技术，皮带机和泥浆管路集成布局及模式快速切换技术，管片和箱涵高效拼装及推进、拼装同步技术。

（5）城市地下空间施工装备。城市地下管廊建设升级、超大直径综合交通隧道建设、深层地下综合体开发等要求城市地下工程装备灵活、施工一体化程度高、复杂地质适应强、施工过程扰动低，亟待开发老旧管道更新与维护装备、超大断面一次成型装备、深层大平面地下施工装备等，以满足未来城市地下工程施工需求。针对城市地下复杂环境，通过成套设备的研制与应用，构建复杂环境下城区地下工程自动化高效施工的完整施工装备软硬件体系，攻克传统施工装备功能单一，集约化程度低的问题。其中对于盾构装备，需要开发灵活性强、可实现多段拼接的盾构装备；实现单台设备多维度同时掘进，增大其施工效率，减小施工过程对城市地表活动的影响；配备施工过程的动态监测和实时反馈系统，完善数据库，利用人工智能实现性能稳定的自动化施工；装备的盾构刀盘配备多种旋转方式，且有多种刀具，即实现一盘多刀、多模式，增强刀盘对不同地质结构的适应性，增强其工作能力。在城市深层大平面的地下空间开发装备中，由于其埋深较大，对于装备的抗压能力有更高的要求。因此，需要加强装备的整体稳定性，提高各部件的质量，以延长其工作周期；在深地空间中，超大型、灵活性差的装备在施工前后到达指定位置难度较大，装备必将向精简化、可分解、可拼接的方向发展。

1.4 本书涉及的内容与本门课程的学习方法

本书的主要内容包括岩体隧道钻爆法施工技术、软弱地下工程施工技术、盾构法施工技术、隧道掘进机施工技术、井巷工程施工技术、基坑工程施工技术、地下连续墙施工技术、顶管法施工技术、沉管法施工技术、冻结法施工技术和注浆法施工技术。

学习本课程需要理论与实践相结合，学生应首先学习课本的理论知识，尤其是学习施工方法，然后结合认识实习、生产实习、毕业实习、课程设计、参观等手段进行现场学习观摩，通过具体的施工过程巩固课堂上学习的施工机器和施工工艺，最后通过课后的思考题巩固所学知识。

思　考　题

1. 地下工程的内涵是什么？
2. 简述我国地下工程的建设成就。
3. 简述我国地下工程施工技术的发展方向。
4. 简述我国地下工程施工装备的发展方向。

参 考 文 献

[1] 李喆,江媛,姜礼杰,等. 我国隧道和地下工程施工技术与装备发展战略研究[J]. 隧道建设(中英文),2021,41(10):1717-1732.

[2] 陈湘生,付艳斌,陈曦,等. 地下空间施工技术进展及数智化技术现状[J]. 中国公路学报,2022,35(1):1-12.

[3] 王飞,廖保林. 中国城市建设及地下空间发展分析[J]. 四川建筑,2021,41(1):51-54.

第2章 岩体隧道钻爆法施工技术

本章主要介绍岩体隧道钻爆法施工技术,主要涉及钻爆开挖、装渣和运输等环节,以及主要施工作业的施工要点、所需设备和材料;同时,还对数码电子雷管起爆系统以及隧道钻爆法预制装配式建造和智能建造进行介绍。

2.1 钻爆法隧道开挖方法

钻爆法是一种使用最普遍的岩体隧道开挖方法,因其具有适用于各种岩性断面的隧道开挖施工的优点得到广泛的应用。

2.1.1 开挖方法

根据不同的地质条件、断面面积及断面形状,钻爆法隧道开挖方法可归纳为如图2.1所示的几种类型。

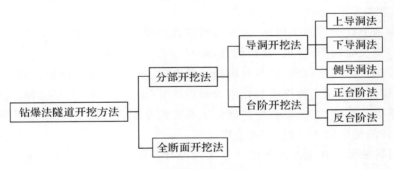

图 2.1 钻爆法隧道开挖方法

2.1.1.1 全断面开挖法

1. 施工特点

当岩石坚固性中等以上,节理裂隙不太发育,围岩整体性较好,断面小于 $100\ m^2$ 时,可采用全断面开挖法。采用该法,整个工作面基本上依次向前推进,在开挖工作面上只有一个垂直作业面,凿岩、爆破依次进行,其施工流程如图2.2所示。目前,矿山巷道断面小,施工多使用小型凿岩和装运机械,钻凿上部炮孔常采用蹬渣作业,装药连线借助梯子进行,因而多采用全断面开挖法。

应用全断面开挖法开挖洞室的优点:开挖面大,能发挥深孔爆破的优点;作业集中,便于施工管理;工作面空间大,易于通风,适合选用以大型机械为主的机械化作业线,施工进度快。在岩层条件允许的情况下,尽量选择该施工方法。但该施工方法也有缺点,在设备落后、使用小型机械时,凿岩、装药、装岩等比较麻烦,难以提高生产效率。

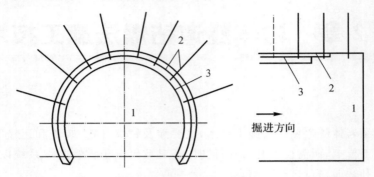

图 2.2 全断面开挖法施工流程

1—全断面开挖;2—锚喷支护;3—灌筑混凝土衬砌

全断面开挖机械化施工的三条主要作业线如下。

(1)开挖作业线。钻孔台车、装药台车、装载机配合自卸汽车(无轨运输时)、装渣机配合矿车及电瓶车或内燃机车(有轨运输时)。

(2)锚喷作业线。混凝土喷射机、混凝土喷射机械手、锚喷作业平台、进料运输设备及锚杆注浆设备。

(3)模注混凝土衬砌作业线。混凝土拌和工厂、混凝土输送车及输送泵、施作防水层作业平台、衬砌模板台车。

2.施工注意事项

(1)为确保施工安全和施工进度,应加强对开挖面前方的工程地质和水文地质的调查,对不良地质情况,要及时预测、预报、分析研究,随时准备好应急措施。

(2)新奥法施工机械化程度高,各种机械功效匹配。如各工序机械设备要配套钻眼、装渣、运输、模筑、衬砌支护使用主要机械和相应的辅助机具(钻杆、钻头、调车设备、气腿、凿岩钻架、注油器、集尘器等),在尺寸、性能和生产能力上都要相互配合,施工才不会彼此影响,能充分发挥各种机械设备的使用效率,加快掘进速度。

(3)注意对各种辅助作业及辅助施工方法的设计与施工检查。如软弱破碎围岩中使用全断面法开挖时,应重视支护前后围岩的动态测量与监控工作。各种辅助作业的三管两线(即高压风管、高压水管、通风管、电线和运输路线)应保持良好的工作状态。

(4)加强施工生产第一线人员的技术培训。新奥法技术性较强,机械设备种类多,需加强施工管理和协调,保证施工安全、质量和进度。

(5)选择支护类型时,应优先考虑锚杆和锚喷混凝土、挂网等主动支护形式。

2.1.1.2 导洞开挖法

借助辅助巷道(导洞)开挖大断面洞室的方法称为导洞开挖法。先行开挖的导洞可用于洞室施工的通风、行人和运输,并有助于进一步查明洞室范围内的地质情况。这种导洞具有临时性,一般断面 4~8 m²,在中等稳定岩层中不需临时支护。采用本法施工时不需要特殊设备和机具,并能根据不同地质条件、洞室断面和支护形式变换开挖方法,灵活性大,适用性强。导洞开挖法可根据导洞在主洞室的位置分为上导洞、下导洞和侧导洞等几种开挖法。图 2.3 所示为上导洞开挖法施工顺序图。

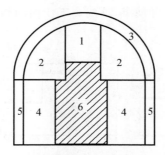

图 2.3　上导洞开挖法施工顺序图
1—上导洞；2—拱部扩大；3—浇灌混凝土拱顶；4—开挖边墙；5—浇灌混凝土边墙；6—挖取中心岩柱

2.1.1.3　台阶法

用台阶法开挖时将工作面分成上、下两部分。若上部工作面超前时形成正台阶，称正台阶工作面；若下部工作面超前时形成倒台阶，称反台阶工作面。

正台阶法：采用正台阶法开挖时，如图 2.4 所示，将洞室断面分成两部分，先掘上部断面使上部超前而出现台阶。爆破后先将拱部用喷射混凝土进行支护，出渣后在上、下断面同时进行凿岩。此外，根据洞室大小及围岩级别可将断面分成几个部分。

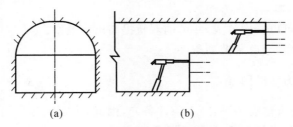

图 2.4　正台阶法开挖示意图
(a)横断面；(b)纵断面

采用正台阶开挖法，当下部台阶开挖时由于开挖工作面具有两个自由面，因此炮眼的钻凿也可以采用向下钻立孔的方式进行。但有时由于凿岩深度不够会出现底板欠挖的现象，此时必须及时进行纠正。

在整个洞室完成爆破开挖后，自下而上先墙后拱进行浇灌混凝土工作。若采用锚喷支护，拱部锚杆的安设随上部断面的开挖及时进行，而喷射混凝土则可视具体情况分段完成。

正台阶开挖法在施工中需经常调整上、下台阶的进度，且往往由于上部出渣速度慢而影响下部凿岩工序的进行，致使开挖不能按正规循环进行作业。在一般情况下，上部工作面要超前3～5 m，但在施工中还应根据具体条件调整工艺参数，才能取得良好效果。

反台阶法：采用反台阶法开挖洞室，如图 2.5 所示，先开挖下部断面Ⅰ，然后在下部开挖面开挖一段距离后再开挖上部断面Ⅱ。在开挖上部断面时，由于有良好的爆破自由面，可适当减少炮孔数量。

在整个洞室开挖后，自下而上先墙后拱浇灌混凝土，若采用锚喷支护、拱顶支护与上部断面开挖平行作业，随后完成墙部支护。

采用反台阶法开挖洞室的主要优点是上部断面爆破时岩渣直接落到洞室底板上,减少了上部工作面人力耙运岩渣的工序,并使上、下两个工作面的作业相互干扰少,平行作业的时间长,工作效率高且管理方便。

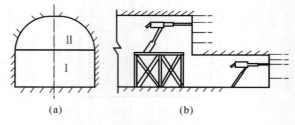

图 2.5 反台阶法开挖示意图

(a)横断面;(b)纵断面

此外,为减少搭设凿岩台架的工作,也可将下部工作面Ⅰ一直掘至洞室的端墙,然后再开挖上部断面Ⅱ,此时凿岩和支护均可利用渣堆做工作台,这样便将全断面反台阶工作面开挖法改变为先拉底后挑顶的两部开挖法。实践证明,该法也是一种行之有效的方法。

采用全断面开挖法和台阶法布置工作面的开挖均具有以下优点:

(1)开挖空间大,有利于提高施工机械化程度和劳动生产率。

(2)作业地点集中,施工管理方便。

(3)轨道和管线路可以一次铺成,并可铺双轨提高出渣效率。

(4)通风条件好,有利于改善劳动条件。

2.1.2 影响开挖方法的因素

开挖大断面洞室的方法有多种,施工条件各异,因此,为达到施工可靠、速度快、效率高以及保证工程质量、经济效果好等要求,必须综合考虑地质条件、断面面积、支护形式、运输条件及施工队伍与设备条件等有关影响因素,才能合理选择开挖方法。

2.1.2.1 地质因素

洞室的开挖与支护方法、施工速度、工程费用都与围岩的地质条件和地下水情况有关,尤其是开挖方法和支护形式,在很大程度上取决于地质条件。因此,在确定洞室开挖方法时,首先应根据洞室围岩的地质构造、岩石坚固性、地下水情况等,判断洞室围岩的整体稳定性。并根据这种分析,判断围岩的允许暴露面积和暴露时间,以便选择与其相适应的开挖方法。

在复杂地质条件下,施工中有时还需要随着岩石地质条件的变化及时变更开挖方法。另外,为保证洞室顺利施工和投产后设备正常运转,在确定洞室位置时除考虑生产系统的需要外,还应尽量避开断层和软弱夹层较多的不稳定岩层,若难以避开时也应使洞室轴线与岩体软弱结构面的走向尽量接近垂直相交,以保证洞室围岩的稳定性。

在围岩坚固和稳定的情况下,地下水尚不致影响洞室的稳定性,主要是解决施工期的排水问题。但当岩石破碎、松软及遇水膨胀时,地下水有可能造成开挖过程中的冒顶和片帮事故,给施工带来极大困难。因此,规划洞室的位置时应尽量避开复杂的地质构造。

2.1.2.2 断面面积

洞室也因断面面积不同而采用不同的施工方法。这主要是从稳定围岩角度考虑的,其次考虑开挖进度、便于凿岩和装运岩石等因素。因此,针对不同的洞室跨度和高度,就有不同的开挖方法。当岩石条件差时,选择合适的开挖方法尤为重要,许多情况下,这关系到洞室开挖是否顺利甚至能否成功的问题。

在围岩坚固稳定且开挖后的施工期内无需大量的临时支护的条件下,若洞室断面面积小于 $100\ m^2$,应采用全断面开挖法施工,这样能有效地加快施工进度。

2.1.2.3　支护形式

洞室的支护形式较多,就其作用可分为临时支护和永久支护(在新奥法中又分别称初次支护和二次支护)。临时支护常用锚喷(网)、钢拱架和格栅拱加模喷支护,其特点是:快速封闭围岩、支护速度快、成本较低。

常用的永久支护有混凝土整体式浇筑和锚喷支护两大类。由于不同的类型,有其不同的工艺特点,就同一类型也因具体条件的差异导致施工方法和顺序亦不一样,这就要求开挖方法与之相适应。

在采用整体式混凝土支护时,一般采用先墙后拱的施工顺序较多,这是由于使用先墙后拱的施工方法能获得良好的整体性。然而在某些破碎、松软岩层中,不允许有较大暴露面积的情况下,采用整体式混凝土支护洞室时,为了施工安全采用先拱后墙施工顺序是合理的。

2.1.2.4　装运条件

选择洞室开挖方法,除考虑稳定围岩外,尽量提供便于装运岩石的条件。例如,如使岩渣集中,既便于装运,也便于大型设备施工,减少转车和其他工序等。

2.1.2.5　施工队伍与设备条件

在确定洞室开挖方法时,必须从现实条件出发,尽量利用单位现有的设备和机具,并考虑充分发挥施工队伍的技术特长。

大断面洞室开挖队伍必须是具备经验的专业化施工队伍,该队伍应熟悉洞室开挖方法并配备与要求相适应的设备和机具。

2.2　爆破破岩作用机理及有关概念

2.2.1　爆破破岩作用机理

炸药的爆炸反应是有机物的氧化还原反应,具有高温、高压和高速度的特点。炸药的爆炸过程是爆轰波的传播过程,也是爆炸生成气体和初始做功的过程。当炸药在岩(土)体中爆炸时,爆炸波轰击岩面,以冲击波形式向岩体内部传播,形成动态应力场。冲击波作用时间短,能量密度很高,使炮孔周围岩石产生粉碎性破坏。爆炸气体静压和膨胀做功,有使岩石质点作远离药包中心运动的倾向,岩石受切向拉力,其强度达到岩石抗拉强度时,则岩石破坏,产生径向裂隙。在爆炸结束的瞬间,随着温度下降,气体逸散,介质又为释放压缩能而回弹,从而又可能产生环向裂缝。在爆破力作用下,在偏离径向 $45°$ 的方向上还可能产生剪切裂缝。在这些裂缝的交错切割和剩余爆破力的作用下,岩石即被破碎和移位。

2.2.1.1　无限介质中的爆破作用

假定将药包埋置在无限介质中进行爆破,则在远离药包中心不同的位置上,其爆破作用是不相同的。爆破作用大致可以划分为 3 个区域,如图 2.6 所示。

（1）压缩粉碎区。它是指半径为 R_1 范围的区域。该区域内介质距离药包最近,受到的压力最大,故破坏最大。当介质为土壤或软岩时,压缩形成一个环形体孔腔;当介质为硬岩时,则产生粉碎区破坏,故称为压缩粉碎区。

（2）破裂区。R_1 与 R_2 之间的范围叫破裂区。在这个区域内介质受到的爆破力虽然比压缩粉碎区小,但介质的结构仍然被破坏成碎块。

（3）震动区。R_2 与 R_3 之间的范围叫震动区。在此范围内,爆炸能量只能使介质发生弹性变形,不能产生破坏作用。

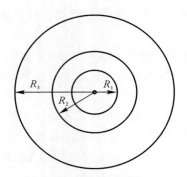

图 2.6　爆破的内部作用

R_1— 压缩粉碎区半径;R_2— 破裂区半径;R_3— 震动区半径

2.2.1.2　临空面与爆破漏斗

临空面又叫自由面,是指暴露在大气中的开挖面。在假定的无限介质中爆破,抛掷和松动是无法实现的。而在有临空面存在的情况下,足够的炸药爆炸能量就会在靠近临空面一侧实现爆破抛掷,其结果是形成一个圆锥形的爆破凹坑,此坑就叫爆破漏斗。爆破抛起的岩块,一部分落在爆破漏斗之外形成爆破堆积体或飞石,另一部分回落到爆破漏斗之内,掩盖了真正的爆破漏斗,形成看得见的爆破坑,叫作可见爆破漏斗,如图 2.7 所示。

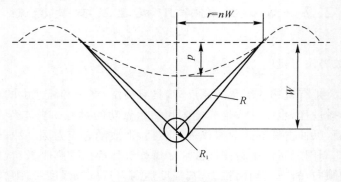

图 2.7　可见爆破漏斗

爆破漏斗由以下几何要素组成:① 药包中心到自由面的最短距离,叫最小抵抗线(W);② 最小抵抗线与自由面交点到爆破漏斗边沿的距离,叫爆破漏斗半径(r);③ 药包中心到爆破漏斗边沿的距离叫破裂半径(R);④ 可见漏斗深度(p);⑤ 压缩圈半径(R_1）等。

爆破漏斗半径 r 与最小抵抗线 W 的比值 $n(n=r/W)$,称为爆破作用指数,这是一个描述爆破漏斗大小、爆破性质、抛掷堆积情况等因素的相关系数。通常把 $n=1$ 的爆破称为标准抛掷爆破,其漏斗称为标准抛掷爆破漏斗;$n>1$ 的爆破称为加强抛掷爆破或扬弃爆破;$0.75<n<1$ 的爆破称为加强松动或减弱抛掷爆破;$n\leqslant 0.75$ 的爆破称为松动爆破。平坦地形的松动爆破结果,只能看到岩土破碎和隆起,并不能看见爆破漏斗。

临空面数目的多少对爆破效果有很大影响,增加临空面是改善爆破状况、提高爆破效果的重要途径。

2.2.1.3　柱状药包爆破特点

当炮眼装药长度远大于横截面的直径时,形成圆柱状延长药包,简称柱状药包。它是工程爆破中应用最为广泛的药包。球形药包爆炸应力波的传播方向,是以药包中心为圆心成球面状向四周传播。当炮孔方向垂直于临空面,即最小抵抗线与炮孔装药轴线重合时,柱状药包爆炸作用力的方向是平行于临空面而指向岩体内部,即爆破作用受到岩体的挟制作用,但一般仍能形成倒圆锥漏斗,易残留炮窝。

2.2.2　岩体爆破相关名词的含义

在岩体爆破技术中,隧道的掘进受到了特别的重视。隧道爆破是单自由面条件下的岩石爆破,其关键技术是掏槽,其次是周边光面爆破。隧道爆破的原则是:先进行设计,在掌子面上布置炮眼,而后根据设计的炮眼深度和方向钻眼,然后根据设计的装药量及起爆顺序将炸药及不同段别的雷管装入炮眼,待做好安全防护工作后,连接回路并起爆。按照爆破顺序,最初的几个炮眼要形成一个槽腔,破岩深度取决于掏槽效果。成功的隧道爆破,应该是达到预定的进尺,掌子面较平整,岩渣块度适宜装运,轮廓壁面平整,超欠挖在预定的范围之内,围岩稳定。

隧道爆破开挖涉及的主要名词如下:

(1)掏槽:在开挖面的中部,钻一定数量的眼,并且超量装药,以破碎抛掷岩石,首先形成一个槽腔,增加自由面,为其他炮眼的爆破创造条件。

(2)光面爆破:在开挖轮廓线上布置比普通爆破更为密集的炮眼,并采用装少量炸药的特殊装药结构,周边炮眼间距与抵抗线之比大约为 0.8,且在主爆体爆破后同时起爆,使岩体沿开挖轮廓线爆除,使围岩最大限度少受损伤的爆破技术。

(3)预裂爆破:与光面爆破相比,炮眼还要密一些,装药量也要多一些,爆破从开挖断面轮廓线开始,即周边炮眼在断面上的其他炮眼爆破之前同时起爆,其工艺与光面爆破基本一样。当装药量和间距选择适当时,在各炮眼的爆破作用力相互作用下,使周边炮眼之间形成一连续的预裂破裂面,成为随后其余炮眼爆破所产生的爆破冲击波的屏障,使传到破裂面外侧围岩处的爆破作用力减到最小,以使围岩所受到的扰动和破坏达到最小。

(4)循环进尺:一次开挖爆破的隧道进尺。

(5)炮眼间距:同一并排同段号爆破两相邻炮眼的中心距离。

(6)抵抗线:药包中心至自由面的最小距离。

(7)炸药单耗:爆破 1 m³ 岩石所需的炸药量。

(8)炮眼利用率:实际循环进尺与炮眼深度之比。

(9)掏槽眼:开挖断面中部,最先起爆的一些炮眼,为其他炮孔创造有利的爆破条件。

(10)周边眼:周边轮廓线上的炮眼。

(11)底板眼:隧道底边上的炮眼。

（12）炸药的敏感度：炸药在外能作用下起爆的难易程度称为炸药的敏感度。

（13）炸药的威力：通常用爆力和猛度表示。

（14）爆力：炸药爆炸时对周围介质做功的能力称为爆力（或威力）。炸药的爆力越大，其破坏能力越强，破坏的范围及体积也越大。一般地，爆炸产生的气体物质越多或爆温越高，则其爆力越大。炸药的爆力通常用铅柱扩孔实验法测定。铅柱扩孔容积等于 280 cm^3 时的爆力称为标准爆力。

（15）猛度：炸药爆炸后对与之接触的固体介质的局部破坏能力称为猛度。这种局部破坏表现为固体介质的粉碎性破坏程度和范围大小。一般地，炸药的爆速越高，则其猛度也越大。炸药的猛度通常用铅柱压缩法测定，以铅柱被爆炸压缩的数值表示。

（16）炸药爆炸的稳定性：爆轰波在炸药中传播的速度简称为爆速。炸药起爆后，爆轰波能以最大的速度稳定传播的过程，称为理想爆轰。在一定条件下，炸药达不到理想爆轰，但还能以某一定常速度稳定传播爆轰的过程，称为稳定传爆。炸药在理想爆轰时，才能充分释放其固有能量，否则爆轰不稳定，会降低爆炸效果，甚至发生拒爆。为充分利用炸药的爆炸能，提高爆破效果，保障施工安全，必须保证炸药的稳定传爆，争取达到理想传爆。影响爆炸稳定性的主要因素有药包直径、密度、径向间隙约束条件等。

2.3　隧道爆破技术

2.3.1　隧道爆破常用炸药

工程用炸药一般以某种或几种单质炸药为主要成分，另加一些添加剂混合而成。目前，在隧道爆破施工中使用最广的是硝铵类炸药。硝铵类炸药品种极多，但其主要成分是硝酸铵，占 60%以上，其次是梯恩梯或硝酸钠（钾），占 10%～15%。

（1）铵梯炸药。在无瓦斯坑道中使用的铵梯炸药，简称岩石炸药，其中 2 号岩石炸药是最常用的一种；在有瓦斯坑道中使用的铵梯炸药，简称煤矿炸药，它是在岩石炸药的基础上外加一定比例食盐作为消焰剂的煤矿用安全炸药。

（2）浆状（水胶）炸药。它属于新型安全炸药。由于这类炸药含水量较大，爆温较低，比较安全，发展前景良好。浆状炸药是由氧化剂水溶液、敏化剂和胶凝剂为基本成分组成的混合炸药。水胶炸药是在浆状炸药的基础上应用交联技术，使之形成塑性凝胶状态，进一步提高了炸药的化学稳定性和抗水性，炸药结构更均匀，提高了传爆性能。浆状（水胶）炸药具有抗水性强、密度高、爆炸威力较大、原料广、成本低和安全等优点，常用在露天有水深孔爆破中。

（3）乳化炸药。它通常是指以硝酸铵、硝酸钠水溶液与碳质燃料通过乳化作用形成的乳脂状混合炸药，亦称为乳胶炸药。其外观随制作工艺不同而呈白色、淡黄色、浅褐色或银灰色。乳化炸药具有爆炸性能好、抗水性能强、安全性能好、环境污染小、原料来源广和生产成本低、爆破效率比浆状及水胶炸药更高等优点。有资料表明，在地下工程开挖中保持原使用的 2 号岩石炸药孔网参数不变，乳化炸药可使平均炮孔利用率稳定在 90%以上；平均炸药单耗较 2 号岩石炸药下降 1.35%。在露天爆破中，使用乳化炸药每 1m^3 岩石炸药耗量比混合炸药（浆状炸药 70%～80%，铵油炸药 30%～20%）降低 23.1%，每延米炮孔爆破量增加 18.2%，石渣大块率从 0.97%～1.0%下降到 0.6%～0.7%，尤其适用于硬岩爆破。

（4）硝化甘油炸药，又称胶质炸药，是一种高猛度炸药。它的主要成分是硝化甘油（或硝化甘油与二硝化乙二醇的混合物）。硝化甘油炸药抗水性强、密度高、爆炸威力大，因此适用于有水或坚硬岩石的爆破。但它对撞击摩擦的敏感度高，安全性差，价格昂贵；保存期不能过长，容易老化而导致性能降低，甚至失去爆炸性能。硝化甘油炸药一般只在水下爆破中使用。

隧道爆破使用的炸药一般均由厂制或现场加工成药卷形式，药卷直径有 $\phi22$ mm、$\phi25$ mm、$\phi32$ mm、$\phi35$ mm、$\phi40$ mm 等，长度为 $165\sim500$ mm，可按爆炸设计的装药结构和用药量来选择使用。

2.3.2　隧道爆破器材及起爆网路

为了使炸药发生爆炸，就需要一定的起爆能。起爆方法根据所用的器材不同，可分为电雷管起爆网路、导爆索起爆网路和导爆管起爆网路，以及混合起爆网路。常用的起爆器材有电雷管、导爆索、导爆管、导爆管雷管、数码电子雷管等。不同的起爆网路所用的起爆器材也不同。

1. 电雷管起爆网路

电雷管起爆网路是利用电能起爆电雷管使工业炸药爆炸的一种网路。它所需用的爆破器材有起爆电源、导线、电雷管。

（1）电雷管的分类。电雷管分为瞬发电雷管和延期电雷管，后者又分为秒延期电雷管和毫秒延期电雷管。

1）瞬发电雷管。瞬发电雷管是通电后瞬时即爆炸的电雷管。它的装药部分与火雷管相同，不同之处在于管内装有电点火装置，由脚线、桥丝、引火药及固定脚线的塑料塞或圆垫组成。瞬发电雷管的结构有两种：直插式和引火头式。

2）秒延期电雷管。秒延期电雷管的组成与瞬发电雷管基本相同，不同点是在引火头与正起爆药之间安装了延期装置（见图 2.8）。通常延期装置是用精制的导火索段制成的，由其长度控制雷管延期时间。管壳上钻有 2 个排气孔以放出延期装置燃烧时生成的气体。国产秒延期电雷管的延期时间分 7 段。秒延期电雷管的延期时间见表 2.1。

表 2.1　秒延期电雷管的延期时间

段别	延期时间/s	标志（脚线颜色）
1	$\leqslant0.1$	灰　蓝
2	$1.0+0.5$	灰　白
3	$2.0+0.6$	灰　红
4	$3.1+0.7$	灰　绿
5	$4.3+0.8$	灰　黄
6	$5.6+0.9$	黑　蓝
7	$7.0+1.0$	黑　白

3）毫秒延期电雷管。毫秒延期电雷管的组成基本上与秒延期电雷管相同，不同之处在于延期装置的差异（见图 2.9）。毫秒延期电雷管的延期装置是延期药、常用硅铁（还原剂）和铅

丹(氧化剂)的混合物,还掺入适量的硫化锑。通过改变延期药的成分、配比、药量及压药密度来控制延期时间。目前国产毫秒延期电雷管延期时间分 20 段。毫秒延期电雷管的延期时间见表 2.2。

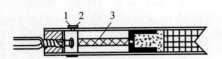

图 2.8　秒延期电雷管

1—蜡纸;2—排气孔;3—精制导火索段

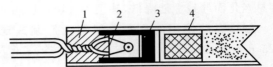

图 2.9　毫秒延期电雷管构造

1—塑料塞;2—延期内管;3—延期药;4—加强帽

表 2.2　毫秒延期电雷管的延期时间

段别	延期时间/ms	标志(脚线颜色)		段别	延期时间/ms	标志(脚线颜色)
1	<13	灰	红	11	460(±40)	标牌区别
2	25(±10)	灰	黄	12	550(±40)	标牌区别
3	50(±10)	灰	蓝	13	650(±50)	标牌区别
4	70(±15,−10)	灰	白	14	760(±55)	标牌区别
5	110(±15)	绿	红	15	880(±60)	标牌区别
6	150(±20)	绿	黄	16	1020(±70)	标牌区别
7	200(±20,−25)	绿	白	17	1200(±90)	标牌区别
8	250(±25)	黑	红	18	1400(±100)	标牌区别
9	310(±20)	黑	黄	19	1700(±130)	标牌区别
10	380(±35)	黑	白	20	2000(±150)	标牌区别

4)抗杂毫秒电雷管。抗杂毫秒电雷管主要有无桥丝抗杂电雷管,它与普通毫秒电雷管的主要区别是取消了桥丝,而在引火药中加入适量的导电物质——乙炔炭黑和石墨,做成导电引火头。当外加电压小于某一数值时,它显现出较大的电阻,通过的电流很小,就不足以点燃引火头。当电压升至一定值时,导电物质颗粒因受电压和电流热效应作用而产生热膨胀,使质点接触面积增大,电阻下降,引火头发火。正是由于引火头的电阻值随电压和电流而变化的这一特征,才使得抗杂雷管具有一定的抗杂散电流的能力。

抗杂雷管的优点是具有较好的抗杂电能力,可保证在 5 V 电压下作用 5 min 不发火,又有较好的串并联起爆能力;其缺点是电阻离差值较大(50～400 Ω),网路不易发现漏连雷管,普通的电爆网路计算方法不能适用。

(2)电雷管的主要参数。

1)点燃起始能。恰好能把引火头点燃的 $I^2 t$(通过桥丝电流的二次方与通电时间的乘积)称为点燃起始能。点燃起始能值越小,说明雷管对电能的敏感度越高。

2)点燃时间、传导时间和反应时间。电雷管从开始通电到引火头引燃的时间称为点燃时间。电雷管从引火头引燃到发生爆炸的时间称为传导时间。传导时间对成组电雷管的齐发爆破有着重要意义,较长的传导时间才能使敏感度稍有差别的电雷管成组爆炸成为可能。点燃时间与传导时间之和称为反应时间。

3)电雷管的全电阻。电雷管全电阻包括桥丝电阻和脚线电阻。

在使用单个电雷管起爆时,电阻值在规定范围内均属合格。但在进行成组电雷管起爆时,则要求每个电雷管的电阻差不得大于 $0.25\ \Omega$。

4)最低准爆电流。电雷管通过恒定的直流电,在较长时间($2\ \text{min}$)内能使引火头必定引燃的最小电流,称为最低准爆电流。国产电雷管的最低准爆电流一般不大于 $0.7\ \text{A}$。

5)最大安全电流。电雷管通过恒定的直流电,在较长时间($5\ \text{min}$)内不致引燃引火头的最大电流,称为最大安全电流。国产电雷管的最大安全电流为:康铜桥丝 $0.3\sim0.55\ \text{A}$;镍铬桥丝 $0.125\ \text{A}$。为了安全起见,测量电爆网路爆破仪表输出的电流强度不得大于 $30\ \text{mA}$。

(3)电爆破测量仪表与电雷管主要参数测定。

1)电雷管和电爆网路电阻的测量,只准用爆破专用的线路电桥和爆破欧姆表。严禁使用非专用仪表。

2)电雷管参数的测定。全电阻测定测量电雷管电阻的仪器可用 205 线路电桥、爆破欧姆表等专用仪表。为保证测量精确,应将脚线上的氧化物、铁锈和油污擦去。测量中必须采取措施将被测电雷管隔离,以保安全。

最高安全电流和最低准爆电流的测定,一般工程中不作要求。通过调整可变电阻器,调整通入电雷管的电流,电流从小到大,直至雷管爆炸,即可测出电雷管的最高安全电流和最低准爆电流。

(4)电爆网路的电源和导线。

1)起爆电源。起爆电源有照明线路、动力线和起爆器等。

采用照明、动力线起爆,最常用的连接方式有:电爆网路连接到一相线和零线及连接到照明线路上,起爆电压为相电压或照明电压,即 $220\ \text{V}$;电爆网路连接到 2 条相线上,起爆电压为线电压,即 $380\ \text{V}$。

采用起爆器起爆,起爆器按结构原理分有发电机式和电容式两类。发电机式起爆器实质上就是一个小型的手摇发电机。电容式起爆器通常是采用三极管振荡电路将干电池的直流电变为交流电,经过变压器升压,再用晶体二极管整流变成高压直流电,并对电容器充电,当电能储存到额定数值时,即可放电起爆。

2)导线。爆破网路中的导电线多采用绝缘良好的铜或铝线。接在网路中的位置分为主线(也叫起爆电缆母线)、区域线和连接线。主线通常采用断面为 $16\sim150\ \text{mm}^2$ 的铜芯塑料或橡皮线;区域线一般用断面 $6\sim35\ \text{mm}^2$ 铜芯的塑料或橡皮线;连接线一般采用 $2.5\sim16\ \text{mm}^2$ 的铜芯塑料线。隧道内起爆电缆多采用 $2.5\sim4\ \text{mm}^2$ 的铜芯多股橡胶电缆,连接线多用 $0.2\sim0.4\ \text{mm}^2$ 的铜芯多股塑料软线。

(5)成组电雷管的准爆条件。因各个电雷管点燃起始能的差异,为保证成组电雷管全部准爆,点燃起始能最低的电雷管的点燃时间与其传导时间之和应大于点燃起始能最高的电雷管的点燃时间。

一般规定采用较最低准爆电流更高的值作为成组电雷管的准爆电源。采用直流电时,准爆电流不小于 $2.5\ \text{A}$;采用交流电时,准爆电流不小于 $4\ \text{A}$。

此外,还应尽可能使用点燃起始能差异小的电雷管进行爆破。要求同一次成组电雷管起爆时,采用同厂、同批生产的同规格的电雷管,并且要求所有的电雷管中最大电阻与最小电阻之差不大于 0.25 Ω。

(6)电爆网路的连接方式。

1)串联方式。串联方式的电爆网路如图 2.10、图 2.11 所示。

图 2.10　半断面电爆破串联网路

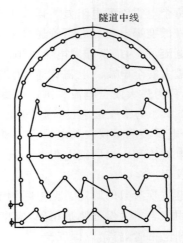

图 2.11　全断面电爆破串联网路

串联方式的优点:连线简单,操作容易,所需电流小;电线消耗量小。其缺点:网路中若有一个电雷管断路,会使整个网路拒爆。为弥补这一缺点,可一圈一圈或一排一排先进行小串联,进行电阻测量导通后再串成大串联网路。

2)并联方式。

并联方式的优点:不至于因一个雷管断路,而引起其他雷管拒爆。其缺点:电爆网路总电流大,连线消耗多,漏连雷管不易被检查发现。

鉴于此,隧道内一般不采用并联连接,本书不对此作具体介绍。

3)串并联方式。串并联方式的电爆网路如图 2.12、图 2.13 所示。

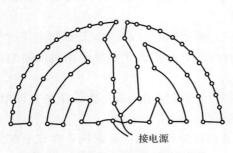

图 2.12　半断面电爆破串并联网路

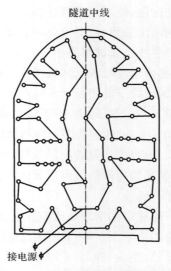

图 2.13　全断面电爆破串并联网路

隧道内往往一次起爆的电雷管数量较大,为满足起爆器起爆能力的需要,通常采用串并联的电爆网路连接法。周边眼分成 2 支串联网路,其他眼分圈串联,而后量测各支路电阻并进行配平,接上配平电阻,最后并联在一起。

(7)电雷管起爆的优缺点。

电雷管起爆的优点:操作人员可以退到安全地点后再通电起爆;可以同时起爆大量雷管,爆破规模较大;可以准确地控制起爆时间和延期时间;可以在爆破前用仪表检查电雷管和电爆网路。其缺点有:操作、网路计算复杂,作业时间长,需要足够的电源和消耗电线较多。

2.导爆索起爆网路

导爆索起爆网路所需要的器材有雷管、主导爆索和炮眼导爆索。它用雷管首先引爆主导爆索,然后引爆炮眼导爆索,引起炸药的爆炸。导爆索起爆网路主要用于隧道周边炮眼的爆破,有时为了加强掏槽眼的爆破,也用于掏槽爆破。

(1)导爆索。导爆索是以黑索金或泰安作为索芯,以棉麻、纤维等为被覆材料的索状起爆材料。它经雷管起爆后,可以引爆其他炸药。

导爆索分为两类:普通导爆索和安全导爆索。隧道内一般使用普通导爆索,安全导爆索一般在煤矿使用。

性能:外观为红色,外径为 5.7～6.2 mm,每卷长(50±0.5) m,爆速为 6 500 m/s 以上。

(2)导爆索的起爆。导爆索的起爆,通常采用火雷管、电雷管、塑料导爆管非电雷管起爆。为保证起爆的可靠性,经常在导爆索与起爆雷管的连接处加 1～2 卷炸药卷。雷管的聚能穴应朝向传爆方向,雷管或起爆药包绑扎的位置需离开导爆索始端约 100 mm。为了安全,只准在临起爆前将起爆雷管绑扎在导爆索上。

(3)导爆索起爆网路的连接如图 2.14 至图 2.16 所示。

3.导爆管起爆网路

导爆管起爆网路是 20 世纪 70 年代出现的一种新的起爆方法。我国于 1978 年研制成功并应用于生产。由于该起爆法具有抗杂电、操作简单、使用安全可靠、成本较低以及能节省大量棉纱等优点,目前应用非常广泛。

(1)导爆管起爆网路的组成。导爆管起爆系统包括击发元件、传爆元件、起爆元件和连接元件等。

1)击发元件,用以激发导爆管。主要有两种:一种是工业雷管,有火雷管、电雷管;另一种是击发枪和火帽及击发笔。

2)传爆元件,其作用是将冲击波信号从击发元件传给每个起爆元件。主要有塑料导爆管和传爆雷管(8 号火雷管和毫秒延期火雷管)。

3)起爆元件,其作用是在导爆管传播的冲击波作用下爆炸而引爆工业炸药,可用 8 号火雷管和毫秒延期火雷管。

4)连接元件,用于连接击发元件、传爆元件、起爆元件,通常有卡口塞、连接块。广泛应用的传爆元件与起爆元件的连接用卡口塞,自加工的瞬发雷管一般现场用电工胶布;击发元件与传爆元件的连接现场用电工胶布、塑料条带、细绳线等捆扎代替。

5)组合雷管。现场一般均用成品的组合雷管,它由一定长度的导爆管、卡口塞和雷管组合而成。组合雷管的导爆管一端封口,另一端与雷管相组合。组合雷管既可用作起爆雷管,也可用作传爆雷管。

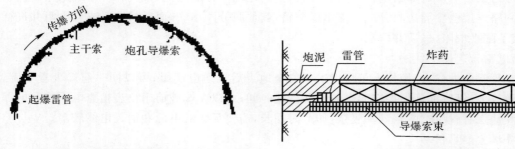

图 2.14 隧道周边导爆索网络连接   图 2.15 掏槽眼导爆索的使用

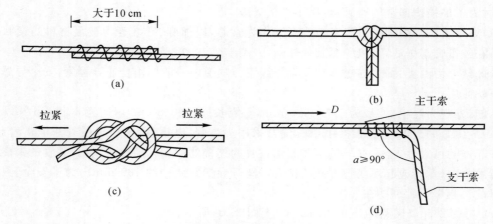

图 2.16 导爆索的连接

(a)搭头接;(b)水手接;(c)T 形接;(d)支干索与主干索的搭接

(2)导爆管。

1)塑料导爆管的结构如图 2.17 所示。塑料导爆管是内壁涂有混合炸药粉末的空心塑料软管,其管壁材料为高压聚乙烯,外径 $\phi1.95\pm0.15$ mm,内径 $\phi1.4\pm0.10$ mm。所涂的混合炸药成分是 91% 的奥克托金,9% 的铝粉,外加 0.25%~0.5% 的工艺附加物,一般为石墨粉。药量为 14~16 mg/m,导爆管内也有用黑索金等炸药的。

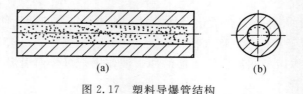

图 2.17 塑料导爆管结构

2)导爆管的作用原理:当击发元件起爆枪(或雷管、导爆索)对着导爆管腔激发时,将激起冲击波,在冲击波沿导爆管传播过程中,导爆管内壁上涂有的炸药受作用发生化学反应,反应释放出的热量补充了沿导爆管传播的冲击波能量。由于管壁内的炸药量很少,不能形成爆轰,其化学反应释放出的能量与冲击波传播过程中的能量损失相平衡,从而使冲击波能以一恒定的速度沿导爆管稳定传播。

3）导爆管的主要性能。

激发感度：塑料导爆管可以用火帽、雷管、导爆索、引火头等一切能产生冲击波的起爆器材激发。用一个 8 号工业雷管可激发 50 根导爆管。

传爆速度：国产塑料导爆管的爆速为(1 950±50) m/s,最低为 1 580 m/s。

传爆性能：国产导爆管传爆性能良好。一根不超过 6 km 的导爆管,中间不需要中继雷管接力;或者一根导爆管内有不超过 15 cm 长的断药时,都可正常传爆。

抗火性能：火焰不能激发导爆管,用火焰点燃单根或成卷的塑料导爆管时,它只能和塑料一样缓慢地燃烧。

抗冲击性能：塑料导爆管受一般机械冲击作用不会被激发。药量超过正常药量 1~5 倍的成卷导爆管,用大锤猛砸直至敲碎,不会发生爆炸现象。用 54 式手枪在 10~15 m 远处射击导爆管,导爆管也不被激发。

抗水性能：导爆管与金属雷管组合后,具有很好的抗水性,在水下 80 m 深处放置 48 h,仍能正常起爆。如果对雷管防护好,可在水下 135 m 深处起爆炸药。

破坏性能：塑料导爆管传爆时,管壁完整无损,对周围环境没有破坏污染作用,人手无不适之感。偶然因药量不均使管壁破洞,也不致伤害人体。

4）导爆管起爆网路的连接方式。隧道爆破导爆管常用的起爆网路连接方式有簇联法、并联法等。一般局部采用簇联法,全断面采用并联法。为了准爆,常采用复式连接网路(每组组合传爆雷管均使用双雷管),若组合传爆雷管有一个拒爆,那么另一个还能起作用,传爆可继续下去。这种连接法大大地提高了传递的可靠性(见图 2.18、图 2.19)。

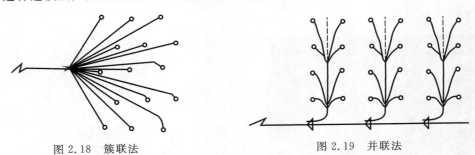

图 2.18　簇联法　　　　　　　　　　图 2.19　并联法

5）导爆管起爆网路微差起爆方法一般有孔内延期和孔外延期两种。孔内延期是将装入炮孔炸药内的组合起爆雷管配用毫秒延期火雷管,而在孔外传爆网路中各组合传爆雷管配用瞬发火雷管。孔内延期网路存在的问题:爆破作业中需用的毫秒延期火雷管数量大,爆破段数受到毫秒延期雷管的限制;由于使用了大量不同段别的毫秒延期火雷管,增加了装药连线的难度,容易装错而造成延期错误。

孔外延期是将装入炮孔炸药内的组合起爆雷管全部用瞬发火雷管或低段毫秒雷管。而在孔外传爆网路中各组合传爆雷管配用毫秒延期火雷管,可用同段号雷管或不同段号的雷管,配合使用可实现孔外延期。孔外延期爆破网路的优点:不会出现串联现象,且微差时间准确,从而保证了微差效果;组合传爆雷管所配用的毫秒延期雷管段数可根据爆破作业的需要确定,多次爆破只需一个段的毫秒延期雷管,因而可减少操作差错;可以进行任意段的微差爆破,在工业爆破中,利用该法已成功地进行了 49 段的微差爆破;大量节约了毫秒延期雷管,从而降低了爆破成本;弥补了现有毫秒延期雷管配套的不足。

孔外延期爆破在露天矿山爆破中得到大力推广,特别是深孔爆破,因为炮眼间距相对比较大,在平地上网路连接操作较为方便。而在隧道爆破中,因炮眼密度大,弄不好会破坏传爆网路的正常传爆,而且隧道爆破是在近似直立的工作面连接网路,操作起来比较困难,因而此法在隧道爆破还处在试验探索过程中,有待进一步的研究。

4. 数码电子雷管起爆系统

数码电子雷管起爆网路是由数码电子雷管、导线、单发雷管检测仪、编码器、数码雷管起爆器组成的。单发雷管检测仪用于检测雷管通信状态和静态电流;编码器用于雷管数据的采集、编辑、起爆器数据载入及起爆网路连接状态检测;起爆器用于雷管授时、网路检测、网路起爆及向监管部门上传雷管信息,网络起爆要用电子雷管生产厂家生产的与雷管相配套的专用起爆器。

(1)数码电子雷管。数码电子雷管简称电子雷管,是一种可以任意设定延期时间,并能准确实现延迟发火时间的新型电雷管,其外形与普通电雷管基本相同。它是在原电雷管的基础上,采用具有延期功能的专用集成电路芯片来实现延期的雷管。它是由雷管基本部分、集成电路芯片、脚线、编码器、线卡五部分组成。数码电子雷管与传统雷管的不同之处在于延期结构和点火头的位置不同。传统雷管是通过化学物质来实现延期的,电子雷管是通过具有延时功能的专用集成电路芯片来实现延期的;传统雷管的点火头位于延期体之前,点火头作用于延期体来实现雷管的延期功能,而电子雷管的延期体位于点火头之前,由延期体作用到点火头上,再由点火头作用到雷管正起爆药上。数码电子雷管的实物剖面如图 2.20 所示,隆芯 1 号数码电子雷管如图 2.21 所示。

图 2.20　数码电子雷管剖面图

图 2.21　隆芯 1 号数码电子雷管

(2)数码电子雷管的优点。数码电子雷管除具备电雷管可以检测导通性外,同时还具有对感应电流、静电、杂散电流、射频电流等的抗御能力。它延时精度高,安全性好,容易操作。

数码电子雷管是一种新研发出来的起爆器材,由于其具有独特的优势,在工程爆破中已逐渐推广应用,取得了良好的爆破效果。数码电子雷管起爆网路或含有数码电子管雷管的混合网路有望成为工程爆破中的主要形式。

5. 混合起爆网路

由电雷管、导爆管雷管、导爆索三种起爆器材中的任意两种或三种组成的起爆网路,称混合网路。它在组合过程中充分利用各种网路的优点,可以提高网路的安全性、可靠性和爆破效果。

2.3.3　隧道爆破设计

岩石隧道开挖前,应根据工程地质条件、开挖断面、开挖方法、掘进循环进尺、钻眼机具和爆破器材等做好钻爆设计,合理地确定炮眼位置、数目、深度和角度、装药量和装药结构、起爆方法、起爆顺序,安排好循环作业等,以正确指导钻爆施工,达到预期的效果。

2.3.3.1　炮眼的种类和作用

隧道开挖爆破的炮眼数目与隧道断面的大小有关,多在几十至数百个范围内。炮眼按其所在位置、爆破作用、布置方式和有关参数的不同可分为如下几种。

1. 掏槽眼

针对隧道开挖爆破只有一个临空面的特点,为提高爆破效果,宜先在开挖断面的适当位置(一般在中央偏下部)布置几个装药量较多的炮眼,如图 2.22 中所示的 1 号炮眼。其作用是先在挖面上炸出一个槽腔,为后续炮眼的爆破创造新的临空面。

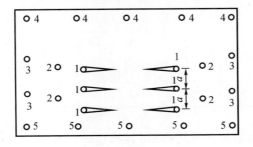

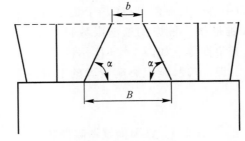

图 2.22　炮眼种类

1—掏槽眼;2—辅助眼;3—帮眼;4—顶眼;5—底眼

2. 辅助眼

辅助眼是位于掏槽眼与周边眼之间的炮眼,如图 2.22 中所示的 2 号炮眼。其作用是扩大掏槽眼炸出的箱腔,为周边眼爆破创造临空面。

3. 周边眼

沿隧道周边布置的炮眼称为周边眼。如图 2.22 中所示的 3 号、4 号、5 号炮眼,其作用是炸出较平整的隧道断面轮廓。按其所在位置的不同,又可分为帮眼(3 号眼)、顶眼(4 号眼)、底眼(5 号眼)。

爆破的关键是掏槽眼和周边眼的爆破。掏槽眼为辅助眼和周边眼的爆破创造了有利条件,直接影响循环进尺和掘进效果;周边眼关系到隧道开挖边界的超欠挖和对周围围岩的影响。

2.3.3.2　掏槽形式和参数

掏槽效果的好坏,直接影响整个隧道爆破的成败。根据掏槽眼与开挖面的关系、掏槽眼的布置方式、掏槽深度以及装药起爆顺序的不同,可将掏槽方式分为如下几类。

1. 斜眼掏槽

斜眼掏槽的特点是掏槽眼与开挖断面斜交,它的种类很多,如锥形掏槽、爬眼掏槽、楔形掏槽、单斜式掏槽等。隧道爆破中常用的是垂直楔形掏槽和锥形掏槽。

(1)垂直楔形掏槽。掏槽眼水平成对布置(见图2.22),爆破后将炸出楔形槽口。炮眼与开挖面间的夹角 α,上、下两对炮眼的间距 a 和同一平面上一对掏槽眼眼底的距离 b,是影响该种掏槽爆破效果的重要因素,这些参数随围岩类别的不同而有所不同。表2.3列出一些经验数据供参考。

表2.3　垂直楔形掏槽爆破参数

围岩级别	α /(°)	斜度比	a /cm	b /cm	炮眼数量/个
Ⅳ级及以上	70~80	1∶0.27~1∶0.18	70~80	30	4
Ⅲ级	75~80	1∶0.27~1∶0.18	60~70	30	4~5
Ⅱ级	70~75	1∶0.37~1∶0.27	50~60	25	6
Ⅰ级	55~70	1∶0.47~1∶0.37	30~50	20	6

(2)锥形掏槽。这种炮眼呈角锥形布置,各掏槽眼以相等或近似相等的角度向工作面中心轴线倾斜,眼底趋于集中,但互相并不贯通,爆破后形成锥形槽。根据掏槽炮眼数目的不同,可分为三角锥、四角锥、五角锥等。如图2.23所示为四角锥形掏槽,它常用于受岩层层理、节理、裂隙影响较大的围岩。其有关参数见表2.4。

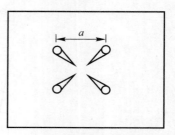

图2.23　四角锥形掏槽

表2.4　锥形掏槽爆破参数

围岩级别	α /(°)	a /cm	炮眼数量/个
Ⅳ级及以上	70	100	3
Ⅲ级	68	90	4
Ⅱ级	65	80	5
Ⅰ级	60	70	6

斜眼掏槽具有操作简单、精度要求较直眼掏槽低,能按岩层的实际情况选择掏槽方式和掏槽角度,易把岩石抛出,掏槽眼的数量少且炸药耗量低等优点。但是,炮眼深度易受开挖断面尺寸的限制,不易提高循环进尺,也不便于多台凿岩机同时作业。

2. 直眼掏槽

直眼掏槽由若干个垂直于开挖面的炮眼所组成,掏槽深度不受围岩软硬和开挖断面大小的限制,可以实现多台钻机同时作业、深眼爆破和钻眼机械化,从而为提高掘进速度提供了有利条件。由于直眼掏槽凿岩作业较方便,不需随循环进尺的改变而变化掏槽形式,仅须改变炮眼的深度,且石渣的抛掷距离也可缩短。但直眼掏槽的炮眼数目和单位用药量较多,对眼距、装药量等有严格要求,往往由于设计或施工不当,使槽内的岩石不易抛出或重新固结而降低炮眼利用率。

(1) 直眼掏槽形式。直眼掏槽形式很多,过去常用的有龟裂掏槽、五眼梅花掏槽和螺旋掏槽。近年来,由于重型凿岩机械的使用,尤其是大直径(>100 mm)炮孔的液压钻机投入施工以后,直眼掏槽的布置形式有了新发展,目前常用的形式有以下两种。

1) 柱状掏槽(见图 2.24)。它是充分利用大直径空眼作为临空孔和岩石破碎后的膨胀空间,使爆破后能形成柱状槽口的掏槽爆破。作为临空孔的空眼数目,视炮眼深度而定。一般当孔眼深度小于 3.0 m 时,采用 1 个临空孔;当孔眼深度为 3.0~3.5 m 时,采用双临空孔;当孔眼深度为 3.5~5.15 m 时,采用 3 个临空孔。试验表明,第一个起爆装药孔离开临空孔的距离应不大于 1.5 倍的临空孔直径。

2) 螺旋形掏槽。螺旋形掏槽由柱状掏槽发展而来,其特点是中心眼为空眼,邻近空眼的各装药眼至空眼之间的距离逐渐加大,其连线呈螺旋形状,如图 2.25 所示。装药眼与空眼之间的距离分别为 $a=(1.0\sim1.5)D$,$b=(1.2\sim2.5)D$,$c=(3.0\sim4.0)D$,$d=(4.0\sim5.0)D$。D 为一空眼直径,一般不小于 100 mm,也可用 $\phi60\sim70$ mm 的钻头钻成 8 字形双空眼。爆破按 1,2,3,4 由近及远顺序起爆,以充分利用自由面,扩大掏槽效果。

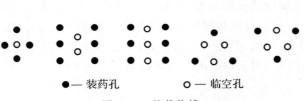

●—装药孔　　　○—临空孔

图 2.24　柱状掏槽

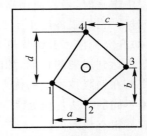

图 2.25　螺旋形掏槽

(2) 影响直眼掏槽效果的因素。直眼掏槽以空眼作为增加的临空面,利用炸药爆炸的能量将槽内岩石击碎,并借助爆炸产生气体的余能将已破碎的岩石从槽腔内抛出。在直眼掏槽中,应注意以下几点。

1) 眼距。空眼与装药眼之间的距离。当用等直径炮孔时,此距离一般随岩性不同而变动,变动范围为炮眼直径的 2~4 倍;当采用大直径空眼时,眼距不宜超过空眼直径的 2 倍。由于掏槽效果对眼距变化很敏感,往往眼距稍大就会造成掏槽失败或效果降低,而眼距过小不仅钻眼困难,还容易发生槽内岩石被挤实现象。

2) 空眼。空眼不仅起着自由面和破碎岩石发展的导向作用,同时为槽内岩石破碎提供一个膨胀的空间。因此,增加空眼数目能获得良好的效果,一般随眼深加大空眼数也相应增多。

3) 装药。直眼掏槽一般都是过量装药,装药长度占全眼长的 $70\%\sim90\%$,如果装药长度不够,易发生“挂门帘”和“留门槛”现象。当眼深大于 2.5 m 时,易产生沟槽效应,应采取相应措施防止爆轰中断。

4）辅助抛掷。直眼掏槽的关键是把槽内已破碎岩石抛出槽腔，当炮眼较深时仅利用爆炸产生气体的余能抛出岩石是很难达到预计的掏槽效果的，因此当眼深在 2.0 m 以上时，可采用辅助抛掷措施。一般是将空眼加深 100～200 mm，并在眼底放一卷炸药，在掏槽眼全部起爆后接着起爆。

5）钻眼质量。要保证钻眼的准确性，使各炮眼之间保持等距、平行是极为重要的。如果两眼钻穿，易造成爆炸产生的气体过早损失，降低槽内岩石抛出率或使岩石再生。如果距离过大或钻眼偏斜，易发生单个炮眼直径扩大或单个炮眼爆炸，炮眼间的岩石不易崩落。

3. 混合掏槽

混合掏槽是指两种以上掏槽方式的混合使用，一般在岩石特别坚硬或隧道开挖断面较大时使用。

（1）复式掏槽。严格地说，复式掏槽也属于斜眼掏槽，它是在浅眼楔形掏槽的基础上发展起来的。在大断面隧道掘进中，为加大掏槽深度，可采用两层、三层或四层楔形掏槽眼，每对掏槽眼呈完全对称或近似对称，深度由浅到深，与工作面的夹角由小到大。复式掏槽也叫多重楔形掏槽或 V 形掏槽。复式掏槽的爆破角（掏槽眼与工作面的夹角）与掏槽眼深度的相互关系，应使从每个眼底所作的垂线恰好落在开挖断面两壁与开挖面相交的临空面上；最深掏槽眼眼底的垂线也必须落在隧道内，即与已爆出的工作面相交；在每一掏槽眼眼底所作的垂线必须与隧道壁面相交。根据开挖断面的大小及进尺复式掏槽常分为两级复式掏槽和三级复式掏槽，如图 2.26 所示。在一般情况下，复式掏槽上、下排距为 50～90 cm，硬岩取小值，软岩取大值。在硬岩中爆破时，最好使用高威力炸药，一般布置上、下两排即可；当岩石十分坚硬时，可用三排或四排。当炮眼深度小于 2.5 m 时，一般用两级复式掏槽。

（2）升级掏槽。升级掏槽采用逐级加深的炮眼布置，按掘进方向平行钻孔，把全部掏槽深度分阶段达到爆破的目的，如图 2.27 所示。升级掏槽将常用掏槽方法在爆破技术上的优点和直眼掏槽在钻眼技术上的优点结合起来，因此，其适应能力强，可对各种不同的条件和岩石状况采用不同的方法加以处理，掘进深度可以根据炮眼的级数来确定。实践表明，用这种方法进行爆破是很有成效的。

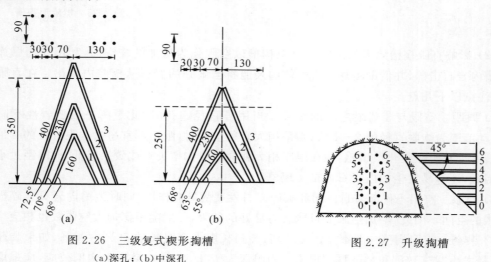

图 2.26　三级复式楔形掏槽
（a）深孔；（b）中深孔

图 2.27　升级掏槽

（3）分段掏槽。为克服深眼爆破中装药底部仅产生挤压破碎作用和弱抛掷，可将掏槽炮眼分次起爆,这样有利于槽腔形成,提高掏槽腔的有效深度,便于机械化作业。如图 2.28 所示为南昆线米花岭隧道采用的直眼二次掏槽的示意图,炮眼利用率在 90％以上。实践表明,对于斜眼分段掏槽,循环进尺可达隧道开挖宽度的 76％,炮眼利用率可在 95％以上。除此之外,其他混合掏槽还有角锥与直眼、楔形与直眼(见图 2.29)等形式组合。这些混合掏槽形式一般用在比较坚硬的岩石中。

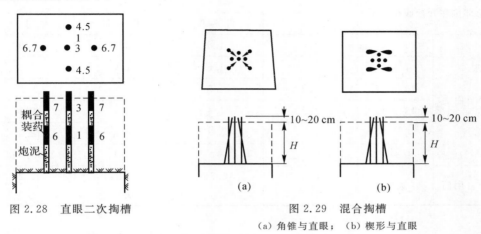

图 2.28　直眼二次掏槽

图 2.29　混合掏槽
(a) 角锥与直眼;　(b) 楔形与直眼

2.3.3.3　隧道爆破的参数设计

1. 炮眼直径

炮眼直径对凿岩生产率、炮眼数目、单位耗药量和洞壁的平整程度均有影响。加大炮眼直径以及相应装药量可使炸药能量相对集中,爆炸效果得以改善。但炮眼直径过大将导致凿岩速度显著下降,并影响岩石破碎质量、洞壁平整程度和围岩稳定性。因此,必须根据岩石性质、凿岩设备和工具、炸药性能等进行综合分析,合理选用孔径。一般隧道的炮眼直径为 $\phi 32 \sim 50 \text{ mm}$,药卷与眼壁之间的间隙一般为炮眼直径的 10％～15％。

2. 炮眼数量

炮眼数量主要与开挖断面、炮眼直径、岩石性质和炸药性能有关,炮眼的多少直接影响凿岩工作量。炮眼数量应能装入设计的炸药量,通常可根据各炮眼平均分配炸药量的原则来计算。其公式为

$$N = \frac{qS}{\alpha\gamma} \tag{2.1}$$

式中　　N——炮眼数量,不包括未装药的空眼数;

　　　　q——单位炸药消耗量,一般取 $q = 1.1 \sim 2.9 \text{ kg/m}^3$,见表 2.5;

　　　　S——开挖断面面积,m^2;

　　　　α——装药系数,即装药长度与炮眼全长的比值,见表 2.6;

　　　　γ——每米药卷的炸药质量,kg/m,2 号岩石铵梯炸药的每米质量见表 2.7。

炮眼数量常用的经验数值见表 2.8。

3. 炮眼深度

炮眼深度是指炮眼底至开挖面的垂直距离。合适的炮眼深度有助于提高掘进速度和炮眼利用率。随着凿岩、装渣运输设备的改进,目前普遍存在加长炮眼深度以减少作业循环次数的趋势。炮眼深度一般根据下列因素确定:

（1）围岩的稳定性，避免过大的超欠挖；

（2）凿岩机的允许钻眼长度、操作技术条件和钻眼技术水平；

（3）掘进循环安排，保证充分利用作业时间。

表 2.5　隧道爆破单位耗药量（2 号岩石铵梯炸药）　　单位：kg·m⁻³

开挖部位和开挖面积 /m²		围岩级别			
		Ⅳ ～ Ⅴ	Ⅲ ～ Ⅳ	Ⅱ ～ Ⅲ	Ⅰ
一个自由面	4 ～ 6	1.5	1.8	2.3	2.9
	7 ～ 9	1.3	1.6	2.0	2.5
	10 ～ 12	1.2	1.5	1.8	2.25
	13 ～ 15	1.2	1.4	1.7	2.1
	16 ～ 20	1.1	1.3	1.6	2.0
	40 ～ 43			1.1	1.4
多个自由面	扩大挖底	0.6	0.74	0.95	1.2
		0.52	0.62	0.79	1.0

表 2.6　装药系数（α 值）

炮眼名称	围岩级别			
	Ⅳ，Ⅴ	Ⅲ	Ⅱ	Ⅰ
掏槽眼	0.5	0.55	0.60	0.65 ～ 0.80
辅助眼	0.4	0.45	0.50	0.55 ～ 0.70
周边眼	0.4	0.45	0.55	0.60 ～ 0.75

表 2.7　2 号岩石铵梯炸药每米质量（γ 值）

药卷直径 /mm	32	35	38	40	44	45	50
γ/(kg·m⁻¹)	0.78	0.96	1.10	1.25	1.52	1.59	1.90

表 2.8　炮眼数量参考值

围岩级别	开挖面积 /m²				
	4 ～ 6	7 ～ 9	10 ～ 12	13 ～ 15	40 ～ 43
软岩（Ⅳ，Ⅴ）	10 ～ 13	15 ～ 15	17 ～ 19	20 ～ 24	
次坚岩（Ⅲ，Ⅳ）	11 ～ 16	16 ～ 20	18 ～ 25	23 ～ 30	
坚岩（Ⅲ，Ⅱ）	12 ～ 18	17 ～ 24	21 ～ 30	27 ～ 35	75 ～ 90
特坚岩（Ⅰ）	18 ～ 25	28 ～ 33	37 ～ 42	38 ～ 43	80 ～ 100

确定炮眼深度的常用方法有以下 3 种：

（1）采用斜眼掏槽时，炮眼深度受开挖面大小的影响。炮眼过深，周边岩石的挟制作用较大，故炮眼深度不宜过大。一般最大炮眼深度取断面宽度（或高度）的 $0.5 \sim 0.7$ 倍，即 $L = (0.5 \sim 0.7)B$。当围岩条件好时，采用较小值。

（2）利用每一掘进循环的进尺数及实际的炮眼利用率来确定，即

$$L = \frac{l}{\eta} \tag{2.2}$$

式中　　L—— 炮眼深度，m；

　　　　l—— 每掘进循环的计划进尺数，m；

　　　　η—— 炮眼利用率，一般要求不低于 0.85。

（3）按每一掘进循环中所占时间确定，即

$$L = \frac{mvt}{N} \tag{2.3}$$

式中　　m—— 钻机数量；

　　　　v—— 钻眼速度，m/h；

　　　　t—— 每一掘进循环中钻眼所占的时间，h；

　　　　N—— 炮眼数目。

所确定的炮眼深度还应与装渣运输能力相适应，使每个作业班能完成整数个循环，而且使掘进每米坑道消耗的时间最少，炮眼利用率最高。目前，较多采用的炮眼深度为 $1.2 \sim 1.8$ m，中深孔为 $2.5 \sim 3.5$ m，深孔为 $3.5 \sim 5.15$ m。

4. 装药量的计算及分配

炮眼装药量的多少是影响爆破效果的重要因素。药量不足，会出现炸不开、炮眼利用率低和石渣块过大等问题；装药量过多，则会破坏围岩稳定，崩坏支撑和机械设备，使抛渣过散，对装渣不利，且增加了洞内有害气体，相应地增加了排烟时间和供风量等。合理的药量应根据所使用的炸药的性能和质量、地质条件、开挖断面尺寸、临空面数目、炮眼直径和深度及爆破的质量要求来确定。目前多采取先用体积公式计算出一个循环的总用药量，然后按各种类型炮眼的爆破特性进行分配，再在爆破实践中加以检验和修正，直到取得良好的爆破效果的方法。计算总用药量 Q 的公式为

$$Q = qV \tag{2.4}$$

式中　　Q—— 一个爆破循环的总用药量，kg；

　　　　q—— 爆破每立方米岩石所需炸药的消耗量，kg/m³，见表 2.5；

　　　　V—— 一个循环进尺所爆落的岩石总体积，m³，其计算公式为

$$V = lS \tag{2.5}$$

其中　　l—— 计划循环进尺，m；

　　　　S—— 开挖面积，m²。

总的炸药应分配到各个炮孔中去。由于各炮眼的作用及受到岩石挟制情况不同，装药数量亦不同，通常按装药系数 γ 进行分配，γ 值见表 2.7。

2.3.3.4　炮眼的布置

在隧道内布置炮眼时，必须保证获得良好的爆破效果，并考虑钻眼的效率。在开挖面上除

出现土石互层、围岩类别不同、节理异常等特殊情况外,应按实际需要布置炮眼。炮眼一般按下述原则布置:

(1) 先布置掏槽眼,其次是周边眼,最后是辅助眼。掏槽眼一般应布置在开挖面中央偏下部位,其深度应比其他眼深 15 ~ 20 cm。为爆出平整的开挖面,除掏槽眼和底部炮眼外,所有掘进眼眼底应落在同一平面上。底部炮眼深度一般与掏槽眼相同。

(2) 周边眼应严格按照设计位置布置。断面拐角处应布置炮眼。为满足机械钻眼需要和减少超欠挖,周边眼设计位置应考虑 3% ~ 5% 的外插斜率,并应使前后两排炮眼的衔接台阶高度(即锯齿形的齿高)最小。此高度一般要求为 10 cm,最大也应不大于 15 cm。

(3) 辅助眼的布置主要是解决炮眼间距和最小抵抗线的问题,这可以由施工经验决定,一般抵抗线 W 为炮眼间距的 60% ~ 80%,并在整个断面上均匀排列。当采用 2 号岩石铵梯炸药时,W 值一般取 0.6 ~ 0.8 m。

(4) 当炮眼的深度超过 2.5 m 时,靠近周边眼的内圈辅助眼应与周边眼有相同的倾角。

(5) 当岩层层理明显时,炮眼方向应尽量垂直于层理面。如节理发育,炮眼应尽量避开节理,以防卡钻和影响爆破效果。

隧道开挖面的炮眼,在遵守上述原则的基础上,可以有以下几种布置方式:

(1) 直线形布眼。将炮眼按垂直方向或水平方向围绕掏槽开口呈直线形逐层排列,如图 2.30(a)(b) 所示。这种布眼方式,形式简单且易掌握,同排炮眼的最小抵抗线一致,间距一致,前排眼为后排眼创造临空面,爆破效果较好。

(2) 多边形布眼。这种布眼是围绕着掏槽部位由里向外将炮眼逐层布置成正方形、长方形、多边形等,如图 2.29(c) 所示。

(3) 弧形布眼。顺着拱部轮廓线逐圈布置炮眼,如图 2.29(d) 所示。此外,还可将开挖面上部布置成弧形,下部布置成直线形,以构成混合型布置。

(4) 回形布眼。当开挖面为圆形时,炮眼围绕断面中心逐层布置成圆形。这种布眼方式多用在圆形隧道、泄水洞以及圆形竖井的开挖中。

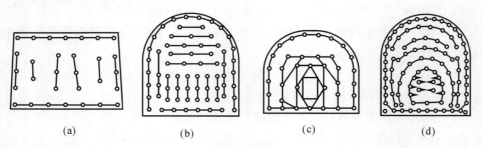

图 2.30　隧道炮眼布置方式

(a),(b) 直线形;(c) 多边形;(d) 弧形

2.3.4　周边眼的控制爆破

在隧道爆破施工中,首要的要求是开挖轮廓与尺寸准确,对围岩扰动小。因此,周边眼的爆破效果反映了整个隧道爆破的成洞质量。实践表明,采用普通爆破方法不仅对围岩扰动大,而且难以爆出理想的开挖轮廓,故目前采用控制爆破技术进行爆破。隧道控制爆破分为光面

爆破和预裂爆破。

2.3.4.1　光面爆破

1. 光面爆破的特点与标准

光面爆破是通过正确确定爆破参数和施工方法,在设计断面内的岩体爆破崩落后才爆周边孔,使爆破后的围岩断面轮廓整齐,最大限度地减轻爆破对围岩的扰动和破坏,尽可能地保持原岩的完整性和稳定性的爆破技术。其主要标准为开挖轮廓成形规则,岩面平整;围岩壁上保存有 50% 以上的半面炮眼痕迹,无明显的爆破裂缝;超欠挖符合规定要求,围岩壁上无危石等。

光面爆破对围岩扰动小,又尽可能保存了围岩自身原有的承载能力,从而改善了衬砌结构的受力状况;由于围岩壁面平整,减少了应力集中和局部落石现象,增加了施工安全度,减少了超挖和回填量,若与锚喷支护相结合,能节省大量混凝土,降低工程造价,加快施工进度;光面爆破可减轻振动和保护围岩,因此它是在松软及不均质的地质岩体中较为有效的开挖爆破方法。

2. 光面爆破的主要参数

光面爆破的成功与否主要取决于爆破参数的确定,其主要参数包括周边炮眼的间距、光面爆破层的厚度、周边眼密集系数和装药集中度等。影响光面爆破参数选择的因素很多,主要有岩石的爆破性能、炸药品种、一次爆破的断面大小、断面形状、凿岩设备等,其中影响最大的是地质条件。光面爆破参数的选择,通常采取简单的计算并结合工程类比加以确定,在初步确定后,一般都要在现场爆破实践中加以修正改善。

(1) 周边炮眼间距 E。在不耦合装药的前提下,光面爆破应满足炮孔内静压力 F 小于爆破岩体的极限抗压强度,而大于岩体的极限抗拉强度的条件,如图 2.31 所示,即

$$
\left.
\begin{aligned}
& [\sigma_p]EL \leqslant F \leqslant [\sigma_c]dL \\
& E \leqslant \frac{[\sigma_c]}{[\sigma_p]} \leqslant K_i d
\end{aligned}
\right\}
\tag{2.6}
$$

式中　　$[\sigma_p]$——岩体的极限抗拉强度,MPa;

$\quad\quad\ [\sigma_c]$——岩体的极限抗压强度,MPa;

$\quad\quad\ F$——炮孔内炸药爆炸静压力合力,N;

$\quad\quad\ d$——炮眼直径,mm;

$\quad\quad\ L$——炮眼深度,cm;

$\quad\quad\ K_i$——孔距系数,$K_i = \dfrac{[\sigma_c]}{[\sigma_p]}$。

从式(2.6)中可以看出,周边炮眼间距与岩体的抗拉、抗压强度以及炮眼直径有关。一般取 $K_i = 10 \sim 18$,即 $E = (10 \sim 18)d$;当炮眼直径为 $32 \sim 40$ mm 时,$E = 320 \sim 700$ mm。一般情况下,软质或完整的岩石 E 宜取大值;隧道跨度小、坚硬和节理裂隙发育的岩石 E 宜取小值,装药量也需相应减少。还可以在两个炮眼间增加导向空眼,导向空眼到装药眼间的距离一般控制在 400 mm 以内。此外,还应注意炸药的品种对 E 值也有影响。

(2) 光面层厚度及炮眼密集系数,所谓光面层就是周边眼与最外层辅助眼之间的一圈岩石层。其厚度就是周边眼的最小抵抗线 W(见图 2.31)。周边眼的间距 E 与光面层厚度 W 有着密切关系,通常以周边眼的密集系数 $K(K = E/W)$ 表示,其大小对光面爆破效果有较大影

响。必须使应力波在两相邻炮眼间的传播距离小于应力波至临空面的传播距离,即 $E < W$。实践表明,取 $K = 0.8$ 较为适宜,光面层厚度 W 一般取 $50 \sim 80$ cm。

（3）装药量。周边眼的装药量通常以线装药密度表示。恰当的装药量应是既具有破岩所需的能量,又不造成围岩的过度破坏。施工中应根据孔距、光面层厚度、石质及炸药种类等,综合考虑并确定装药量。在光面层单独爆落时,周边眼的线装药密度一般为 $0.15 \sim 0.25$ kg/m,全断面一次起爆时,为减少残眼,装药密度需适当增加,一般可达 $0.30 \sim 0.35$ kg/m。

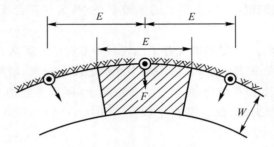

图 2.31   光面爆破参数示意

3. 隧道光面爆破的技术措施

为了获得良好的光面爆破效果,可采取以下技术措施:

（1）使用低爆速、低猛度、低密度、传爆性能好、爆炸威力大的炸药。

（2）采用不耦合装药结构。光面爆破的不耦合系数最好大于2,但药卷直径不应小于该炸药的临界直径,以保证稳定传爆。当采用间隔装药时,相邻炮眼所用的药卷位置应错开,以充分利用炸药效能。

（3）严格掌握与周边眼相邻的内圈炮眼的爆破效果,为周边眼爆破创造临空面。周边眼应尽量做到同时起爆。

（4）严格控制装药集中度,必要时可采取间隔装药结构。为克服眼底岩石的挟制作用,通常在眼底需加强装药。

表 2.9 给出了爆破一般参考数值和国内部分隧道光面爆破设计参数（此表适用于炮眼深度 $1.0 \sim 1.5$ m,炮眼直径 $40 \sim 50$ mm,药卷直径 $20 \sim 25$ mm）。

表 2.9   光面爆破一般参数值

装药集中度 kg·m^{-1}	岩石类别	炮眼间距 E/cm	抵抗线 W/cm	密集系数 $K = E/W$
$0.30 \sim 0.35$	硬岩	$55 \sim 70$	$60 \sim 80$	$0.7 \sim 1.0$
$0.20 \sim 0.30$	中硬岩	$45 \sim 65$	$60 \sim 80$	$0.7 \sim 1.0$
$0.07 \sim 0.12$	软岩	$35 \sim 50$	$40 \sim 60$	$0.5 \sim 0.8$

2.3.4.2   预裂爆破

预裂爆破是由于先起爆周边眼,在其他炮眼未爆破之前先沿着开挖轮廓线预裂爆破出一条用以反射爆破地震应力波的裂缝而得名的。预裂爆破的目的与光面爆破相同,只是在炮眼的爆破顺序上,光面爆破是先引爆掏槽眼,再引爆辅助眼,最后引爆周边眼,而预裂爆破则是首先引爆周边眼,使沿周边眼的连心线炸出平顺的预裂面。由于这个预裂面的存在,对后爆的掏槽眼、辅助眼的爆轰波能起反射和缓冲作用,可以减轻爆轰波对围岩的破坏,保持岩体的完整性,使爆破后的开挖面整齐规则。

由于成洞过程和破岩条件不同,在减轻对围岩的扰动程度上,预裂爆破较光面爆破的效果更好,因此,预裂爆破很适用于稳定性较差而又要求控制开挖轮廓的松软围岩。但预裂爆破的周边眼距和最小抵抗线都要比光面爆破小,相应地要增多炮眼数量,钻眼工作量增大。

理想的预裂效果应保证在炮眼连线上产生贯通裂缝,形成光滑的岩壁。但预裂爆破受到只有一个临空面条件的制约,因此,其爆破技术较光面爆破更为复杂。影响预裂爆破效果的因素很多,如钻孔直径、孔距、装药量、岩石的物理力学性质、地质构造、炸药品种、装药结构及施工因素等,而这些因素又是相互影响的。目前,确定预裂爆破主要参数的方法有理论计算法、经验公式计算法和经验类比法 3 种。表 2.10 给出了隧道预裂爆破的参考数值。

表 2.10　预裂爆破参数值

装药集中度 /(kg·m⁻¹)	岩石类别	炮眼间距 E/cm	至内排崩落眼间距 /cm
0.30 ~ 0.40	硬岩	40 ~ 50	40
0.20 ~ 0.25	中硬岩	40 ~ 45	40
0.07 ~ 0.12	软岩	35 ~ 40	35

2.3.5　钻爆施工程序

钻爆施工是把钻爆设计付诸实施的重要环节,包括钻孔、装药、堵塞和对爆破后可能出现的问题的处理等。隧道爆破通常都要求每一循环进尺尽可能大,但在很多情况下,往往由于过高地估计爆破效果而带来一些困难。因此,在施工设计中,不但要了解实际掘进速度的可能性,而且还要注意开挖方法。

2.3.5.1　钻眼

目前,在隧道开挖施工中,广泛采用的钻孔设备为凿岩机和钻孔台车全液压钻机或风动钻机。原始的办法是台架打眼,也有采用"人机套打"开挖大断面隧道的。"人机套打",即在地质条件好的情况下,台车开挖与人工手持式风钻台架相配合,长短炮眼结合,可达到更好的光面爆破效果。

在施钻前,由专业测量人员根据设计方案在掌子面布孔,并标出掏槽眼和周边轮廓,严格按照炮眼的设计位置、深度、角度和孔径,分工定点、定位进行,多台钻机作业。应注意防止炮眼交叉打穿,炮眼总数不应小于设计的 90%,掏槽炮眼位置误差不得大于 5 cm。如果出现大的偏差,应废弃重钻,切实保证钻孔质量。

注意掌握周边眼的外插角,太大超挖大,太小造成欠挖或造成下一循环"作业净空"不够。"作业净空"指无论是手持式风钻,还是液压重型钻机,在作业时,打眼工具均要占得一定位置。还要注意应平行打眼,同时注意掌子面明显不平整时,应调整炮眼的孔深,使炮眼底在一个平面上。

2.3.5.2 装药

装药及起爆工作的好坏与爆破效果和爆破工作的安全密切相关。装药前要检查炮眼位置和长度是否符合设计要求，并进行清渣排水。装药时要严格按照炮眼的设计装药量装填，可以按设计要求连续装药或间隔装药或不耦合装药，总的装药长度不宜超过炮眼深的2/3；靠炮眼口的剩余长度用炮泥堵塞好。装药结构可分为3种方式：一是起爆药卷放在靠近眼口的第二个药卷位置，雷管聚能穴朝向眼底，称为正向起爆装药；二是起爆药卷放在靠近眼底的第二个药卷位置，雷管聚能穴朝向眼口，称为反向起爆装药；三是起爆药卷放在炮眼装药中部，称为双向起爆装药。如图2.32所示为常用的连续装药结构。

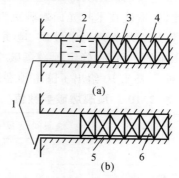

图 2.32　常用的连续装药结构

(a) 正向装药；(b) 反向装药

1— 引线；2— 炮泥；3,6— 引爆药卷；4,5— 普通药卷

过去多采用正向装药结构，但经多年来国内外实践证明，反向装药能提高炮眼利用率，减少瞎炮，减少岩石破碎块度，增大抛渣距离和降低炸药消耗量，炮眼越深，效果越好。但反向装药结构的雷管脚线长，装药麻烦；在有水的炮眼中起爆易受潮拒爆；机械化装药时，易产生静电，从而引起早爆；也不宜于炮眼较浅（小于1.5 m）的场合。

间隔装药是在药卷之间留出一定的空隙，使药量分散以使爆力沿孔长分布均匀。药卷之间的距离由现场通过殉爆试验确定。当不耦合装药时，药卷置于炮眼孔的中央，药卷与孔壁间留有空气间隙。为了保证药卷位置准确居中，可采用塑料扩张套管定位。

深眼爆破有利于提高掘进速度，但在使用中可能会产生所谓的"管道效应"现象。管道效应的现象有多种，其原因错综复杂。深眼爆破中产生的中途熄爆，药卷不能全部爆炸即其现象的一种。为了克服管道效应所造成的熄爆，可采用合理的装药结构和增大装药直径，并选用合适的不耦合系数的方法。此外，采用新型炸药（如乳胶炸药）也有利于减弱管道效应。

在装药之前应清孔，将炮眼残渣、积水清除，并检查炮眼位置、深度、角度是否满足操作要求（按设计与打眼误差一并考虑），装药时严格按照设计装药量进行，"起爆药卷"（装有起爆雷管的药卷）按设计的起爆顺序和雷管段别安排"对号入座"。

隧道爆破中，常采用的装药结构有：

(1)掏槽炮眼。连续装药，尽可能采用接近于1的不耦合系数，即耦合装药。

(2)辅助炮眼。连续装药，不耦合系数采用1.3～1.5。

(3)周边炮眼。小直径药卷连续装药，不耦合系数宜为2；间隔装药，不耦合装药系数在1.5～2.0之间。当岩石很软，Ⅲ～Ⅳ级围岩需要爆破时，也可以用导爆索装药结构代替炸药药卷进行装药。

目前,一般以人工装药为主,机械装药、卷机装药正在推广。

连续装药结构按照雷管在炮孔中位置的不同,又可分为正向起爆、反向起爆和双向起爆 3 种起爆方式。实践表明,将起爆雷管装在孔底部位,反向起爆,有利于克服岩石的挟制作用,能提高炮眼利用率,减小岩石破碎块度,减小大块率。现在一般都采取这种起爆方式。

在隧道周边眼间隔装药时,往往采用正向起爆方式,即从孔口向孔底方向起爆。

2.3.5.3　堵塞

隧道爆破所使用的炮眼堵塞材料一般为沙子和黏土的混合物,其比例大致为沙子 50%～40%,黏土 50%～60%。堵塞长度视炮眼直径而定,一般不能小于 20 cm,炮眼直径在 45 cm 以上时,堵塞长度应不小于 45 cm。堵塞可采用分层人工捣实法进行,应广泛使用炮泥机。国外也有使用聚乙烯塑料块作堵塞材料的。

2.3.5.4　起爆

起爆网路必须保证每个药卷按设计的起爆顺序和起爆时间起爆。采用导爆管起爆法,联结必须正确,簇联每束不超过 15 根导爆管,为了"准爆",可以使用双雷管起爆。所有联结雷管都必须使用即发雷段(即毫秒管 0 ms)或用火雷管加装导爆管,联结必须牢靠。

起爆网路的雷管,可采用火雷管,引线(导火索)必须大于 5 m,以确保点火人员有足够的时间撤离到安全地点(一般 300 m 以外)。如采用电雷管引爆网路,电力起爆地点必须在安全地点(一般 300 m 以外)。最安全的起爆方法是采用 300 m 长的导爆管,用击发枪起爆网路。但此种方法太费导爆管,成本较高,一般不使用,只适合露天或洞室爆破。

2.3.5.5　爆破质量标准

隧道爆破质量直接影响隧道施工安全、掘进进度和经济与环境效益。在爆破时,围岩的破坏范围过大,将造成塌方,威胁施工安全;石块块度过大,将影响装运速度,甚至还需二次爆破处理无法装运的巨石;眼底不平,炮眼利用率不高,会影响掘进速度;光爆效果不好、超挖过大则是造成经济效果不好的直接原因。

2.3.5.6　盲炮的预防和处理

放炮时,炮眼内预期发生爆炸的炸药因故未发生爆炸的现象称为盲炮,俗称瞎炮。炸药、雷管或其他火工品不能被引爆的现象称为拒爆。

1. 盲炮产生的原因

(1) 电力起爆产生盲炮。

(2) 导爆索起爆产生盲炮。

(3) 导爆管起爆系统拒爆产生盲炮。

2. 盲炮的预防

(1)爆破器材要妥善保管,严格检查,禁止使用技术性能不符合要求的爆破器材。

(2)同一串联支路上使用的电雷管,其电阻差不应大于 0.8 Ω,重要工程不超过 0.3 Ω。

(3)不同燃速的导火索应分批使用。

(4)提高爆破设计质量。设计内容包括炮孔布置、起爆方式、延期时间、网路敷设、起爆电流、网路检查等。对于重要爆破,必要时须进行网路模拟试验。

(5)改善爆破操作技术,保证施工质量。电力起爆要防止漏接、错接和折断脚线,网路接地电阻不得小于 0.1 MΩ;并要经常检查开关和线路接头是否处于良好状态。

（6）在有水的工作面或水下爆破时，应采取可靠的防水措施，避免爆破器材受潮。

3.盲炮的处理

（1）经检查确认炮孔的起爆线路完好时，可重新起爆。

（2）打平行眼装药爆破。平行眼距盲炮孔口不得小于 30 cm。为确定平行眼的方向，允许从盲炮口取出长度小于 20 cm 的填塞物。

（3）用木制、竹制或其他不产生火星的材料制成的工具，轻轻地将炮眼内大部分填塞物掏出，用聚能药包诱爆。

（4）若导爆管在孔外被打断，可以掏出仍在孔内的部分导爆管，长度为 25～30 cm，接上导爆管重新起爆。

（5）盲炮应在当班处理。当班不能处理或未处理完毕，应将盲炮情况（盲炮数量、炮眼方向、装药数量和起爆药包位置、处理方法和处理意见）在现场交接清楚，由下一班继续处理。

2.4 装渣和运输

为了实现隧道的快速掘进，应重点抓好两项作业，即开挖和运输。隧道内的运输工作量很大，包括在开挖面上装渣并运出洞外弃土场，即装渣、出渣与卸渣；另外，还要从洞外运进大量混凝土和拌料、钢筋网、钢拱架、模板及轨道等材料。根据统计分析，出渣作业在整个作业循环中所占的时间为 40%～60%，因此，出渣运输能力的强弱在很大程度上影响着隧道的施工进度。

在选择出渣方式时，应对隧道或开挖坑道断面的大小、围岩的地质条件、一次开挖量、机械配套能力、经济性及工期要求等相关因素进行综合考虑。

出渣作业可以分解为装渣、运渣、卸渣 3 个环节。

2.4.1 装渣

装渣就是把开挖下来的石渣装入运输车辆。

1.渣量计算

出渣量应为开挖后的虚渣体积，其计算式为

$$Z = R \Delta LS \tag{2.7}$$

式中
Z——单循环爆破后石渣量，m^3；

R——岩体松胀系数，见表 2.11；

Δ——超挖系数，视爆破质量而定，一般可取 1.15～1.25；

L——设计循环进尺，m；

S——开挖断面面积，m^2。

表 2.11 岩体松胀系数

岩体类别	Ⅵ		Ⅴ		Ⅳ	Ⅲ	Ⅱ	Ⅰ
土石名称	砂砾	黏性土	砂夹卵石	硬黏土	石质	石质	石质	石质
松胀系数	1.15	1.25	1.30	1.35	1.6	1.7	1.8	1.8

2. 装渣方式

装渣的方式可采用人力装渣或机械装渣。人力装渣的劳动强度大,速度慢,仅在短隧道缺乏机械或断面小而无法使用机械装渣时才考虑采用。机械装渣的速度快,可缩短作业时间,目前,在隧道施工中常用,但仍需少量人工辅助。

3. 装渣机械

装渣机械的类型很多,按其扒渣机构形式可分为铲斗式、蟹爪式、立爪式、挖斗式。铲斗式装渣机为间歇性非连续装渣机,有翻斗后卸、前卸和侧卸式三个卸渣方式。蟹爪式、立爪式和挖斗式装渣机是连续装渣机,均配备刮板(或链板)转载后卸机构。

(1)挖掘装载机。它采用电力和内燃两种驱动方式及全液压控制方式,配备轨道和履带两种行走机构,扒渣机构为臂式挖掘反铲,工作范围大(挖装宽度、铲斗前伸长度),效率高。

轨道式挖掘装载机的优点是装载完毕后,很容易随电瓶车在轨道上撤出洞外,有利于检修维护。履带式挖掘装载机的优点是在工作面移动时不受轨道的限制,有的机型还配有轨行装置,也可方便地撤出洞外。挖掘装载机一般用于单线铁路隧道或断面较小的隧道,当隧道断面大到足以使用装载机时,挖掘装载机就会让步于能力更强的装载机。

(2)立爪装岩机。立爪装岩机有轨行、履带和轮胎3种行走方式,采用电力驱动和液压控制,装渣能力较强,一般在 $120\sim150$ m³/h 之间。但由于立爪装岩机的工作范围较窄,现已逐步被挖掘装载机替代。

(3)耙斗式装岩机。耙斗式装岩机适用于平巷及倾角不大于30°的斜巷掘进装渣。耙斗式装岩机实际上有较强的装载能力,但要求操作十分熟练才能发挥其功能,操作劳动强度大,牵引钢丝绳容易磨损,需经常更换。

(4)钻掘装载机。钻掘装载机实际上是集开挖和装载于一体的一种设备,钻掘装载机与隧道掘进机一样,是连续开挖和装载的设备。随着国内隧道施工实力的增强,钻掘装载机正在推广使用。

(5)侧卸式装载机。侧卸式装载设备主要以各种轮胎式、履带式装载机为主,特别是轮胎式装载机以其行走快、机动灵活、技术成熟度较高、可以适应洞内外的多种工作等特点而在隧道施工中被广泛地应用。

侧卸式装载机行走速度快,机动灵活,按行走方式的不同可分为轮胎式和履带式两种。

(6)挖掘机。斗容量 $0.8\sim1.0$ m³ 的挖掘机可用于隧道找顶、清底作业,如 PC200,PC220等。由于挖掘机的多功能、灵活性及多系列产品,近年来其在隧道内的使用范围逐步扩大。例如,利用挖掘机本身的推土铲举升功能,小型挖掘机可在斜井中支平机身,从而实现挖装,在很多斜井工程施工中取代了耙斗式装岩机。由于小型挖掘机的自重在 3 t 以下,可以方便地提升,在竖井施工中也经常将其用于装渣,取代靠壁式或中心回转式装岩机。

目前,铁路隧道的洞内装渣设备按行走方式分有轮胎式、轮轨式、履带式3种,按装载方式又可分后卸式和侧卸式两种。后卸式装渣设备以各种扒渣机、挖掘装载机、耙斗机、铲斗机等为主,国产的这类设备大多生产效率在 150 m³/h 以下,有些厂家已经开始研究开发生产能力在 200 m³/h 以上的挖掘装载机。装载能力在 100 m³/h 以下的,由于作业效率不高,隧道施工中一般不考虑采用。

2.4.2 运输

隧道运输方式分为有轨和无轨两种,应根据隧道长度、开挖方法、机具设备和运量大小等选用相应的运输方式。

有轨运输是铺设小型钢轨轨道,用轨道式运输车出渣进料。有轨运输大多数采用电瓶车或内燃机车牵引,有少量为人力推运,采用斗车或梭式矿车运送石渣,是一种适应性强且较为经济的运输方式。

无轨运输是采用无轨运输车出渣和进料。其优点是机动灵活,不需要铺设轨道,适用于弃渣场离洞口较远和道路纵坡坡度较大的场合。其缺点是由于大多采用内燃车辆,作业时在洞中排出的废气会污染洞内空气。无轨运输适用于大断面开挖和中等长度的隧道施工中,并应注意加强洞内通风。

2.4.2.1 有轨式运输

1. 有轨式运输的线路铺设标准和要求

(1)当采用人力推运时,采用单位长度钢轨质量不应小于 8 kg/m;当采用机动车牵引时,钢轨不宜小于 24 kg/m。钢轨配件、夹板、螺栓必须按标准配齐。

(2)道岔型号应与钢轨类型相配合。机动车牵引宜选用较大的型号,并安装转辙器。

(3)轨枕的间距不宜大于 70 cm,长度为轨距加 60 cm。轨枕的上下面应平整,在道岔处应设长轨枕,道床的石道渣厚度不宜小于 15 cm。

(4)平曲线半径在洞内不应小于机动车或车辆轴距的 7 倍,洞外不应小于 10 倍。

(5)双道的线间距应保持两列车的净间距大于 20 cm,错车道处应大于 40 cm。

(6)车辆距坑道壁或支撑边缘的净距应不小于 20 cm,单道一侧的人行道宽度小于 70 cm。

(7)轨道纵坡,人力推运时不宜大于 1.5%;机动车牵引时不宜大于 2.5%;皮带运输输送时不宜大于 25%。洞外卸渣线末端应设 0.5%~1.0% 的上坡段,有利于重车减速停车和空车启动。

(8)线路铺设的轨距容许误差为 +6 mm,-4 mm,曲线地段应按规定加宽和设超高,必要时加设轨距拉杆;直线地段应两轨平整。钢轨接头处应并排铺设两根枕木,保持平顺,连接配件应齐全牢固。

(9)当采用新型轨式机械设备时,线路铺设标准应符合机械规格、性能要求,保证运输安全。

2. 运输车辆

常用的轨道式运输车辆有斗车、梭式矿车、窄轨平板车和窄轨矿车等。

(1)斗车。斗车结构简单、使用方便、适应性强、经济性较好。按其容量大小分为小型斗车(容量小于 3 m³)和大型斗车(单车容量可达 20 m³),采用动力机车牵引。

(2)梭式矿车。它主要由整体式车厢、传动机构和转向架等部分组成。输送机为刮板式,设有装渣移动挡板,由石渣推动挡板前移,卸车将挡板带回装渣端,可在轨道正前方或侧面卸渣。梭式矿车单车容量为 6~18 m³,可以单车使用,也可 2~4 节搭接使用,以减少调车作业次数。卸车处要求铺设岔道双线。

（3）窄轨平板车。它用于运输材料、工具和设备等。

（4）窄轨矿车。窄轨矿车分固定车厢式、翻转车厢式和侧卸式等多种形式。

3. 有轨式运输牵引机车类型

常用的有轨式运输牵引机车有电瓶机车、内燃机车，主要用于纵坡坡度不大的隧道施工运输牵引。当采用小型斗车在坡度较缓的短隧道施工时，还可以采用人力推运。

电瓶机车牵引的优点是无废气污染，但电瓶需充电，能量有限，必要时可增加电瓶车台数，以保证行车速度和运输能力等。

内燃机车牵引能力较大，但增加了洞内噪声和废气污染，需加强隧道洞内通风。

4. 有轨运输作业应遵守的规定

（1）机动车牵引不得超载。

（2）车辆装渣的高度不超过斗车顶面 40 cm，装载宽度不超过车宽。

（3）列车连接必须良好。利用机车进行车辆的调车、编组和停留或人力推运斗车时，必须有可靠的制动装置，严禁溜放。

（4）车辆在同方向行驶时，两组列车间的距离不得小于 60 m；人力推斗车时，间距不得小于 20 m。

（5）在洞内施工地段、视线不良的弯道上或通过道岔和洞口平交道等处，机动车牵引的列车运行速度不宜超过 5 km/h；其他地段在采取有效的安全措施后，最大速度不应超过 15 km/h。

（6）轨道旁的料堆距钢轨外缘不应小于 50 cm，高度不大于 100 cm。

（7）长隧道施工应有载人列车供施工人员上下班使用，并应制定保证安全的措施。

5. 运输轨道和运输组织

在隧道施工中出渣和进料有轨式运输能力的提高，也有赖于洞内与洞外轨道的合理布置，并保持轨道的良好质量，以及周密的运输管理和运输组织等。

（1）洞内轨道的布置形式。

单线运输。其运输能力较低，常用于地质条件较差或小断面开挖的隧道中。为调车方便和提高运输能力，在整个单线线路上根据隧道的长短，合理地布设错车道、调车设备、加岔线和岔道等。会让车道的距离应根据装渣作业时间和行车速度计算确定（见图 2.33）。

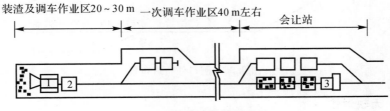

图 2.33　单线运输轨道布置

双线轨道运输。其进出车分道行驶，不需要避让等待，运输能力比单线轨道运输大。为了调车方便，应在两线间合理布设渡线。渡线距离应根据工序安排及运输、调车需要来确定，一般间距为 100～200 m，或更长一些，并每隔 2～3 组渡线，设置 1 组反向渡线（见图 2.34）。

（2）洞口外轨道布置。洞口外轨道布置，包括卸车线、错车线、上料线、修理线和机车整备线等专用线及调车线等。卸车线应搭设卸渣码头，其重车方向应设置一段 0.5%～1.0% 的上坡道，并在轨道端加设车挡，以保证卸渣列车安全等。其他各线均应满足施工使用要求（见图 2.35）。

（3）运输组织管理。隧道施工洞内各个工序都需要出渣与进料。若洞外、洞内运输工作组织管理不好，就必然会造成车辆积压、堵塞轨道等现象，致使石渣运不出洞、材料运不进洞，直接影响各工序的正常施工。运输组织管理重点要抓好两个主要环节：一是要编制和优化列车运行图，以减少避让等待时间和提高运输能力；二是要建立健全行之有效的运输调度管理制度，同时加强安全运输，并设专人养护运输线路。

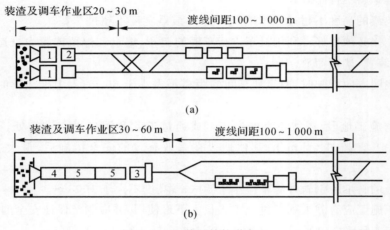

图 2.34 双线运输轨道布置

(a)双机装渣；(b)单机装渣

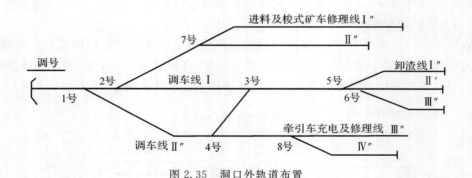

图 2.35 洞口外轨道布置

2.4.2.2 无轨运输

无轨运输主要是指汽车运输。随着大型装载机械及重载自卸汽车的研制和生产，近年来，无轨运输在隧道掘进中得到了越来越广泛的应用。无轨运输不需要铺设复杂的运输轨道，具有运输速度快、管理工作简单、配套设备少等特点。但由于汽车内燃机排放大量废气，对洞内空气污染较为严重，尤其长期在长隧道中使用，需要有强大的通风设施。

1.自卸汽车

自卸汽车又称翻斗车。在隧道施工中,应选用车身较短、车斗容量大、转弯半径小、车体坚固、轮胎耐磨、配有废气净化装置并能双向驾驶的自卸汽车,以增加运行中的灵活性,避免洞内回车和减轻对洞内空气的污染。

2.调车作业

由于无轨运输采用的装渣、运渣设备都是自配动力,属自行式,其调车作业主要是解决回车、错车和装渣场地问题。根据不同的隧道开挖断面和洞内运输距离,常用的调车方式有以下几种。

(1)有条件构成循环通路时,最好制定单向行驶的循环方案,以减少回车、错车需用场地及待避时间。

(2)当开挖断面较小,只能设置单车通道而装渣点距洞口又较近时,可考虑汽车倒行进洞至装渣点装渣,正向开行出洞,不设置错车、回车场地。当洞内运行距离较长时,可在适当位置将导洞向侧壁加宽构成错车、回车场地,以加快调车作业。

(3)当隧道开挖断面较大,足够并行两辆汽车时,应布置成双车通道,在装渣点附近回车,空车、重车各行其道,可以提高出渣速度。

(4)在采用装渣机装渣、汽车运输的情况下,要充分利用双方都有机动能力的特点,合理安排装运作业线。

2.5　岩体隧道钻爆法预制装配式建造和智能建造

我国隧道建设规模举世瞩目。改革开放 40 余年间,我国建成铁路隧道 12 412 座,总长 17 621 km。"十三五"期间建成铁路隧道 3 387 座,总长约 6 592 km。新中国成立以来,我国隧道建造水平经历了起步、初步发展、快速发展和引领世界 4 个阶段。社会生产力水平整体提升、不断飞跃的同时,生产关系不断演进,促进了隧道建造技术快速发展,钢钎大锤、肩挑手推、人工挖掘下碎片化、粗放式的建造方式已经遭到摒弃,新时期隧道建造已经逐步从机械化向智能化过渡。

改革开放至今,我国隧道建设快速发展,在机械化、信息化、电子化各方面进步突出。工程建造与机械装备制造业深度融合,钻爆法技术领域已经实现了全断面、台阶法开挖方式下,硬岩、软岩条件下,在超前钻探、开挖作业、支护作业、仰拱作业、防(排)水板作业、二次衬砌作业及水沟电缆槽 7 条作业生产线大机装备的配套应用,机械化深度融合信息化,推动隧道建造向着数字化、智能化方向发展。近年来,在京张、郑万等线路隧道建造过程中,参建各方积极探索并实践钻爆法铁路隧道智能建造,初步形成了智能建造总体技术架构,采用钻爆法实现了整体技术水平的较大升级。然而,不同于铁路桥梁建设工程中的模块化、工厂化的装配式建造,隧道建造中的支护结构施工仍然是以混凝土现浇工艺为主。相对于传统的隧道建造方法,装配式隧道在节约资源能源,减少施工污染,提升劳动生产效率、质量和安全水平等方面已经在城市轨道交通等行业的盾构隧道建设中得到验证。在节地、节能、节材、节水和环保要求以及解决工程场地受限、材料制备复杂、人员需求量大等方面优势明显。作为一种新型隧道建造方式,装配式隧道已经开始了工程实践。装配化建造方式在信息化、工厂化、机械化等方面更有利于隧道智能建造理念和技术的落地、实践。

1. 装配化建造方案

标准化设计和工厂化生产是隧道装配化建造的标志。由于每个隧道不尽相同的地质条件，隧道初期支护标准化设计难度极大，预制装配式铁路隧道主要针对二次衬砌及附属结构，将隧道拱墙、轨下结构、沟槽盖板等分模预制、分块安装，并将关键接头部件可靠连接的一种新型结构体系，其结构示意如图 2.36 所示。

图 2.36　隧道预制装配式结构示意图

隧道装配化建设有利于进行标准化设计、规模化生产、运输装配的物流化调度、高质量的快速建造、信息化集成管控。随着技术发展，装配化建造已经引起国内外轨道交通领域的大范围实践，其涵盖建设过程的各个要素，在科研与实践方面组成一个完整的技术体系。

2. 智能建造

隧道技术发展日新月异，传统建造与制造融合的同时正在朝着智能化建造方向发展。2011 年，德国公布《德国 2020 高技术战略》；2013 年，德国提出"工业 4.0"，旨在支持工业领域新一代革命性技术的研发与创新。在美国，"工业 4.0"的概念更多地被"工业互联网"所取代，其将虚拟网络与实体连接，形成更具有效率的生产系统。2015 年，我国发布《中国制造 2025》行动纲领，其中，在轨道交通领域提出了绿色智能等概念和要求。在"交通强国、铁路先行"的行业战略指导下，近年来铁路行业智能建造技术取得了很大的进步。

隧道智能建造技术作为中国"智能铁路"的一个重要组成部分，代表了未来隧道修建技术的发展方向与趋势。未来已来，针对京张、郑万等铁路线路中的隧道工程在该领域的研究与实践很大程度上推进了隧道智能建造的落地生根。作为面向勘察设计、施工及质量管控、建设管理等方面的技术体系，其技术架构中所涵盖的智能装备、智能感知、数据资源、智能决策、智能管控 5 个方面。

装配式建造方式是智能建造的一个实践领域和发展方向。作为前沿发展方向，发展装配式建造在智能建造领域的应用可拓展智能建造的范畴与深度，为隧道技术创新开辟新的方向。

思　考　题

1. 简述隧道爆破设计方法及内容。

2.钻爆法隧道开挖方法有哪些？

3.瞎炮的产生原因是什么？如何预防和处理？

4.光面爆破和预裂爆破的概念以及区别是什么？

5.简述数码电子雷管起爆系统概念及其优点。

6.炮眼的种类和作用各是什么？

7.如何选择隧道的装渣和运输方式？

8.钻爆法预制装配式建造和智能建造是什么？

参 考 文 献

［1］　杨其新,王明年.地下工程施工与管理［M］.成都:西南交通大学出版社,2005.

［2］　朱永全,宋玉香.隧道工程［M］.北京:中国铁道出版社,2005.

［3］　周传波,陈建平,罗学东,等.地下建筑工程施工技术［M］.北京:人民交通出版社,2008.

［4］　于书翰,杜谟远.隧道工程［M］.北京:人民交通出版社,2001.

［5］　王梦恕,等.中国隧道及地下工程修建技术［M］.北京:人民交通出版社,2010.

［6］　吴焕通,崔永军.隧道施工及组织管理指南［M］.北京:人民交通出版社,2005.

［7］　赵福兴.工程爆破技术［M］.西安:西安交通大学出版社,2020.

［8］　戴俊等.爆破工程［M］.北京:机械工业出版社,2021.

［9］　马伟斌,王志伟.钻爆法铁路隧道预制装配式建造研究及智能建造展望［J］.隧道建设,
　　　2022,42(7):1121－1134.

第3章 软弱地下工程施工技术

软弱隧道常见的施工方法有浅埋暗挖法、明挖法、盖挖法及盾构法等,本章重点介绍浅埋暗挖法及盖挖法的施工要点及施工程序。盾构法施工将在第4章介绍。

3.1 浅埋暗挖法

浅埋暗挖法是在距离地表较近的地下进行各种类型地下洞室暗挖施工的一种方法。随着施工信息化技术的发展,浅埋暗挖技术已形成一套完整的施工法,在软弱地下施工中得到广泛应用。

3.1.1 浅埋暗挖法的施工技术特点

3.1.1.1 围岩变形波及地表

浅埋隧道施工中开挖的影响将波及地表。为了避免对地面建筑物及地层内埋设的线路管网等的破坏,保护地面自然景观,克服对地上交通的影响,更好地适应周围环境的要求,必须严格控制地中及地表的沉陷变形。

在变形量方面,不仅由于开挖直接引起围岩的沉降变形,还应计入由于围岩的作用引起支护体系的柔性变形及施工各阶段中基础下沉变位而引起的结构整体位移。与变形量相对应而存在的地层塑性区的发展,除了对周围环境的影响外,还削弱了围岩的稳定性,使施工更加困难。

3.1.1.2 地质条件差

浅埋暗挖法是在软弱围岩浅埋地层中修建山岭隧道洞口段、城区地下铁道及其他适于浅埋地下工程的施工方法。它主要适用于不宜明挖施工的土质或软弱无胶结的砂、卵石等第四纪地层。对于水位高的地层,需采取堵水或降水、排水等措施。当前,该施工方法在北京、上海、广州、杭州、天津、沈阳、南京和西安等修建地下工程时得到广泛应用。总结各地地质条件,得出该施工方法适用于以下地质条件。

1. 工程地质条件

工程地质条件基本属于 V-VI 级围岩,岩性软弱,大多为土质地层。开挖之前要采取超前支护措施来改良加固地层,满足开挖的需要。超前支护的时机和强度视地层的岩体质量好坏而定,同时必须考虑其他因素的影响,如地下水情况、周边环境、市政管线等,而且若开挖后稳定性差,需要及时设置具有足够强度的支撑体系,才能满足结构的稳定。

2. 水文地质条件

采用浅埋暗挖法修建隧道,特别是地铁,其地下水非常丰富,地下水位也很高,隧道通常位于地下水位以下,如果对地下水不采取措施,就无法进行开挖施工,而且容易引起地下水突涌、隧道塌方等重大事故。因此,开挖时必须采取降水措施,以降低地下水位。通过降水,达到以下两个目的:一是增加地层自身的稳定性;二是使隧道的施工在无水干燥条件下进行。但是,降水也会产生不利影响,如长时间降水将产生地表沉降,因此,应对降水方法进行优化。

3.1.1.3　周边环境复杂

浅埋地下工程,特别是地铁施工具有结构埋置浅,地面建筑物密集,交通运输繁忙,地下管线密布,地表沉陷要求严格,周边环境复杂,交通疏解、拆迁改移费用高等特点。与其他方法相比,浅埋暗挖法在这些方面具有显著的优点。以地铁为例,浅埋暗挖法与明挖法(盖挖法)相比,具有拆迁占地少、不扰民、不干扰交通、节省大量拆迁投资等优点。同时,在对周边环境变形控制方面,浅埋暗挖法也具有明显优势。

3.1.1.4　辅助工法多样化

由于浅埋暗挖法适用于松软地层中,预先加固改良地层是一项必不可少的技术措施。地层预加固的主要目的是为开挖支护顺利实施,即保证在一定时间段内开挖面的稳定,同时考虑减小地表沉降,降低施工对周边环境的影响。这些地层预加固方法统称为辅助工法。浅埋暗挖隧道施工时提倡使用的辅助工法,包括注浆法、降水法、超前小导管法、长管棚法、水平旋喷法和注浆–冷冻法等。

1. 注浆法

注浆法是浅埋暗挖施工中使用最多的一种辅助工法。浆液在土体中固结并在注浆压力作用下扩散并挤密土体,起到加固地层、止水的作用,通常配合小导管、大管棚使用。注浆方式主要有小导管注浆、大管棚注浆、帷幕注浆和全断面注浆等,注浆材料有普通水泥、超细水泥、水泥水玻璃、改性水玻璃和化学浆液等。

2. 降水法

采用降低地下水位的方法,为浅埋暗挖施工提供无水环境的施工作业条件,尤其在北京、上海、深圳等地,地下水位较高,必须采取降水措施,才能实现暗挖法施工。降水法主要有井点降水、管井降水、真空降水和电渗降水等。西安等北方地区多采用地面深井降水法,也有采用洞内轻型井点降水法;上海等南方地区则多采用基坑内管井降水法,也有采用真空或电渗降水法。建议在砂卵石地层施工时,采用直接降水法;在砂土地层施工时,采用注浆–降水法。

3. 超前小导管法

超前小导管支护是在松软地层浅埋暗挖法施工时,优先采用的一种地层预加固方法。通过超前小导管注浆,使地层得到固结改良,保证土方开挖时开挖面稳定,阻止过大沉降发生。浅埋暗挖法超前小导管长度为 3~5 m,直径为 30~50 mm,环向间距为 20~30 cm,沿开挖轮廓线 120°范围内向掌子面前方土层以一定外插角(10°~15°)打入带孔小导管,并注浆液。

4. 长管棚法

该法用于暗挖隧道的超前加固,长管棚布置在隧道的拱部周边。管棚一般都要进行注浆,以获得更好的地层加固效果。地铁多用于邻近施工,如下穿既有线等,多采用直径为 300 mm 左右的长管棚,利用定向钻或夯管锤施作。

需要指出的是,管棚直径超过一定限度之后,并不能显著提高其防坍、控沉效果;相反,管棚直径越大,则施作时对地层的扰动就越大,可能引起更大的地层沉降。因此,仅在邻近既有线等特殊场合采用该法施工,一般情况下建议采用小导管注浆法。

5.水平旋喷法

该法主要用于地层加固,如局部地层特别松软需加固,或有重要建(构)筑物需要特殊保护时。在粉细沙层地层,低压渗透注浆难以形成连续致密的注浆体,不能有效地起到超前支护和防沉作用。为此采用水平旋喷方式加固地层。水平旋喷具有刚度较大、止水防沉、有效减少土体位移等特点。在地表建筑物和管线密集地层施工中应用该法比其他方法经济。

6.注浆-冷冻法

由于冷冻法易引起融沉,冷冻质量不易控制,所以不适用于地下水流速度过大的地层。在南方地区建议采用注浆-冷冻法。通过注浆,在地层中形成骨架,降低水流速度,在冷冻地层可保证冷冻效果,减小解冻引起的地表沉降。

3.1.1.5 开挖方法多

采用浅埋暗挖法施工时,常见的开挖方法有全断面法、正台阶法以及适用于特殊地层条件的其他施工方法,如单侧壁导坑超前正台阶法、双侧壁导坑正台阶法(又叫眼镜工法)和中隔墙法等。详见3.1.3节的叙述。

3.1.1.6 风险管理难度大

浅埋暗挖工程通常具有工期长、规模大、技术复杂、地质条件不确定、不良地质多、施工中的意外事故和施工造成的环境影响对工程的进展产生的影响很大等特点。因此,有必要以科学的方法和手段研究风险发生和变化的规律,使之尽可能接近并反映实际的变化情况,防患于未然,把风险造成的损失降到最低。建立合理的工程风险辨识、分析、处理、评估和监控系统,开展重大工程安全风险管理工作。

3.1.1.7 施工影响小

浅埋暗挖法与明挖法相比,具有灵活多变,对地面建筑、道路和地下管网影响小,拆迁占地少,不扰民,不干扰交通,不污染城市环境等优点;与盾构法相比,它具有简单易行,不需太多专用设备,灵活方便,适用于不同地层、不同跨度、多种断面形式。

3.1.2 浅埋暗挖法的施工方针

在浅埋暗挖法施工中必须坚持"管超前、严注浆、短开挖、强支护、快封闭、勤量测"的"18字方针",其内容如下。

(1)"管超前":利用钢拱架为支点,使用超前小导管注浆防护。先用风钻或高压风吹孔、扩孔、引孔。小导管间距为20~30 cm,仰角为5°~10°。为避免管下土体松落,以较小仰角为宜。在开挖支护的过程中,要留出钢管在土体内作为支点的长度。

(2)"严注浆":在小导管超前支护后,立即压注水泥或水泥水玻璃浆液,填充沙层孔隙,凝固后将砂砾胶结成为具有一定强度的"结石体",使周围形成一个壳体,增强围岩自稳能力。每次注浆前必须对工作面喷射混凝土进行封闭,以防浆液在压力作用下溢出。严注浆的概念是广义的,既包含进行严格的拱部导管预注浆,也包含开挖下部及边墙支护前按规定预埋管注浆,还包括初期支护背后填充注浆。背后注浆是在低压力下(0.3~0.5 MPa)对喷混凝土背后进行加固填充,使下沉值明显减少。

(3)"短开挖":一次注浆多次开挖。当导管长3.5 m时,每次开挖进尺0.75 m,每次环状开挖,预留核心土。这种非爆破作业,减少了对围岩的扰动,及时喷射5~8 cm厚混凝土层,再架设网构拱架进行挂网喷射混凝土。

（4）"强支护"：在松软地层和浅埋条件下进行地下大跨度结构施工,初期支护必须十分牢固,以确保万无一失。按照喷混凝土→网构拱架→钢筋网→喷混凝土的工序进行支护。浅埋暗挖法的网喷支护承载系数取较大值,一般不考虑二次衬砌承载力。

（5）"快封闭"：当正台阶开挖时,通过量测,当上台阶过长,变形增加较快时,必须考虑临时支撑,仰拱方能稳定。因此,要求台阶的长度为双线不得大于 1 倍洞径,单线不得大于 1.5 倍洞径。下半断面紧跟,土体挖出一环,封闭一环,并及时封闭仰拱,使初期支护形成一个环状结构,此时变形曲线逐步趋于稳定。

（6）"勤量测"：监控量测是对施工过程中围岩、结构变化以及环境变化情况进行动态跟踪的主要手段,量测信息及时而准确地反馈给设计施工,以便及时修改设计或采取特殊的施工措施。

3.1.3　开挖方法

采用浅埋暗挖法施工时,常见的开挖方法见表 3.1 和图 3.1。

表 3.1　浅埋暗挖法的主要施工方法

施工方法	示意图	重要指标比较					
		适用条件	沉降	工期	防水	初期支护拆除情况	造价
全断面法	①	地层好 跨度≤8 m	一般	最短	好	没有拆除	低
正台阶法	①②	地层较差 跨度≤12 m	一般	短	好	没有拆除	低
上半断面临时封闭正台阶法	①②	地层差, 跨度≤12 m	一般	短	好	少量拆除	低
正台阶环形开挖法	②③	地层差, 跨度≤12 m	一般	短	好	没有拆除	低
单侧壁导坑正台阶法	①②③	地层差, 跨度≤14 m	较大	较短	好	拆除少	低
中隔墙法 （CD 法）	①②③④	地层差, 跨度≤18 m	较大	较短	好	拆除少	偏高
交叉中隔墙法 （CRD 法）	①②③④⑤⑥	地层差, 跨度≤20 m	较小	长	好	拆除多	高

续 表

施工方法	示意图	重要指标比较					
		适用条件	沉降	工期	防水	初期支护拆除情况	造价
双侧壁导坑法（眼镜法）		小跨度，可扩成大跨度	大	长	效果差	拆除多	高
中洞法		小跨度，可扩成大跨度	小	长	效果差	拆除多	高
侧洞法		小跨度，可扩成大跨度	大	长	效果差	拆除多	高
柱洞法		多层多跨	大	长	效果差	拆除多	高

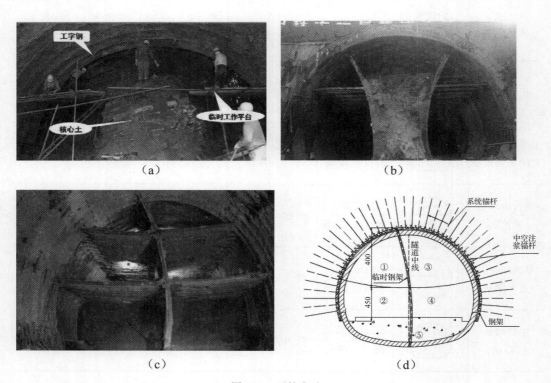

图 3.1 开挖方法

(a)正台阶环形开挖法；(b)双侧壁导坑法（眼镜法）；

(c)交叉中隔墙法（CRD 法）；(d)中隔墙法（CD 法）

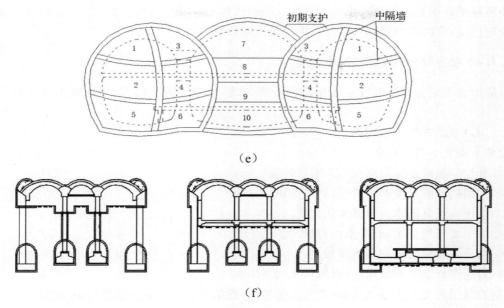

续图 3.1　开挖方法

(e)侧洞法；(f)洞桩法

　　浅埋隧道开挖方法的选择,应以地质条件为主要依据,结合工期、隧道长度、断面大小、施工单位的机械设备能力和施工技术水平等因素综合考虑。同时,应尽量采用新技术、新工艺、新设备,以提高施工速度,保证施工质量,提高施工效率,改善劳动条件。还应考虑到围岩条件发生变化时,开挖方法的适应性和变更的可能性。所选的开挖方法应既能满足工程要求,又能降低成本。开挖方法比选原则如下。

　　1. 安全性

　　由于提供的地质资料的精度不高、不全面,隧道工程在施工过程中若遇到地质条件变化较大的情况,难免发生由于地质条件突变等因素造成的安全事故。因此,在选择开挖方法时,必须从施工安全可靠的角度出发,减少地质灾害。

　　2. 可行性

　　隧道工程开挖方法是根据设计资料和设计文件要求确定的,或在施工过程中,有可能地质条件发生变化,随之开挖方法需要改变,无论哪一种情况,都必须考虑施工单位的现场具体施工条件、施工能力和资源状况、施工水平、技术人员及作业人员的综合素质、资金供应和周转状况。经全面考虑、选择的开挖方法才是切实可行的。

　　3. 经济性

　　隧道开挖方法的经济性表现在不同开挖方法的施工成本上。施工单位承包隧道工程的目的是盈利,而不是亏损,隧道工程的经济性是决定选择开挖方法的重要条件和原则,是不可缺少的。

　　4. 工期可控性

　　采用先进的隧道开挖方法,可以加快隧道工程修建的速度,从而缩短工程的工期,降低成本。

浅埋隧道开挖方法是由安全性、可行性、经济性和工期可控性四个子系统构成的。从系统工程理论出发,应统筹兼顾,全面考虑,选择最优的开挖方法。

3.1.4 塌方发生的规律及防塌原则

对隧道发生塌方的可能性与规律进行分析判断,是防止隧道塌方、保证施工安全的重要措施。

3.1.4.1 塌方的一般规律

1. 掌子面及其附近现象

(1)开挖后顶部未支护部位围岩不停掉块。

(2)使用喷混凝土支护围岩后,仍有掉块。

(3)掌子面可见出水点频繁变化位置。

(4)掌子面突然涌水,或涌水压力增大。

(5)掌子面正面坍塌并向里发展。

(6)岩层张开裂隙明显增大(肉眼可见明显增大)。

(7)岩层层间充填物被水冲掉,并且水量增大;松散地层开挖后不停地掉渣、掉砂。

(8)涌水由清变混浊。

(9)肉眼可见岩石出现岩粉。

(10)掌子面及其附近无故出现尘土飞扬。

(11)流沙地段塌方预兆。

(12)拱脚下沉显著增大,承载力不足,预兆可能塌方。

2. 支护变形或破坏

(1)喷层大面积开裂、脱离甚至塌落,随之有"噼啪"声响。

(2)锚杆垫板松脱。

(3)钢支撑扭曲变形,边墙支撑中间鼓出,连接节点明显变形。

(4)钢支撑之间的喷混凝土或土岩剥落。

(5)网格支撑中的喷混凝土明显开裂、剥裂,钢筋露筋并变形弯曲。

(6)拱顶喷混凝土对称开裂,并有被剪切下滑的现象;边墙喷混凝土开裂并有被剪切下滑的现象。

(7)钢支撑受压力大,发出响声。

(8)钢支撑之间的连接板错位,连接螺栓被剪断。

(9)钢支撑之间的沙土、岩层挤出,掉土块、岩块。

3. 洞口地段和浅埋地段塌方预兆

(1)洞口地段多处地表开裂不停,并且裂口数目逐步增加,裂口增大、加深。

(2)地表陡岩有崩塌现象发生。

(3)地表明显沉陷,由水平观测点判断,掌子面通过后,其上地表仍然下沉不停,且累计值超过 300 mm 以上。

4. 使用仪器、仪表监测到的变形值显示塌方预兆

(1)变形量测表明变形长期不收敛且变形速率仍然较大。

(2)变形收敛量测曲线表明已收敛,但又出现变形值突然增大的现象。

（3）变形量测所表明的大的变形值，也是塌方预兆。

1）大数值的拱顶下沉量：硬岩 50 mm，软岩 100 mm。

2）大数值的拱脚下沉量：硬岩 100 mm，软岩 200 mm。

3）大数值的墙中挤入变形量：硬岩 50 mm，软岩 100 mm。

（4）初期支护应力状态，控制支护的最大应力。

3.1.4.2　防坍基本原则

1.防坍首先应从设计抓起

在设计阶段，在详细勘察地质的基础上，结合断面形式、规范、工程类比和必要的结构计算，提出结构设计；在采用中隔壁法、交叉中隔壁法和双侧壁导坑法等分块开挖大断面和特殊断面时，检算各施工步骤的初期支护强度和变形；提出施工注意事项和要点；使设计尽可能符合实际并对施工真正起到指导作用。在施工阶段，应根据实际开挖的地质条件和量测结果，实事求是地修正设计，使设计更完善。

2.工程地质与水文地质预测预报

做到"先知""深知""细知"。尽量采用各种现场最直观的预测预报手段、仪器仪表，进行从地表地貌、地质到隧道可能坍塌地段地质的调查分析，并做出评估。

3.预防塌方

做到提早防，提前防，未进入可能塌方地层之前就开始防。不是到了塌方临界状态时，才去防；更不是塌方之后才去"治坍""防坍"。

4.早喷描、强支护，尽快封闭成环

尽快进行喷锚，合理控制开挖速度，提高初期支护的刚度和承载力，在喷混凝土未形成强度前提供抗力；在 1～1.5 倍洞径内封闭成环。特别指出的是，采用钢架可加强初期支护，为小导管注浆、长管棚提供支点，对增加抗形变能力起着相当大的作用，是防坍的重要手段。

5.重视开挖手段和开挖方法的选择

尽量选取减少扰动围岩、减小围岩松动范围的机械开挖、风镐开挖以及手工开挖方式。采用钻爆法开挖时，必须实施光面爆破或预裂爆破，做到不破坏开挖面的稳定性。

台阶法、中隔壁法和双侧壁导坑法等开挖方法采用的上下分层和竖向分块，有利于保证开挖掌子面和顶、帮的稳定性。为配合上述开挖方法，分别采用环形开挖，控制台阶长度，掌子面喷混凝土封闭，锁脚锚杆、拱墙脚加固注浆等辅助施工措施，能使上述开挖方法更加安全可靠。

6.开挖控制时空效应

循环开挖进尺要短；关键工序间距要控制；有特别要求闭合成环时间的仰拱与开挖面距离要严格按规定控制，只能短，不能长。力争稳妥快速地进行施工，如断面小，分块开挖，快速支护和封闭反而有利。

7.量测制度

建立结合实际的、有目的的量测制度，通过监控量测，及时发现问题，正确判断量测结果和支护体系与围岩的受力和变形状态。采用量测成果检测防坍措施的效果，实现施工信息化。根据量测结果指导超前地质预报、设计和施工工作。

8.地下水处理

采用降、堵、泄等方法处理地下水，可以提高围岩的自稳能力，提高喷混凝土质量，起到防止流沙、突水、突泥和防坍的作用。一般采用以堵为主、以降为辅的处理原则，其在任何地层和环境下均是可行的。

9.地层预加固与改良

预加固地层与改良地层的技术方案是稳定掌子面,为开挖与开挖后支护条件提供最合适的技术方案。注意技术方案的适用范围,才能做到施工可行、可靠、有效。

适用范围:松散、无胶结的岩层,低强度的岩层,开挖后会发生大变形的岩层,开挖后可能引起超过 200 mm 下沉的岩层,有可能发生突泥、突水的岩层。

10.应急资源准备

除普通机械、机具、材料之外,现场要有应急资源准备,如配备一套地质钻探和防坍专用机械设备、仪器和仪表;要按计划准备一定数量的专用支护材料、注浆材料及其他专用器材,随时做到拿来就用,尤其对水下隧道及城市房屋密集之处,应及早准备,以防不测。

11.辅助工法的掌握与应用

工程师必须熟练掌握与应用适用于应对各类可能塌方围岩的施工方法与辅助工法。对于重点工程,应配备地质工程师来处理工程地质问题。特殊地层应采取特殊措施,综合使用辅助工法。

12.特殊工程处理

对于特殊工程,浅埋、偏压、扁平断面、大跨断面和超大断面等,结合实际,专门研究,采取特殊方案与技术进行处理。

13.施工管理与工程质量

(1)把防坍列为隧道施工的重要内容。

(2)对防坍的施工方案和措施做出正确决策,宁强勿弱、稳扎稳打、步步为营、科学决策,不冒险施工。

(3)提高施工人员素质,严格按设计、规范和防坍措施施工,严格管理、严格工艺、严格纪律,保证施工质量符合要求。

(4)不要轻易改变已做了充分准备的防坍技术方案与方法,否则会增加防坍实施的难度或导致防坍的失误。

14.加固措施

对应力、应变超限的初期支护和其他塌方预兆,应及时采取加固措施。根据情况,需要加固初期支护的,可采用以下加固措施:嵌钢架、加网喷(如果开挖净空有富余)、加锚、壁后注浆、提前施工模筑混凝土(必须时加钢筋)。必要时,先采用临时对口撑、顶柱、扇形支撑,再采取以上加固措施。

对于有可能塌方的地段,若掌子面情况不清,则掌子面不前进。变形量测显示有突变或大变形,变形原因未找出,则掌子面不前进;变形原因已找出,加固措施未制定,则掌子面不前进。加固措施未实施,则掌子面不前进,加固措施实施后,再做量测信息反馈,以判断措施的可靠性。

15.支护原理与计算图表

以防坍支护原理与计算图表为基础,制定防坍技术方案。一切防坍技术方案与方法,都要做到"可靠""有效"和"可行"。优先选取实施快的方案和方法。

16.总结与创新

不断实践,不断总结,不断提高,不断创新,开发出更实用、更有效、更先进、更经济的防坍技术与防坍机械设备、防坍器材,真正做到隧道施工不塌方。

3.2　盖　挖　法

3.2.1　盖挖法的特点及施工类型

3.2.1.1　盖挖法主要特点

盖挖法的主要优点如下:

(1)结构的水平位移小,安全系数高。

(2)对地面影响小,只在短时间内封锁地面交通;若采取有效措施,甚至可做到基本上不影响交通,对居民生活干扰小。

(3)施工受外界气候影响小。

盖挖法的缺点如下:

(1)盖板上不允许留下过多的竖井,因此后继开挖的土方,需要采取水平运输,出土不方便。

(2)施工作业空间较小,施工速度较明挖法低,工期较长。

(3)和基坑开挖、支挡开挖相比,费用较高。

3.2.1.2　盖挖法施工类型

盖挖法有逆作与顺作两种施工方法。所谓逆作法是指按土方开挖顺序从上层开始往下进行结构施工;而顺作法则正好相反,是在土方全部开挖完成后,从底板开始做结构的施工方法。

两种盖挖法的不同点如下:

(1)施工顺序不同。顺作法是在挡墙施工完毕后,对挡墙作必要的支撑,再着手开挖至设计标高,并开始浇筑基础底板,接着依次由下而上,一边浇筑地下结构主体,一边拆除临时支撑。而逆作法是由上而下地进行施工。

(2)所采用的支撑不同。在顺作法中常见的支撑有钢管支撑、钢筋混凝土支撑、型钢支撑以及土锚杆等,如图3.2所示。而逆作法中建筑物本体的梁和板,也就是逆作结构本身,就可以作为支撑。

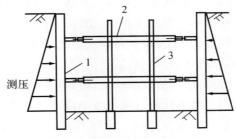

图 3.2　顺作法施工中的支撑

1—挡墙；2—支撑；3—立柱

3.2.2 盖挖顺作法

工程中较早采用的盖挖施工法就是顺作法。该法先在支护基坑的钢桩上架设钢梁、铺设临时路面维持地面交通,开挖到预定深度后,浇筑底板—侧墙(中柱或中墙)—顶板。

盖挖顺作法是在现有的道路上,按所需的宽度,由地表面完成挡土结构后,以定型的预制标准覆盖结构(包括纵、横梁和路面板)置于挡土结构上维持交通,往下反复进行开挖和加设横撑,直至设计标高。依序由下而上建筑主体结构和防水措施,回填土并恢复管线路或埋设新的管线路。最后,根据需要拆除挡土结构的外露部分及恢复交通。盖挖顺作法的施工程序如图3.3所示。

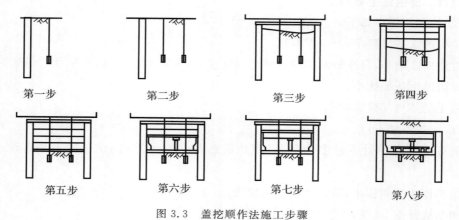

图 3.3　盖挖顺作法施工步骤

第一步:构筑连续墙、中间支撑桩及覆盖板;

第二步:构筑中间支撑桩及覆盖板;

第三步:构筑连续墙及覆盖板;

第四步:开挖及支撑安装;

第五步:开挖及构筑底板;

第六步:构筑侧墙、柱及楼板;

第七步:构筑侧墙及顶板;

第八步:构筑内部结构及道路复原。

盖挖顺作法中的挡土结构是非常重要的,要求具有较高的强度、刚度和较好的止水性。根据现场实际条件、地下水位高低、开挖深度及周围建筑物的临近程度,挡土结构可选择钢筋混凝土钻(挖)孔灌注桩或地下连续墙。刚度大、变形小、防水性好的地下连续墙是饱和松软地层的首选。随着施工技术的不断进步,工程质量和精度更易于掌握,因此,在盖挖顺作法中的挡土结构常用来作为主体结构边墙体的一部分,甚至全部。

若开挖的宽度很大,为了缩短横撑的自由长度,防止横撑失稳,并承受横撑倾斜时产生的垂直分力以及行使于覆盖结构上的车辆载荷和吊挂于覆盖结构下的管线重量,经常需要在建造挡土结构的同时建造中间桩柱以支撑横撑。中间桩柱可以是钢筋混凝土的钻(挖)孔灌注桩,也可以是采用预制的打入桩(钢或钢筋混凝土的)。中间桩柱一般为临时性结构,在主体结构完成时将其拆除。为了增加中间桩柱的承载力或减少其入土深度,可以采用底部扩孔桩或挤扩桩。例如北京某大厦底部扩孔桩钻孔直径 1 m,扩底直径 2.6 m 的灌注桩,在相同的入土深度,其竖向承载力比直径 1 m 的桩高 1 倍。

定型的预制覆盖结构一般由型钢纵、横梁和钢-混凝土复合路面板组成。路面板通常厚200 mm、宽 300~500 mm、长 1 500~2 000 mm。为了便于安装和拆卸,路面板上均设有吊装孔。

3.2.3　盖挖逆作法

盖挖逆作法多用在深层开挖、松软地层开挖、靠近建筑物施工等情况下。该法在地下建筑结构施工时以结构本身既作挡墙又作内支撑,不架设临时支撑。施工顺序与顺作法相反,从上往下依次开挖和构筑结构本体。逆作法又可分为全逆作法和半逆作法。所谓全逆作法就是从地面开始,地上和地下同时进行立体交叉施工的方法;半逆作法是将地下结构自地面往下逐层施工,地面以上结构在地下结构完成后再进行施工。隧道施工中一般采用的就是全逆作法,在开挖过程中,结构物的顶板(或中层板)利用刚性的支挡结构先行修筑,为了使其稳定,要使用挡土支撑,而后进行开挖,并在开挖到指定深度后修筑主体。在下部开挖前,对顶板上面的埋设物和地面进行恢复。因此,在急于恢复地面的情况下更能显示此法的优越性。

1. 逆作法的优点

(1)结构本身用来作为支撑,具有相当高的刚度,使挡墙的应力、变形减小,提高了工程的安全性,能有效地控制周围土体的变形和地表的沉降,减小了对周边环境的影响。

(2)适用于任何不规则形状的平面或大平面的地下工程。

(3)可以早期展开地上结构的施工。同时进行地上和地下结构的施工,缩短了工程的施工总工期。

(4)一层结构平面可作为工作台,不必另外架设开挖工作台,大大减少了支撑和工作平台等大型临时设施,减少总施工费用。

(5)由于开挖和施工的交错进行,逆作结构的自身载荷由立柱直接承担并传递至地基,减少了大开挖时卸载对持力层的影响,减小了基坑内地基回弹量。

2. 逆作法的缺点

(1)设置的中间支撑立柱和立柱桩要承受地下结构及同步施工的上部结构的全部载荷,而且土方开挖引起的土体隆起易产生立柱的不均匀沉降,对结构影响不利。

(2)所设立柱内钢骨和原设计中的梁主筋、基础梁主筋冲突,致使节点构造复杂,加大施工难度。

(3)为搬运开挖出的土方和施工材料,需在顶板多处设置临时施工孔,必须对顶板加强防护措施。

(4)地下工程在楼板的覆盖下进行施工,闭锁的空间使大型机械设备难于进场,带来施工作业上的不便。

(5)混凝土的浇筑在各阶段都分先浇和后浇两种,产生交接缝,不仅给施工带来不便,而且带来结构上防水的问题,对施工计划和质量管理提出很高的要求。

3.2.4　逆作法的施工顺序

图 3.4 为以一个地下 4 层结构的施工为例说明逆作法的施工顺序。

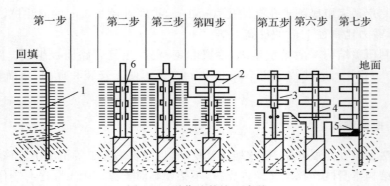

图 3.4 逆作法的施工步骤

1—地下连续墙；2—地下一层；3—地下二层；4—地下三层；5—地下四层；6—立柱

第一步：进行围护结构——挡墙的施工，多采用地下连续墙；

第二步：立柱桩的施工，可按照现浇灌注桩进行设计施工，插入钢立柱；

第三步：顶板结构施工；

第四步：第一次开挖，地下一层梁板浇筑混凝土；

第五步：第二次开挖，地下二层钢梁架设及梁板浇筑混凝土；

第六步：第三次开挖，地下三层钢梁架设及梁板浇筑混凝土；

第七步：最终开挖，基础及地下四层梁板施工。

思 考 题

1.什么是浅埋暗挖法？该法的技术特点是什么？

2.浅埋暗挖法的开挖方式有哪些？

3.如何选择浅埋暗挖法的开挖方式？

4.盖挖法的优、缺点是什么？

参 考 文 献

[1] 杨其新,王明年.地下工程施工与管理[M].成都:西南交通大学出版社,2005.

[2] 朱永全,宋玉香.隧道工程[M].北京:中国铁道出版社,2005.

[3] 周传波,陈建平,罗学东,等.地下建筑工程施工技术[M].北京:人民交通出版社,2008.

[4] 王梦恕,等.中国隧道及地下工程修建技术[M].北京:人民交通出版社,2010.

[5] 吴焕通,崔永军.隧道施工及组织管理指南[M].北京:人民交通出版社,2005.

[6] 崔光耀.地下工程施工技术[M].北京:中国建材工业出版社,2020.

[7] 申玉生.隧道及地下工程施工与智能建造[M].北京:科学出版社,2021.

第4章 盾构法施工技术

盾构法施工是一种先进的隧道机械化施工技术。本章主要介绍盾构法施工的技术要点和适用范围、盾构类型的选择和盾构施工方法等内容。

4.1 盾构法施工概述

4.1.1 盾构法施工的定义

盾构(shield),在土木工程领域中原指遮盖物、保护物。在隧道施工中把外形与隧道截面相同,但尺寸比隧道外形稍大的钢筒或框架压入地中构成保护切削机的外壳,该外壳及壳内各种作业机械、作业空间的组合体称为盾构机(以下简称盾构)。实际上,盾构是一种既能支撑地层的压力(盾),又能在地层中掘进(构)的施工工具。以盾构为核心的一套完整的建造隧道的施工方法称为盾构施工法,它是隧道暗挖施工法的一种。与其他暗挖法施工相比,盾构施工引起的地表沉降较小。

4.1.2 盾构机及其组成

盾构机是这种施工法中的主要施工机械,它是一个既能承受围岩压力又能在地层中自动前进的圆筒形隧道工程机器,但也有少数为矩形、马蹄形和多圆形断面的。

从纵向可将盾构分为切口环、支撑环和盾尾三部分。切口环是盾构的前导部分,在其内部和前方可以设置各种类型的开挖和支撑地层的装置;支撑环是盾构的主要承载结构,沿其内周边均匀地装有推进盾构前进的千斤顶,以及开挖机械的驱动装置和排土装置;盾尾主要是进行衬砌作业的场所,其内部设置衬砌拼装机,尾部有盾尾密封刷、同步压浆管和盾尾密封刷油膏注入管等。切口环和支撑环都是用厚钢板焊成的或铸钢的肋形结构,而盾尾则是用厚钢板焊成的光壁筒形结构,如图 4.1 所示。

所谓铰接式盾构,就是在普通盾构的支撑环与盾尾之间装有铰链,将盾构分为前壳和后壳两部分,用方向控制千斤顶联结,前壳和后壳之间可以作相对转动(转动角度在 $1°\sim5°$ 之间),如图 4.2 所示。

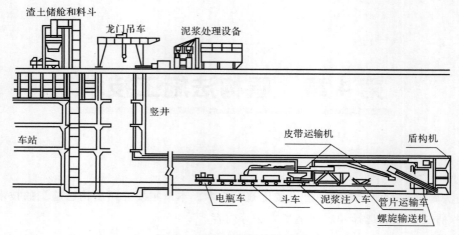

图 4.1　盾构主要结构构造图

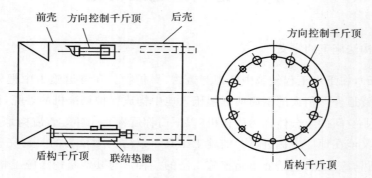

图 4.2　铰接式盾构结构构造图

为推进盾构所需的动力、控制设备以及注浆设备等,根据盾构断面大小和构造,将这些设备的一部分或全部放在后续车架上。为了预测开挖面前方的地质情况和障碍物,或对围岩进行加固,现代化盾构在其端部装有地质勘探仪器,如超前钻机、地质雷达、声波探测仪、地质声呐以及注浆设备等。

4.1.3　盾构法施工的基本功能

(1)一次性全断面开挖成型。

(2)确保盾构内作业人员的安全。

(3)保持开挖面稳定,防止地层坍塌和大变形,盾尾内实现衬砌拼装。

(4)通过千斤顶等传力系统支撑在管片端部推动盾构机前进。

(5)实现掘进和支护循环,具有盾尾密封系统,防止盾尾渗漏水。

(6)实现壁后注浆(包括同步注浆和二次注浆)。

(7)填充盾尾间隙,降低地层沉降等。

4.1.4　盾构法施工的优点及其适用范围

现代的盾构法施工能适用于各种复杂的工程地质和水文地质条件,从流动性很大的第四纪淤泥质土层到中风化和微风化岩层。既可用来修建小断面的区间隧道,也可用来修建大断面的车站隧道,而且施工速度快(5~40 m/d),对控制地面沉降有较大把握。归纳起来,盾构法施工有如下优点。

(1)对环境影响小。

1)出土量少,故周围地层的沉降小,对周围构造物的影响小。

2)不影响地表交通;不影响商店营业,无经济损失;无须切断、搬迁地下管线等各种地下设施,故可节省搬迁费用。

3)对周围居民生活、出行影响小。

4)无空气、噪声、振动污染问题。

(2)所受限制少。

1)施工不受地形、地貌、江河水域等地表环境条件的限制。

2)施工不受天气(风、雨等)条件限制。

(3)适用地层范围广。

1)软土、砂卵土、软岩直到岩层均可适用。

2)适于大深度、大地下水压等特殊地质条件下施工。

(4)施工成本低。

1)地表占地面积小,故征地费用少。

2)挖土、出土量少,能大幅度控制施工成本。

(5)盾构法构筑的隧道抗震性好。

(6)施工人员和设备均在盾壳保护下工作,施工安全性高。

(7)盾构的掘进、出土、衬砌拼装等作业可以实现自动化、智能化和远程操作信息化,掘进速度快,施工劳动强度低。

(8)盾构法施工采用管片拼装,洞壁光滑美观。

盾构法施工主要存在以下不足之处。

(1)施工设备费用较高。

(2)陆地上施工隧道覆土较浅时,地表沉降较难控制,甚至不能施工;在水下施工时,如覆土太浅,则盾构法施工不够安全,要确保一定厚度的覆土。

(3)用于施工小曲率半径隧道时,掘进较为困难。

(4)盾构法施工的隧道上方一定范围内的地表沉降尚难完全防止,特别在饱和含水松软的土层中,要采取严密的技术措施。才能将沉降限制在很小的限度内。目前,还不能完全防止以盾构正上方为中心土层的地表沉降。

(5)在饱和含水地层中,盾构法施工所用的管片,对达到整体结构防水性的技术要求较高。

(6)施工中的一些质量缺陷问题尚未得到很好解决,如衬砌环的渗漏、裂纹、错台、破损扭转,以及隧道轴线偏差和地表沉降与隆起等。

因此,只有在地面交通繁忙,地面建筑物和地下管线密布,对地面沉降要求严格的城区,且地下水发育,围岩稳定性差,或隧道很长而工期要求紧迫,不能采用较为经济的矿山法施工时,采用盾构法施工才是经济合理的。表 4.1 总结了不同地质条件及环境条件下盾构法的适用性。

表 4.1　盾构法对地质条件及环境条件的适用性

工法概要	盾构在地层中推进,通过盾构外壳和管片支承四周围岩,防止土砂崩塌、进行隧道施工。闭胸式盾构是用泥土加压或泥水加压来抵抗开挖面的土压力和水压力,以维持开挖面的稳定性;敞开式盾构是以开挖面自立为前提,否则需要采用辅助措施
适用地质	一般适用于从岩层到土层的所有地层。但对于复杂的地质条件,或特殊地质条件,应进行认真地论证并选型。对于盾构穿越下述地层,应结合盾构性能进行细致分析和论证:整体性较好的硬岩地层、岩溶、高应力挤压破损、膨胀岩、含坚硬大块石的土层、卵砾石层、高黏性土层,或可能存在不明地下障碍物的地层等
地下水措施	闭胸式盾构一般不需要辅助措施,敞开式盾构需要辅助措施
隧道埋深	最小覆盖深度一般大于隧道直径,压气施工、泥水加压施工要注意地表的喷涌;最大覆盖深度多取决于地下水压值
断面形状	以圆形为标准,使用特殊盾构可以进行半圆形、复圆形、椭圆形等断面形状作业。施工中,一般难以变化断面形状
断面大小	在施工实例中,最大直径达到 15.44 m,一般难以在施工中变化断面形状
急转弯施工	适用于急转弯隧道施工
对周围影响	接近既有建筑物(或结构物)施工时,有时也需要辅助措施,除竖井部外,很少产生工程噪声,振动只发生在竖井口,可用防音墙加以处理

4.1.5　盾构法施工的历史沿革

在地下铁道中采用盾构法施工始于 1874 年,当时为了在伦敦地下铁道东线的黏土和含水砂砾层修建内径为 3.12m 的区间隧道,采用了气压盾构以及向衬砌背后注浆的施工工艺。1989 年,我国上海地下铁道一号线工程正式采用盾构法修建区间隧道,并已于 1994 年投入运营。2018 年 12 月,我国首台隧道掘进机(TBM)＋土压平衡双模大盾构机在珠三角城际铁路广佛环线大源站—太和站下行线顺利始发,开挖直径 9.15 m,该盾构既能满足软土地层和极端上软下硬地层掘进的需求,又能满足长距离超硬岩地层掘进需求,被誉为"软硬通吃"的"巨无霸"。2019 年 11 月,我国首台螺旋输送式双模盾构机在佛山市顺德区广州地铁 7 号线西延顺德段始发,可实现土压平衡和泥水平衡两个模式的互换。盾构机在泥水模式下掘进,采用螺旋输送机排浆,有效解决了渣土滞排问题。同月,我国首台中心螺旋出渣土压/TBM 双模盾构顺利通过验收,土压模式和 TBM 模式均采用中心螺旋输送机出渣,创造性地解决了土压模式向 TBM 模式转换时或在 TBM 模式掘进过程中可能发生的突泥、涌水、无法密闭保压等行业性难题,该盾构机成功应用于深圳市轨道交通 14 号线布吉站—石芽岭站隧道区间的施工。2022 年 4 月,我国最大直径盾构机"京华号"从京哈高铁线路下成功穿越,这个庞然大物在地下突进,对地面建筑零扰动,地表沉降控制在毫米级,创造了我国超大直径盾构机施工奇迹。同年 8 月,由中铁装备研制的小直径泥水平衡盾构机"中铁 1128 号"顺利始发,开始在韩国新青州电缆隧道项目的掘进任务。"中铁 1128 号"开挖直径 5.31 m,针对隧道岩石强度高、泥浆流量大等特点,创新采用了破岩能力较强的颚式破碎机,并进行多项人性化、集成化设计,大大提升了设备的可靠性和安全性。

近 10 年来,我国盾构机制造产业发展迅速,盾构隧道建造水平不断提高,根据 2019 年上半年相关报道,国产隧道掘进设备在国内市场的占有率达到 90% 以上,并在全球市场上占据 2/3 以上的份额。

4.2　盾构类型及选择

4.2.1　盾构类型

4.2.1.1　根据断面形状划分

盾构根据其断面形状可分为:单圆盾构、复圆盾构(多圆盾构)、非圆盾构。其中复圆盾构可分为双圆盾构和三圆盾构。非圆盾构可分为椭圆形盾构、矩形盾构、类矩形盾构、马蹄形盾构和半圆形盾构等。复圆盾构和非圆盾构统称为"异形盾构"。常见的盾构隧道形状及其优缺点见表 4.2。

表 4.2　常见的盾构隧道形状及其优缺点

项目		圆形	矩形	椭圆形	双圆搭接	三圆搭接
断面形状		◯	▭	⬭	∞	∞∞
特点	优点	①圆形是力学上稳定的结构,与其他形状比较,衬砌厚度较薄; ②比较容易侧倾但修正比较容易	①断面利用率高; ②可以减少土的覆盖层厚度	①与矩形相比产生的界面内力小,可以减少衬砌厚度; ②比圆形断面利用率大,占有宽度较小	①与开挖两条圆形隧道相比,占据宽度更小; ②与圆形相复合,可以安全掘进	①可适用于地铁车站等处的修建; ②与圆形相复合,可以安全掘进
	缺点	断面利用率低,占有宽度较大	①转角处易产生应力集中,故衬砌厚度必须加厚; ②掘进机结构复杂,掌子面压力控制较为困难; ③侧倾的修正比较困难	①掘进机结构复杂,掌子面压力控制较为困难; ②侧倾的修正比较困难	侧倾的修正比较困难	侧倾的修正比较困难

4.2.1.2 根据盾构直径划分

根据盾构直径的不同,可分为以下几类:盾构直径 0.2～2 m,称为微型盾构;盾构直径 2～4.2 m,称为小型盾构;盾构直径 4.2～7 m,称为中型盾构;盾构直径 7～12 m,称为大型盾构;盾构直径 12 m 以上,称为超大型盾构。

4.2.1.3 根据开挖、工作面支护和防护方式划分

根据开挖、工作面支护和防护方式,一般可以以将盾构分为全面开放型、部分开放型、密封型以及全断面隧道掘进机(Tunnel Boring Machine,TBM)4 大类。严格来说,各种类型的盾构都可称为隧道掘进机,只是盾构和 TBM 的适用范围不同,现分述如下。

1. 全面开放型盾构

全面开放型盾构按其开挖的方法可分为手掘式、半机械和机械式 3 种。

(1)手掘式盾构是最老式的盾构,但目前世界上仍有工程采用。根据不同的地质条件,工作面可全部敞开人工开挖,也可用安装在切口环内的开挖面支撑系统(包括开挖面支撑千斤顶和伸缩工作平台)分层开挖,边开挖边支撑。必要时,可在切口环顶部设置活动前檐作为顶部支撑。这种盾构便于观察地层和消除障碍,易于纠偏,简易价廉,但劳动强度大,效率低,如遇正面塌方,易危及人身及工程安全。在含水地层中需辅以降水、气压或土壤加固。手掘式盾构结构如图 4.3 所示。

(2)半机械式盾构是在手工式盾构正面装上悬臂式挖土机而成的,如图 4.4 所示。

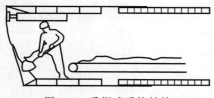
图 4.3　手掘式盾构结构

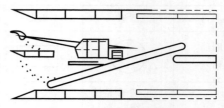
图 4.4　半机械式盾构结构

(3)机械式盾构是在手掘式盾构的切口环部分装上与盾构直径相适应的大刀盘,以进行全断面开胸机械切削开挖,切削下的土石靠刀盘上的料斗装载,并卸到皮带输送机上,用矿车运出洞外,如图 4.5 所示。

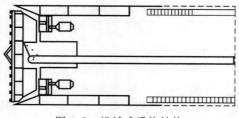
图 4.5　机械式盾构结构

半机械式和机械式盾构适用于能够自稳,或采用其他辅助措施能够自稳的围岩。

2. 部分开放型盾构

部分开放型盾构又称挤压式盾构。它是在开放型盾构的切口环与支撑环之间设置胸板,以支挡正面土体,但在胸板上有一些开口,当盾构向前推进时,需要排除的土体将从开口处挤

入盾构内,然后装车外运。这种盾构适用于松软黏土层,且在推进过程中会引起较大的地面变形,如图 4.6 所示。

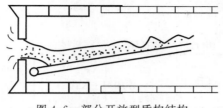

图 4.6 部分开放型盾构结构

3. 密封型盾构

根据支护工作面的原理和方法可将密封型盾构分为局部气压式、土压平衡式、泥水加压式和混合式等几种。

(1)局部气压式盾构。在机械式盾构支撑环的前边装上隔板,使切口环成为一个密封舱,其中充满压缩空气,达到疏干和稳定开挖面的作用,如图 4.7 所示。压缩空气的压力值可根据工作面下 1/3 点的地下静水压力确定。由于这种盾构靠压缩空气对开挖面进行密封,因此要求地层透水性小,渗透系数 K 小于 10^{-5} m/s,静水压力不大于 0.1 MPa。另外,这种盾构在密封舱、盾尾及管片接缝处易产生漏气,引起工作面土体坍塌,造成地面降陷。

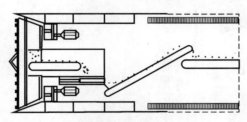

图 4.7 局部气压式盾构结构

(2)土压平衡式盾构。土压平衡式盾构又称削土密封式或泥土加压式盾构。它的前端有一个全断面切削刀盘,在它后面有一个储留切削土体的密封舱,在其中心处或下方装有长筒型的螺旋输送机。在密封舱和螺旋输送机,以及在盾壳四周装有土压传感装置,根据需要还可以装设改善切削土体流动性的塑流化材料的注入设备,如图 4.8 所示。各装置的主要功能如下。

1)切削刀盘用于切削土体,同时将切削下来的土体搅拌混合,以改善切削土体的流动性。因此,在刀盘的正面装有切削刀具,其中齿形刀适用于松软地层,盘形刀适用于坚硬地层。刀盘背面装有搅拌翼片。为了在曲线上施工,刀盘周边还装有齿形的超挖刀。根据围岩条件,切削刀盘可以是花板型、辐条型和砾石破碎型的,如图 4.9 所示。是否需要采用花板型刀盘,应根据工作面的稳定性以及在切削刀盘腔内进行维修和更换刀具时的安全性而定。当采用花板型刀盘时,其面板上开口槽的宽度和数目应根据围岩条件(黏结力、障碍物),以不妨碍土体的排出为原则而确定,一般可用面板开口率 ω 来表示:

$$\omega = \frac{A_s}{A} \tag{4.1}$$

式中 A_s—— 面板开口部分的总面积(不包括刀头的投影面积);

A—— 盾构开挖断面积。

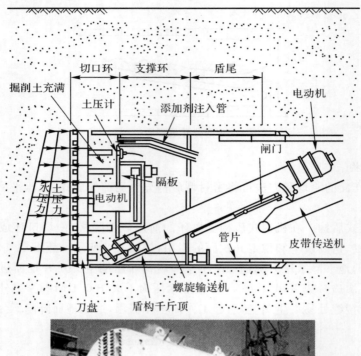

图 4.8　土压平衡式盾构结构

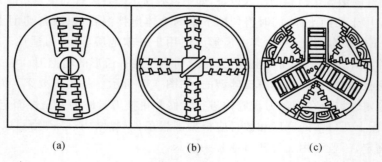

(a)　　　　　　　　(b)　　　　　　　　(c)

图 4.9　切削刀盘形式

(a)花板型；(b)辐条型；(c)砾石破碎型

面板开口率通常在 20％ ～ 65％ 之间。对于不稳定地层,开口率应小些;对于稳定地层,开口率应尽可能大。在黏性土土层甚至应选用辐条式刀盘。目前,开口率的设置方法有两种:固定式和可变式。后者即在槽口处装设控制闸门,根据围岩条件可随时调整面板开口率。

根据盾构直径的大小,刀盘的主轴可以采用中空轴式、中间支撑式和周边支撑式,如图4.10 所示。其中中空轴式构造简单,搅拌效果好,适用于中小直径盾构;中间支撑型的强度和搅拌效果好,适用于大直径盾构;周边支撑式强度高,容易消除砾石。

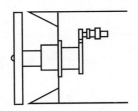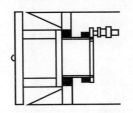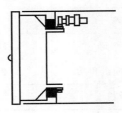

图 4.10　刀盘主轴形式

2)密封舱用于存储被刀盘切削下来的土体,并加以搅拌使其成为不透水的、具有适当流动性的塑流体,使其能及时充满密封舱和螺旋输送机的全部空间,对开挖面实行密封,以维持开挖面的稳定性,同时也便于将其排出。

3)螺旋输送机用来将密封舱内的塑流状土体排出盾构外,并在排土过程中,利用螺旋叶片与土体间的摩擦和土体阻塞所产生的压力损失,使螺旋输送机排土口的泥土压力降至一个大气压力,而不致发生喷漏现象。螺旋输送机按构造差异可分为有轴式和无轴式(带式)两种,其构造示意图如图 4.11 所示。前者的驱动方式是直接驱动叶片中心轴,后者的驱动方式是直接驱动装有叶片的外筒。前者的优点是止水性能好,缺点是可排出的砾石的粒径小;后者的优点是可排出的粒径大(相对而言),缺点是止水性差。

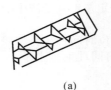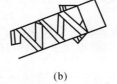

(a)　　　　　　　　　　(b)

图 4.11　螺旋机种类

(a) 有轴螺旋机;(b) 带式螺旋机

4)塑流化材料注入器用来向密封舱、刀盘和螺旋输送机内注入添加剂。当土体中的含砂(砾)量超过一定限度时,由于其内摩擦角度大,流动性差,单靠刀盘的旋转搅动很难使这种土体达到足够的塑流性,一旦在密封舱内储留,极易产生压密固结,无法对开挖面实行有效的密封和排土。此时,就需要向切削土体内注入一种促使其塑流化的添加剂,经刀盘混合和搅拌后能使固结土成为流动性好、不透水的塑流体。

关于塑流化添加剂的种类,以及注入口位置、直径、数目均需按围岩特性、机器构造、盾构直径等条件进行选择。目前,常用的添加剂有两类:一类为泥浆材料,其适用规格见表 4.3;另一类为化学发泡剂,这种材料可以在土体内形成大量泡沫,使土壤颗粒分开,从而降低土体的内摩擦角和渗透性。又因其比重小,搅拌负荷轻,容易将土体搅拌均匀,从而提高土体的流动性和不透水性,而且泡沫会随时间自然消失,渣土即可还原到初始状态,不会对环境造成污染。因此,近年来已逐渐取代了泥浆材料,并已制定出确定泡沫量、发泡度(空气、溶液混合率),以及是否需要采用渣土消泡剂等的技术规则,研制了化学发泡剂自动注入系统,以便按盾构的掘进速度控制发泡剂的注入量,如图 4.12 所示。

表 4.3　泥浆材料适用规格

土　质	浓度(质量比)/(%)	使用量 /(L·m⁻³)	成　分
砂	15 ～ 30	≤ 300	水、黏土、膨润土
砂　砾	30 ～ 50	≤ 300	
白色砂质沉积层	20 ～ 30	≤ 200	
砂质粉土	5 ～ 15	≤ 100	

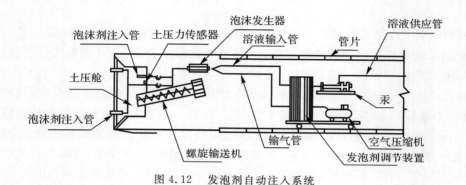

图 4.12　发泡剂自动注入系统

在实际施工中,常用螺旋输送机的排土率 K 来定量地判定渣土的塑流性,排土率 K 定义为

$$K = \frac{\text{由螺旋输送机转速决定的单位时间理论排土量}}{\text{由推进速度决定的单位时间理论排土量}} = \frac{V_s N}{AV} \tag{4.2}$$

式中　V_s——螺旋输送机每旋转一周的排土体积;

　　　　N——螺旋输送机的转速;

　　　　A——切削断面积;

　　　　V——推进速度。

当渣土处于良好的塑流状态时,K 为 1.0 左右。若渣土处于干硬状态时,摩擦阻力增大并产生拱效应,螺旋输送机的效率将会明显下降,必须提高输送机的转速来维持密封舱的土压,K 值将大大地超过 1.0。对于松软而富有流动性的渣土,只要用较低转速排土,甚至在排土口还会产生喷涌现象,K 值可以接近于零。

5)土压传感器用于测量密封舱和螺旋输送机内的土压力,前者是判定开挖面是否稳定的依据,后者用来判断螺旋输送机的排土状态:喷涌、固结、阻塞等。

土压平衡式盾构维持开挖面稳定的原理是依靠密封舱内塑流状土体作用在开挖面上的压力(p)(它包括泥土自重产生的压力与盾构推进过程中盾构千斤顶的推力)和盾构前方地层的静止土压力与地下水压力(F)相平衡的方法,如图 4.13 所示。

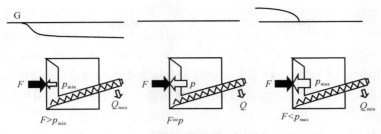

图 4.13　土压平衡式盾构维持开挖面稳定示意图

由图 4.13 可看出,当螺旋输送机排土量大时,密封舱内土压力 p 就减小,当 $F > p_{min}$ 时,开挖面可能塌方而引起地面沉降;相反,当排土量小时,p 值就增大,一旦 $F < p_{max}$,地面将会隆起。因此,要控制土压平衡式盾构在推进过程中开挖面的稳定,可以用两种方法来实现。其一是控制螺旋输送机排土量(调节其转速),但研究表明,对于黏性土来说,开挖面不破坏的排土量波动值必须控制在理论掘进体积的 2.8% 左右,这就需要量测精度在 1% 以内的切削土体积的检测系统。目前使用的检测系统精度都达不到要求,如图 4.14 所示的系统是比较满意的一种。其二是用调节盾构千斤顶的推进速度和螺旋输送机转速,直接控制密封舱内的土压力 p,一般情况下,不使开挖面产生影响的渣土压力 p 的波动范围如下:

$$主动土压力 + 地下水压力 < p < 被动土压力 + 地下水压力 \tag{4.3}$$

对于花板型刀盘,若刀盘面板开口率为 x,刀盘上和密封舱内的渣土压力分别为 p_1 和 p_2,则式(4.3)可改写为

$$主动土压力 + 地下水压力 < p_1(1-x) + p_2 x < 被动土压力 + 地下水压力 \tag{4.4}$$

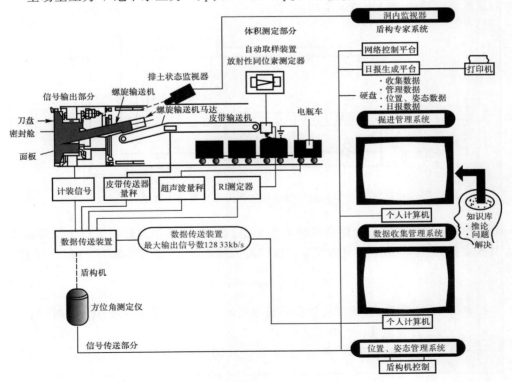

图 4.14　土压平衡式盾构出土体积自动化量测系统

应该认为,直接控制土压的方法比较容易实现。从理论上讲,通过注入塑流化添加剂和强力搅拌能将各种土质改良成土压平衡式盾构工作所需的塑流体,故这种盾构能适用于各种围岩条件。但在含水的砂层或砾砂层,尤其在高水压的条件下,土压平衡式盾构在稳定开挖面土体、防止和减少地面沉降、避免土体移动和土体流失等方面都较难达到理想的控制效果。

(3)泥水加压式盾构。泥水加压式盾构的总体构造与土压平衡式盾构相似,仅支护开挖面方法和排渣方式有所不同。在泥水加压式盾构的密封舱内充满特殊配制的压力泥浆,刀盘(花板型)浸没在泥浆中工作。对开挖面支护,通常是由泥浆压力和刀盘面板共同承担的,前者主要是在掘进中起支护作用,后者主要是在停止掘进时起支护作用。对于不透水的黏性土,泥浆压力应保持大于围岩主动土压力。对透水性大的砂性土,泥浆会渗入到土层内一定深度,并在很短的时间内于土层表面形成一层泥膜,有助于改善围岩的支撑能力,并使泥浆压力能在全开挖面上发挥有效的支护作用。此时,泥浆压力一般以保持高于地下水压 0.2 MPa 为宜。而刀盘切削下的渣土在密封舱内与泥浆混合后,用排泥泵及管道输送至地面处理,处理后的泥浆再由供泥泵和管道送回盾构重复使用。因此,在采用泥水加压式盾构时,还需配备一套泥浆处理系统。

泥水加压式盾构按泥浆系统压力控制方式可分为直接控制型(日本型)和间接控制型(德国型)两种基本类型。

1)直接控制型(日本型)泥水加压式盾构的泥浆压力控制由一套自动控制泥浆平衡的装置来实现,如图 4.15 所示。P_1 为供泥泵,从泥浆处理厂的泥水调整槽将泥浆压入盾构密封舱,供入泥浆比重在 $1.05 \sim 1.25$ 之间,在密封舱内与开挖面土混合后的重泥浆由排泥泵 P_2,P_3,P_4 排至泥浆处理厂,排出泥浆比重在 $1.1 \sim 1.4$ 之间。密封舱的泥浆压力是通过调节供浆泵 P_1 的转速或节流阀的开口比值来实现控制的。

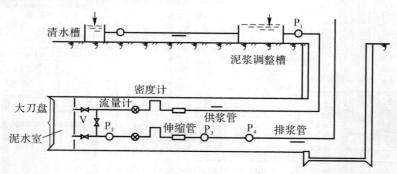

图 4.15　直接控制型泥水加压盾构泥浆自动控制输入系统

泥浆管中的泥浆流速必须保持在临界值以上,否则,泥浆中的颗粒会产生沉淀而堵塞管路,尤其是在排泥管中,堵塞将更为严重。按管道流理论,临界流速可按 Durand 公式计算:

$$V_L = F_L \left[2gd \left(\frac{\rho}{\rho_0} - 1 \right) \right]^{\frac{1}{2}} \tag{4.5}$$

式中　F_L —— 流速系数,按颗粒直径和泥浆浓度而定,当颗粒直径大于 1 mm 时,$F_L = 1.34$;

　　　g —— 重力加速度,$g = 9.8$ m/s²;

　　　ρ_0 —— 泥浆母液比重,一般 $\rho_0 = 1.05 \sim 1.25$;

　　　ρ —— 渣土比重;

　　　d —— 管子直径,m。

在盾构推进时,进、排泥管需不断延长,管阻亦随之增大。为了保证管内的流速恒大于临界流速,排泥浆泵 P_2 的转速应随时调整,故排泥浆泵 P_2 必须是自动调速的。当 P_2 泵达到最大扬程时,再加 P_3,P_4 接力泵。

为了保证盾构推进质量、减少地面沉降量,需要严格控制排土量,故应在进、排泥浆管路上分别装设流量计和密度计,根据检测数据即可计算实际排土量。

2)间接控制型(德国型)泥水加压式盾构的泥浆压力控制由空气和泥水双重系统实现,如图 4.16 所示。在盾构的密封舱内,装有半道隔板,将密封舱分割成两部分。在隔板的前面充满压力浆,隔板后面盾构轴线以上部分充满压缩空气,形成气压缓冲层。因此,在隔板后面的泥浆上表面作用有空气压力。因为在两者的接触面上气压和液压相等,所以仅须调节空气压力,就可确定全开挖面上的支护压力。在盾构推进时,由于泥浆流失或盾构推进速度变化,进、出泥浆量将会失去平衡,空气和泥浆接触面的位置就会发生上下波动现象。通过液位传感器,即可根据液位变化来控制泥浆泵的转速和流量,使液位恢复到设定位置,以保持开挖面支护压力的稳定。当液位达到最高极限位置时,供泥浆泵自动停止;当液位达到最低极限位置时,排泥浆泵则自动停止。

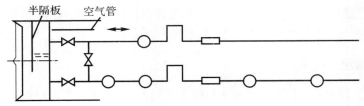

图 4.16　间接控制型泥水加压盾构泥浆压力控制系统

密封舱空气室的空气压力是根据开挖面需要的支护泥浆压力而确定的。不论盾构是否掘进或液面位置是否产生波动,空气压力终究可以通过空气调节阀使压力保持恒定。因为空气缓冲层有弹性作用,所以在液位波动时,也不会影响开挖面的支护液压。因此,和直接控制型泥水加压式盾构相比,这种盾构的控制系统更为简化,对开挖面地层的支护更为稳定,即使在盾构推进时,支护压力也不会产生脉动变化,对地面沉降的控制更为有利。

泥水加压式盾构排出的泥浆通常要进行振动筛、旋流器和压滤机或离心机等三级分理处理,如图 4.17 所示,才能将渣土从泥浆中分离出来以便排除。清泥水回到调整槽重复循环使用。

泥水加压式盾构中所使用的泥浆为膨润土泥浆,在黏性土层中掘进时,还可用原土造浆以减少成本。膨润土泥浆的主要成分和地下连续墙施工中使用的相同,其物理力学特性(比重、黏性、沉降性和含砂率等)应根据地层特性(粒度、硬度和渗透性等)以及地下水状况(水位、所含离子种类与浓度等)而定。

为了增加排土效率和防止排泥口堵塞,在密封舱内可以设置螺旋搅拌器和砾石破碎装置,以及供工作人员进入开挖面(在泥浆排空情况下)排除障碍物的气闸。

(4)混合盾构。混合盾构是近几年在欧洲发展起来的一种新型盾构。混合盾构就是装配了混合刀盘的盾构。这种盾构本身可以构成一台泥水加压式盾构、气压式盾构或土压平衡式盾构,当地层条件变化时,可根据地层性质更换刀盘上的刀具类型和调整面板的开口率。因为它既适用于土层又能适用于风化岩层,所以称为混合盾构。

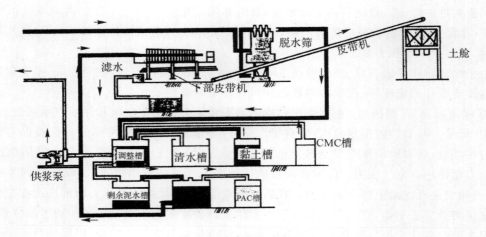

图 4.17 泥浆处理系统

（5）隧道掘进机（TBM）。以上所述的几种类型的盾构主要适用于土层或土石混合地层，对于岩层或盾构与围岩之间的摩擦力不足以平衡盾构切削刀盘的扭矩时，就需要采用隧道掘进机。

4.2.2 盾构选型依据

根据不同的工程地质、水文地质条件和施工环境与工期的要求，合理地选择盾构类型，对保证施工质量，保护地面与地下建筑物安全和加快施工进度是至关重要的。因为只有在施工中才能发现所选用的盾构是否适用，不适用的盾构将对工期和造价产生严重影响，但此时想更换已经不可能了。

盾构选型的依据，按其重要性排列如下。

（1）工程地质与水文地质条件。

1）隧道沿线地层围岩分类、各类围岩的工程特性、不良地质现象和地层中含沼气状况。

2）地下水位，穿越透水层和含水砂砾透镜体的水压力、围岩的渗透系数以及地层在动水压力作用下的流动性。

（2）地层的参数。

1）表示地层固有特性的参数：颗粒级配、最大土粒粒径、液限 W_L、塑限 W_P、塑性指数 $I_P(I_P = W_L - W_P)$。

2）表示地层状态的参数：含水量 W、饱和度 S_r、液性指数 $I_L\left(I_L = \dfrac{W - W_P}{I_P}\right)$、孔隙比 e、渗透系数 K、饱和重度 γ_e。

3）表示地层强度和变形特性的参数：不排水抗剪强度 S_u、黏结力 C、内摩擦角 φ、标准贯入度 N、压缩系数 α、压缩模量 E_s；对于岩层则有无侧限抗压强度 σ_e、RQD 等。

（3）地面环境、地面和地下建筑物对地面沉降的敏感度。

（4）隧道尺寸：长度、直径、永久衬砌的厚度。

（5）工期。

（6）造价。

（7）经验：承包商的经验、有无同类工程经验。

4.2.3　盾构选型的方法

根据工程需求（隧道尺寸、长度、覆盖土厚度、地层状况和环境条件需求等）选定盾构类型（具体构造、稳定切削面的方式和施工方式等）的工作，简称为盾构选型。

选择盾构机时，必须综合考虑下列因素：① 满足设计要求；② 安全可靠；③ 造价低；④ 工期短；⑤ 对环境影响小。选择正确的盾构机机型是盾构隧道工程施工成功的关键。因盾构选型欠妥或者不恰当，致使隧道施工过程中出现事故的情况很多。如选型不恰当，切削面喷水，掘进被迫停止；切削面坍塌致使周围建筑物基础受损；地层变形、地表沉降，致使地下水管道设施受损，引起管道破裂，造成喷水、喷气、通信中断和停电等事故。严重时整条隧道报废的事例屡见不鲜。由此可见盾构选型的重要性。

盾构选型必须严格遵守以下几项原则：

（1）选用与工程地质匹配的盾构机型，确保施工安全；

（2）辅以合理的辅助工法；

（3）盾构的性能应能满足工程推进的施工长度和线性的要求；

（4）选定的盾构机的掘进能力可与后续设备、始发基地等施工设备匹配；

（5）选择对周围环境影响小的机型。

首先，以上原则中以能够保证切削面稳定，确保施工安全的机型最为重要；其次，从盾构选型的依据来看，涉及项目很多且相互联系，因此很难找到一个简单的选型程序，只能在综合分析比较的基础上，从技术角度来探讨最适宜的盾构型式，最终的选择仍取决于经济情况和企业的施工能力。

表 4.4 总结了各类盾构适用范围；图 4.18 给出了日本在进行盾构选型时所考虑的土壤颗粒级配和各类盾构的关系；表 4.5 给出了控制地面沉降的不同要求和不同地质条件对盾构选型的大致参考意见。由于隧道掘进机主要用于岩层，故表 4.4、表 4.5 中未论及。

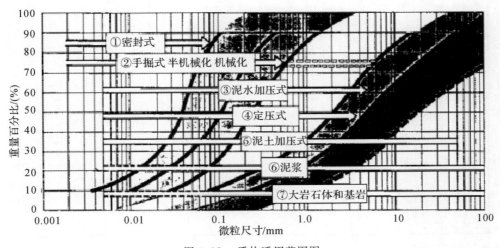

图 4.18　盾构适用范围图

表 4.4　盾构工法比较一览表

机型＼相关特性	全面开放型			部分开放型	封闭型		
	人工挖掘式	半机械挖掘式	机械挖掘式	闭胸式	土压式		泥水加压式
					削土加压式	泥土加压式	
工法概要	靠人工开挖土砂,以皮带运输机等设备运出渣,根据地层性质的不同安装有突檐或若干顶挡土机,以稳定开挖面	采用机械进行大部分土砂的开挖和装运,以千斤顶挡土支撑等装置起支撑定开挖面,与人工挖掘式相比,对地层的稳定性要求高	盾构前部安装有切削刀头,用机械连续开挖土砂,切削刀面板亦起支撑开挖面的作用	开挖面密闭,在其上设有可调的出土口,开挖时盾构的前部贯入土砂之中,土砂呈塑性中,土砂呈塑性流动并从开口中排出	在切削密闭舱内充满开挖下来的土砂,以盾构的推进力对整个工作面加压,来抗衡开挖面上的压力,用在保持开挖面稳定的同时,用螺旋输送机出渣	在切削密闭舱内注入混合材料、制成泥原料土等,添加材料土等,与切削形成泥状混合土,使其与切削土搅拌混合形成泥状土并将其填满密闭舱,用盾构的推进力对整个开挖面加压,在保持开挖面稳定的同时,用螺旋送机出渣	在切削密闭舱内循环填充泥浆,用于抵抗开挖面的土压、水压,保持开挖面稳定,开挖下砂以泥浆的形式通过输送方式流体输送运出
开挖方式	人工	机械＋人工	全断面切削刀盘	盾构挤压贯入	全断面切削刀盘	全断面切削刀盘	全断面切削刀盘
开挖面管理	设置挡土支撑机构稳定开挖面	部分靠支撑机构稳定开挖面	未设置挡土支撑机构	调节排土阻力速度及开口大小保持开挖面稳定	调节土舱内土压及排土量控制开挖面的稳定	调节土舱内土压、控制排土量控制开挖面的稳定	调节泥水压力控制开挖面稳定

续表

机型 相关特性	全面开放型			部分开放型	封闭型		
	人工挖掘式	半机械挖掘式	机械挖掘式	闭胸式	土压式		泥水加压式
					削土加压式	泥土加压式	
地层变化的适应性	可适应土质变化地层	土质变化时有可能不适应	不适应土质变化地层	一般只适用干砂、黏土未分离的冲积层	松砂、砂砾层较难适应	通过调节添加材料的浓度和用量适应不同的地层	松砂、砂砾层较难适应
障碍物的处理	能目视开挖面，处理容易	能目视开挖面，处理容易	能目视开挖面，但处理稍难	能目视开挖面，但处理稍难	看不到开挖面，处理困难	看不到开挖面，处理困难	看不到开挖面，处理困难
盾构机的故障处理	故障少且容易处理	故障少且容易处理	发生故障时影响大	故障少且处理容易	发生故障时影响大	发生故障时影响大	发生故障时影响大
施工场地	一般	一般	一般	一般	一般	一般	大
作业环境	人工开挖，作业环境差	人工开挖，作业环境稍差	作业环境稍差	无人工开挖，比较安全	人工作业少，环境良好	人工作业少，环境良好	人工作业少，环境良好
对周围环境的影响	空压机噪声及渣土运输影响	空压机噪声及渣土运输影响	空压机噪声及渣土运输影响	空压机噪声及渣土运输影响	渣土运输影响	渣土运输影响	泥浆处理设备噪声及振动、渣土运输、占地多
辅助措施	为保证开挖面稳定需降水、压气及地层改良等措施	为保证开挖面稳定需降水、压气及地层改良等措施	为保证开挖面稳定需降水、压气及地层改良等措施	为防止地表下沉需进行地层改良	为改善开挖性能，需对砂层进行改良	不需要辅助措施	易坍塌的细砂及沙砾层需进行改良
施工进度	进度慢且变化幅度小	介于手掘式与封闭型之间	如果土质适合，不变化，与封闭型接近	如果土质适合，不变化，与封闭型接近	快	快	后方设备能力强则进度快，但设备故障影响大

注：本表选自《中法盾构及地下工程研讨会论文集》中杨秀仁、沈景炎的《北京地区地下工程盾构法施工初探》一文，1995年.

表 4.5　盾构选型地质参数表

地质条件 盾构类型		土类别 → 黏性土					粉性土		砂性土			
	土名称 →	硬塑性黏土	可塑性黏土	软塑性黏土	流塑性黏土	淤泥	黏质粉土	砂质粉土	粉砂	细砂	中粗砂	砾石
主要土壤参数	N	18~35	4~7	2~4	0~2	0	0~5	5~10	5~15	15~30	40~60	40~60
	K	$<10^{-7}$	$<10^{-7}$	$<10^{-6}$	$<10^{-6}$	$<10^{-7}$	$<10^{-5}$	$<10^{-4}$	$<10^{-4}$	$<10^{-3}$	$<10^{-3}$	$<10^{-2}$
	W	20~30	30~35	35~40	40~45	>50	<50	<50	<50	<50	<50	<50
手掘式盾构	辅助工法	A	A	A	A	A	A	A	A	BC	BC	BC
	沉降程度	S	$S \sim M$	M	$M \sim L$	L	M	M	M	M	M	M
网格盾构	辅助工法	A	A	A	A	A						
	沉降程度	$S \sim M$	$S \sim M$	$M \sim L$ (M)	L	M						
机械化盾构	辅助工法	A	A	A	AB	A	A	A	AB	BC	BC	BC
	沉降程度	S	$S \sim M$	M	L	L	M	M	$M \sim L$	$L(M)$	$L(M)$	M
土压平衡盾构	辅助工法							D	D	D	D	D
	沉降程度			S	S	S	$S \sim M$	$S \sim M$	$S \sim M$	$M \sim L$	M	M
泥水盾构	辅助工法									B	B	B
	沉降程度						$S \sim M$ (S)	$S \sim M$ (S)	S	S	S	S

注：①还有一种闭胸式盾构只适用于淤泥地质。②沉降程度空白的方格表示不适用，如网格盾构不适用于粉砂地质。③括号表示有地下水情况下的沉降程度。④辅助工法中 A 为气压法，B 为化学喷浆法，C 为降低地下水位法，D 为加泥法。⑤沉降程度（盾构直径 6 m，覆土厚 6 m 的情况下最大沉降量）中 $L>15$ cm，3 cm $<M<15$ cm，$S<3$ cm。⑥N 为标贯数；K 为渗透系数，m/s；W 为含水量，(%)。⑦本表取自陈庆国，沈焕生. 盾构、顶管掘进机选型辅助系统[J]. 地下工程与隧道，1994(2)：32-36.

4.3　盾构参数计算

4.3.1　盾构外径与盾构长度计算

盾构外径取决于管片衬砌外径、保证管片拼装方便的裕量、曲线施工以及修正盾构蛇形时的间隙量和盾尾壳体的厚度等因素,一般的计算公式为

$$D = D_0 + 2(x + t) \tag{4.6}$$

式中　D——盾构外径,mm;

　　　D_0——管片衬砌外径,mm;

　　　t——盾尾壳体的厚度,一般取 $t = 30 \sim 40$ mm;

　　　x——盾尾间隙,mm,$x = x_1 + x_2$,其中 x_1 为拼装管片方便的裕量,当 6 m $\leqslant D < 8$ m 时,$x_1 = 30$ mm;x_2 为曲线施工和修正盾构蛇形所需的间隙,可参照图 4.19 确定。

$$x_2 = \frac{1}{2}R_1(1 - \cos\beta) = \frac{L^2}{4\left(R - \dfrac{D_0}{2}\right)} \tag{4.7}$$

式中　L——盾尾覆盖的衬砌长度;

　　　R——曲线半径。

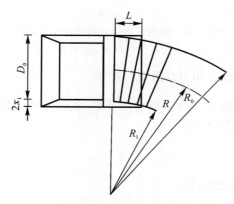

图 4.19　曲线施工机修正盾构蛇形所需间隙参照图

盾构长度 l 应根据围岩条件、隧道平面形状、开挖方法、运转操作和衬砌形式等条件确定,一般的计算公式为

$$l = l_H + l_C + l_r \tag{4.8}$$

式中　l_H——切口环长度,取决于刀盘和刀盘支撑形式;

　　　l_C——支撑环长度,取决于盾构千斤顶的冲程长,即每环管片的宽度;

　　　l_r——盾尾长度,取决于盾尾需要覆盖几环管片,一般为 $1.5 \sim 2.5$ 环。

切口环的长度 l_H 对全(半)敞开式盾构而言,应根据切口贯入切削地层的深度、挡土千斤顶的最大伸缩量、切削作业空间的长度等因素确定。对封闭式盾构而言,应根据刀盘厚度、刀盘后面搅拌装置的纵向长度、土舱的容量(长度)等条件确定。

支撑环长度 l_C 取决于盾构推进千斤顶、排土装置等设备的规格大小,其长度不应小于千

斤顶最大伸长状态的长度。

对于铰接盾构,盾构的长度可以表示为

$$l = l_H + l_C + l_P + l_r \tag{4.9}$$

式中　$l_H + l_C$ —— 前壳部分长度;

l_P —— 方向控制千斤顶的行程为零时的前壳和后壳间的空隙;

l_r —— 盾尾长度。

盾构长度与盾构外径的比值(l/D)记作盾构机的灵敏度(ξ),它直接影响盾构操纵的灵活性。ξ越小,操作越方便。大直径盾构($D \geq 6$ m),$\xi = 0.7 \sim 0.8$(多取 0.75);中直径盾构(3.5 m$\leqslant D \leqslant 6$ m),$\xi = 0.8 \sim 1.2$(多取 1.0);小直径盾构($D \leqslant 3.5$ m),$\xi = 1.2 \sim 1.5$(多取1.5);对于非铰接盾构,其比值应在图 4.20 所示的曲线附近。

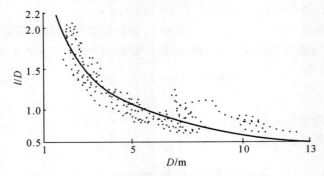

图 4.20　盾构长度与盾构外径比值曲线

4.3.2　盾构千斤顶总推力和刀盘扭矩的计算

由于土压平衡式盾构和泥水加压式盾构的开挖、支护方式不同,因此,两者所需的千斤顶推力和刀盘扭矩的计算方法也不同。

1.土压平衡式盾构

(1)盾构千斤顶总推力。

1)盾构与地层之间的摩擦阻力:

$$F_1 = \frac{\pi}{4}\mu DL(P_0 + P'_0 + P_1 + P_2) \tag{4.10}$$

式中　μ —— 地层与钢板的摩擦因数;

D,L —— 盾构的直径和长度;

P_0 —— 盾构拱顶处的均布围岩竖向压力,一般按全土柱计算,埋深情况下也可按泰沙基公式计算;

P'_0 —— 盾构底部的均布反力,$P'_0 = P_0 + \dfrac{W}{DL}$,$W$ 为盾构质量;

P_1 —— 盾构拱顶处的侧向水、土压力;

P_2 —— 盾构底部的侧向水、土压力。

2)刀盘正面的侧向土压力:

$$F_2 = \frac{\pi}{4}D^2 P_d \tag{4.11}$$

式中　　P_d—— 刀盘中心处的侧向土压力,计算式为

$$P_d = K_0(P_0 + \gamma'R) \tag{4.12}$$

　　　　K_0—— 侧压力系数;

　　　　γ'—— 底层的浮重度;

　　　　R—— 盾构的外半径。

　　3) 刀盘正面的地下水压力:

$$F_3 = \frac{\pi}{4}D^2 P_w \tag{4.13}$$

式中　　P_w—— 刀盘中心处的地下水压力。

　　对于黏性土来说,刀盘中心处水、土侧向压力可以合并计算,即采用地层的饱和重度计算土的侧向压力,不再单独计算水压力。

　　4) 盾尾内部与管片衬砌之间的摩擦阻力:

$$F_4 = \mu_c W_s \tag{4.14}$$

式中　　μ_c—— 管片与钢板之间的摩擦因数,一般取 $\mu_c = 0.30$;

　　　　W_s—— 压在盾尾上的管片衬砌重量,最大可取 $2 \sim 3$ 环管片的自重。

　　5) 切土所需的推力:

$$F_5 = \frac{\pi}{4}D^2 C \tag{4.15}$$

式中　　C—— 地层的黏结力。

　　总的阻力 F 为

$$F = F_1 + F_2 + F_3 + F_4 + F_5 \tag{4.16}$$

则盾构千斤顶所需的总推力 T 为

$$T = K_c F \tag{4.17}$$

式中　　K_c—— 安全系数,一般取 $K_c = 1.5$。

　　(2) 刀盘扭矩。

　　1) 刀具切削土体所需的扭矩:

$$T_1 = \int_0^{r_0} q_u hr\,dr = \frac{1}{2}q_u hr_0^2 \tag{4.18}$$

式中　　h—— 刀盘每钻的最大切削深度,$h = \dfrac{v}{N}$;

　　　　v—— 开挖深度;

　　　　N—— 刀盘转速;

　　　　q_u—— 地层抗剪强度;

　　　　r_0—— 最外圈刀具的半径。

　　2) 由于刀盘自重所产生的抵抗旋转的扭矩:

$$T_2 = GR_1\mu_2 \tag{4.19}$$

式中　　G—— 刀盘自重;

　　　　R_1—— 轴承的接触半径;

　　　　μ_2—— 滚动摩擦因数。

　　3) 刀盘正面推力所产生的抵抗旋转的扭矩:

$$T_3 = W_r R_2 \mu_2 \tag{4.20}$$

式中　　W_r—— 刀盘正面的推力,可按下式计算:

$$W_r = x\pi r_0^2 P_d + \frac{\pi}{4}(d_2^2 - d_1^2)P_w \tag{4.21}$$

　　x—— 刀盘的开口率;

　　P_d—— 刀盘中心处的土侧向压力;

　　d_1—— 刀盘上设置刀具的内环直径;

　　d_2—— 刀盘上设置刀具的外环直径;

　　P_w—— 刀盘中心处的地下水压力;

　　R_2—— 正面推力抵抗旋转的半径。

　　4) 刀盘密封装置抵抗旋转的扭矩:

$$T_4 = 2\pi\mu_3 F(n_1 R_{S1}^2 + n_2 R_{S2}^2) \tag{4.22}$$

式中　　μ_3—— 密封材料与钢的摩擦因数;

　　F—— 密封压力;

　　n_1, n_2—— 第1,2道的密封条数;

　　R_{S1}, R_{S2}—— 相应的密封装置的平均回转半径。

　　5) 刀盘正面的摩擦扭矩:

$$T_5 = \frac{2}{3}x\pi\mu r_0^3 P_d \tag{4.23}$$

式中　　μ—— 地层与刀盘的摩擦因数,由于刀盘与底层之间充满含水的渣土,因此,此时的摩擦因数较低,一般取 $\mu = 0.15$。

　　6) 刀盘周边的摩擦扭矩:

$$T_6 = \mu 2\pi r_0^2 l_k P_r \tag{4.24}$$

式中　　l_k—— 刀盘厚度;

　　P_r—— 作用在刀盘周边上的平均压力,一般取 $P_r = (P_0 + P'_0 + P_2 + P_3)/4$,其中 P_0, P'_0, P_2, P_3 见式(4.10)。

　　7) 刀盘背面的摩擦扭矩,假定密封舱内渣土压力值为刀盘正面侧向土压力值的80%,则上述扭矩为

$$T_7 = \frac{2}{3}x\pi\mu r_0^3(0.8P_d) \tag{4.25}$$

　　8) 刀盘开口处切削渣土所需的扭矩:

$$T_8 = \frac{2}{3}\tau\pi r_0^3(1-x) \tag{4.26}$$

式中　　τ—— 渣土的抗剪强度,$\tau = C + P_d\tan\varphi$,因渣土饱和含水,故抗剪强度较低,可近似取 $C = 0.01$ MPa,$\varphi = 5°$。

　　9) 刀盘在密封舱内搅拌渣土所需的扭矩:

$$T_9 = 2\pi(r_1^2 - r_2^2)l\tau \tag{4.27}$$

式中　　r_1, r_2—— 刀盘支撑梁的内、外半径;

　　l—— 刀盘支撑梁的长度。

　　r_1, r_2 和 l 可参见图4.21。驱动切削刀盘所需的总扭矩为

$$T = \sum_{i=1}^{9} T_i \qquad (4.28)$$

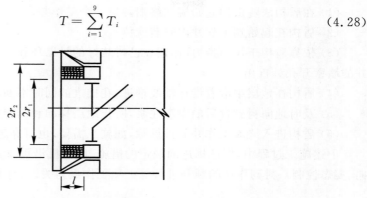

图 4.21　刀盘支撑梁示意图

2. 泥水加压式盾构

（1）千斤顶总推力。泥水加压式盾构千斤顶总推力的计算方法与前述的相同，只是在计算刀盘正面侧向土压力时，要增加泥浆充填压力 $Q_3 = 0.001\ 5$ MPa，即

$$F_2 = \frac{\pi}{4} D^2 (P_d + Q_3) \qquad (4.29)$$

根据具体情况，可能还要增加一项后方台车的牵引阻力 F_5：

$$F_5 = \mu_b W_b \qquad (4.30)$$

式中　　μ_b —— 滚动阻力系数，一般取 0.1；

　　　　W_b —— 后方台车的重量。

（2）刀盘扭矩。泥水加压式盾构刀盘扭矩比土压平衡式盾构小，只需克服刀具切削土体的抵抗阻矩 T_1、刀盘正面推力所产生的抵抗旋转的扭矩 T_3、刀盘密封装置与衬砌之间的旋转摩擦阻力扭矩 T_4 以及刀盘旋转时所产生的摩擦阻力扭矩 $T_5，T_6$。

《日本隧道标准规范》根据大量工程实践的统计资料，推荐下列经验值为设计密封型盾构推力和扭矩的控制标准。

千斤顶总推力：

$$F = 1\ 000 \sim 1\ 300\ \text{kN/m}^2 \qquad (4.31)$$

刀盘扭矩：

$$T = \alpha D^3 (\text{kN} \cdot \text{m}) \qquad (4.32)$$

式中　　α —— 刀盘扭矩系数，随盾构类型、土质条件而变，但其平均值的范围为土压平衡式盾构：$\alpha = 14 \sim 23$，泥水加压式盾构：$\alpha = 9 \sim 15$；

　　　　D —— 盾构直径，m。

4.4　盾构法施工

4.4.1　盾构法施工的技术要点

1. 盾构施工步骤

盾构法施工的概貌如图 4.22 所示，其主要施工步骤如下：

（1）在盾构法隧道的起始端和终端各建一个工作井。

（2）盾构在起始端工作井内安装就位。

（3）依靠盾构千斤顶推力（作用在已拼装好的衬砌环和工作井后壁上）将盾构从起始工作井的墙壁开孔处推出。

（4）盾构在地层中沿着设计轴线推进，在推进的同时不断出土和安装衬砌管片。

（5）及时地向衬砌背后的空隙注浆，防止地层移动和固定衬砌环位置。

（6）盾构进入终端工作井并被拆除，如施工需要，也可穿越工作井再向前推进。

上述施工过程中，保证掘进面稳定的措施、盾构机沿设计路线的高精度推进（即盾构的方向、姿态控制）、衬砌作业的顺利进行等三项工作最为关键，有人称其为盾构法的三大要素。

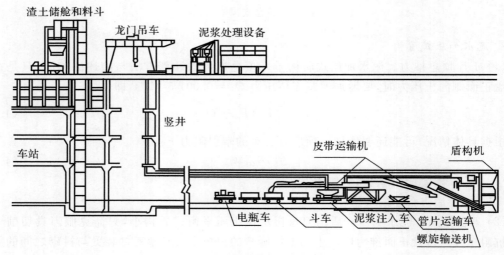

图 4.22　盾构法施工概貌图

2. 特殊条件下的盾构施工

常见的特殊地质或环境有上软下硬地层、砂卵石地层、基岩或孤石地层、溶洞地层、瓦斯地层、小间距重叠或并行隧道段、小曲线隧道段等。特殊条件下盾构隧道施工在进度、安全、结构质量等方面都会受到周围特殊地质或环境不同程度的不良影响，因此在特殊地质或环境中掘进方式及模式选择、掘进参数合理性控制都比在单一地层或环境中复杂得多，这就要求盾构施工在其应用中加强施工组织设计与管理，重视风险管理和预控技术，充分利用辅助措施，确保盾构安全高效掘进。

盾构隧道在特殊地质或环境中施工时，需考虑以下几点控制措施：

（1）施工前应详细分析工程地质和水文地质资料，细致地进行施工现场调研，并根据情况所需开展补充勘察工作，制定相应的施工方法和辅助措施，准备相关机具和材料，认真编制并实施施工组织设计，以使工程施工安全、优质、高效。

（2）将盾构穿越特殊地质或环境前的一定掘进长度区段作为试验段，跟踪观察地层、结构的监控量测结果以及掘进参数的变化，判定辅助措施的试验效果及相应参数选择，优化调整施工方案。

（3）掘进前应根据特殊地层进行刀具选型，掘进时应跟踪盾构推力和刀盘扭矩的变化情况,有计划地停机开仓检查刀盘刀具的磨损情况,科学进行刀具更换,检查和换刀的位置一般选在稳定均一地层中或开仓前进行地层加固处理。

（4）根据隧道所处的地层地质情况,合理设定土仓压力、掘进推力和螺旋输送机转速,从而控制盾构土仓压力、排土量、姿态纠偏量等,稳定盾构开挖面和平衡进排土量,减小地层变位。

（5）重视土压平衡盾构渣土改良技术,盾构掘进过程中渣土的理想状态是低抗剪强度、可压缩性、低渗透系数、低黏附强度、一定的塑流性,若开挖渣土的性质状态对掘进不利,掘进时可向前方相应地添加泡沫剂、膨润土等改良剂来改良土体,保证土仓压力的稳定和进排土的顺畅。

（6）明确壁后注浆的用材、注浆压力和浆液流量,在施工过程中跟踪并分析对周围环境的监控量测结果,从而及时调整同步注浆量,必要时进行二次补充注浆。

（7）隧道现场常因施工人员对特殊条件下盾构掘进认识不足而导致事故多发,故需加强技术人员队伍管理并落实重难点专项施工方案的实施。

4.4.2　盾构工作井

盾构的掘进分为始发试掘进、正常掘进和接收掘进三个阶段。

盾构始发试掘进是指在始发竖井内利用临时拼接管片、反力架等设备使台架上的盾构机推进,从井壁上的洞门处贯入地层,并沿着设计路线掘进的一系列作业。盾构始发作业主要包括始发前竖井端头的土体加固、安装盾构机始发基座、盾构机组装及试运转、安装反力架、凿除洞门临时墙和围护结构、安装洞门密封、盾构机姿态复核、拼装负环管片、盾构机贯入作业面建立土压和试掘进等。

盾构接收掘进是指盾构机接近竖井的井壁处,从井内侧把井壁上的洞门拆除,随后盾构机进入井内台架上的一系列作业。盾构接收作业主要包括接收基座的安装固定、洞门密封安装、洞门破除、盾构机接收等。

盾构始发试掘进与接收掘进之间的阶段称为正常掘进阶段,相比而言,盾构的始发试掘进与接收掘进作业是盾构掘进施工中最容易产生事故的两道工序,也是确定盾构掘进参数的关键工序。盾构机类型不同,竖井井壁始发口、到达口的构造不同,始发、接收的作业存在一定的差异。

1. 盾构工作井的布置

盾构工作井是用于盾构组装、解体、调头、空推、吊运管片和输送渣土等使用的竖井,包括始发工作井、接收工作井和检查工作井。其中,在盾构机始发前必须先开挖出一个地下空间以满足盾构机组装、始发作业对场地的需求,该地下空间称为始发井(基地);盾构机掘进到解体吊出的作业基地称为接收井(基地);用于盾构机刀盘刀具工作状态检查的作业基地称为检查井。

关于盾构工作井的设置,其尺寸等方面需满足以下要求:① 始发工作井的长度应大于盾构主机长度 3 m,宽度应大于盾构直径 3 m;② 接收工作井的平面内净尺寸应满足盾构接收、解体和调头的要求;③ 始发、接收工作井的井底板应低于始发和到达洞门底标高(一般相差70 m)并应满足相关装置安全和拆卸所需的最小作业空间要求;④ 工作井上需预留洞门,以备盾构破门始发或接收。

盾构竖井的围护方式主要有围护桩、地下连续墙和沉井围护等。其中,围护桩主要有钢板桩、柱列桩等,沉井施工方法主要包括排水下沉、不接水下沉和气压沉箱等方法。

如果地铁车站采用明挖法施工,则区间隧道的盾构拼装室常设在车站两端,成为车站结构的一部分,并与车站结构一起施工,但这部分结构暂不封顶和覆土,留作盾构施工时的运输井。图 4.23 所示为这种拼装室的布置图。若到达的盾构在此不拆卸,而是调头,则拆卸室的平面尺寸将根据盾构掉头的要求而定,如图 4.24 所示。

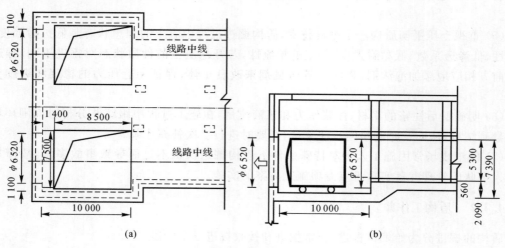

图 4.23　盾构始发井结构图(单位:mm)

(a)盾构始发平面;(b)盾构始发井纵剖面

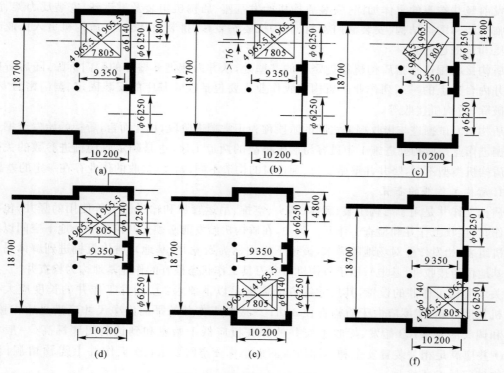

图 4.24　盾构调头井结构图

(a)盾构到达;(b)盾构平移＞176 mm;(c)盾构旋围 180°;

(d)盾构向右平移;(e)平移推出;(f)重新推出盾构

　　在盾构拼装（拆卸）室的端墙上应预留出盾构通过的开口，又称为封门。这些封门最初起挡土和防止渗漏的作用，一旦盾构安装调试结束，盾构刀盘抵住端墙，要求封门能尽快拆除或打开。根据拼装室周围的地质条件，可以采用不同的封门制作方案。

　　（1）浇钢筋混凝土封门。一般按盾构外径尺寸在井壁（或连续墙钢筋笼）上预留环形钢板，板厚 8～10 mm，宽度同井壁厚。环向钢板切断了连续墙或沉井壁的竖向受力钢筋，故封门周边要作构造处理。环向钢板内的井壁可按周边弹性固定的钢筋混凝土圆板进行内力分析和截面配筋设计，如图 4.25(a) 所示。这种封门制作和施工简单，结构安全，但拆除时要用大量人力铲凿，费工费时。如能将静态爆破技术引入封门拆除作业，可加快施工速度，降低劳动强度。

　　（2）钢板桩封门。这种封门结构较适宜于用沉井修建的盾构工作井。在沉井制作时，按设计要求在井壁上预留圆形孔洞，沉井下沉前，在井壁外侧密排钢板桩，封闭预留的孔洞，以挡住侧向水、土压力。当沉井较深时，钢板桩可接长。盾构刀盘切入洞口靠近钢板桩时，用起重机将其连根拔起，如图 4.25(b) 所示。用过的钢板桩经修理后可以重复使用。钢板桩通常按简支梁计算。钢板桩封门受埋深、地层特性和环境要求等的影响较大。

　　（3）预埋 H 型钢封门。将位于预留孔洞范围内的连续墙或沉井壁的竖向钢筋用塑料管套住，以免其与混凝土黏结，同时，在连续墙或沉井壁外侧预埋 H 型钢，封闭孔洞，抵抗侧向水、土压力。当盾构刀盘抵住墙壁时，凿除混凝土，切断钢筋，连根拔起 H 型钢，如图 4.25(c) 所示。

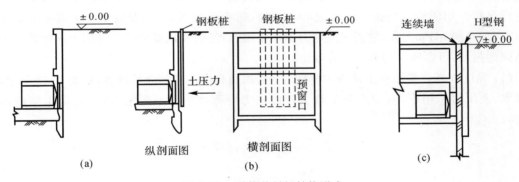

图 4.25　盾构井封门结构形式

2. 盾构拼装

　　在盾构拼装前，先在拼装室底部铺设 50 cm 厚的混凝土垫层，其表面与盾构外表面相适应，在垫层内埋设钢轨，轨顶伸出垫层约 5 cm，可作为盾构推进时的导向轨，并能防止盾构旋转。若拼装室将来要做他用，则垫层将凿除，费工费时。此时可改用由型钢板拼成的盾构支撑平台，其上亦需有导向和防止旋转的装置。

　　由于起重设备和运输条件的限制，通常盾构都拆成切口环、支撑环和盾尾三节运到工地，然后用起重机将其逐一放入井下的垫层或支撑平台上。切口环与支撑环用螺栓联成整体，并在螺栓连接面外圈加薄层电焊，以保持其密封性。盾尾与支撑环之间则采用对接焊连接。

　　在拼装好的盾构后面，尚需设置由型钢拼成的、刚度很大的反力支架和传力管片。根据推出盾构需要开动的千斤顶数目和总推力，进行反力支架的设计和传力管片的排列。一般来说，这种传力管片都不封闭成环,故两侧都要将其支撑住,如图 4.26 所示。

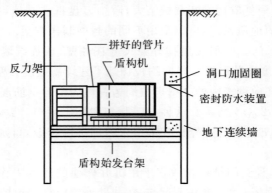

图 4.26　盾构始发工艺结构图

3. 洞口地层加固

当盾构工作井周围地层为自稳能力差、透水性强的松散沙土或饱和含水黏土时,若不对其进行加固处理,则在凿除封门后,必将会有大量的土体和地下水向工作井内坍塌,导致洞周大面积地表下沉,危及地下管线和附近建筑物。目前,常用的加固方法有注浆、旋喷、深层搅拌、井点降水和冻结法等,可根据土体种类(黏性土、砂性土、砂砾土和腐殖土)、渗透系数和标贯值、加固深度和范围、加固的主要目的(防水或提高强度)、工程规模和工期以及环境要求等条件进行选择。加固后的土体应有一定的自立性、防水性和强度,一般以单轴无侧限抗压强度 $q_u = 0.3 \sim 1.0$ MPa 为宜,数值太高则刀盘切土困难,易引发机器故障。加固土体的范围和需要达到的强度,可参照下列方法计算确定。

(1)强度验算。将加固土体视为厚度为 t 的周边自由支撑的弹性圆板,如图 4.27 所示,在外侧水、土压力作用下,板中心处的最大弯曲应力按弹性力学原理求得,并可写出强度验算公式:

$$\left.\begin{aligned} \sigma_{\max} &= \pm \beta \frac{Wr^2}{t^2} \leqslant \frac{\sigma_t}{K_1} \\ \beta &= \frac{3}{8}(3+\mu) \end{aligned}\right\} \tag{4.33}$$

式中　r—— 工作井端墙开洞的半径,$r = \dfrac{D}{2}$;

t—— 加固土体的厚度;

σ_t—— 加固土体的极限抗拉强度,一般可取其极限抗压强度的 10%;

K_1—— 安全系数,一般取 $K_1 = 1.5$;

W—— 作用于开动中心处的侧向水土压力,对于砂性土,水压力和土压力分别计算,对于黏性土,水、土压力合并计算,土压力按静止土压力计算,计算参数按加固前的选用;

μ—— 加固后土体的泊松比,一般取 $\mu = 0.2$。

周边自由支撑的圆板,其支座处的最大剪力亦可按弹性力学原理求得,其抗剪强度的验算公式为

$$\tau_{\max} = \frac{3Wr}{4t} \leqslant \frac{\tau_c}{K_2} \tag{4.34}$$

式中　　τ_c——加固后土体的极限抗剪强度,根据经验,$\tau_c = \dfrac{q_u}{6}$;

　　　　K_2——抗剪安全系数,一般亦取 $K_2 = 1.5$。

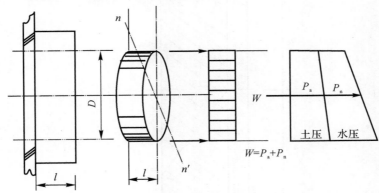

图 4.27　强度验算示意图

（2）整体稳定计算。洞外加固土体在上部土体和地面堆载 P 等作用下,可能沿某滑动面向洞内整体滑动,假定滑动面是以端墙开洞外定点 O 为圆心,开洞直径 D 为半径的圆弧面,如图 4.28 所示,此时,引起下滑的力矩为

$$M = M_1 + M_2 + M_3 \tag{4.35}$$

式中　　M_1——地面堆载 P 引起的下滑力矩,$M_1 = \dfrac{PD^2}{2}$;

　　　　M_2——上部土体自重 $Q_上$ 引起的下滑力矩,$M_2 = \dfrac{Q_上 D}{2}$;

　　　　M_3——滑移圆弧线内土体的下滑力矩,$M_3 = \dfrac{r_t D^3}{3}$,此处的 r_t 为加固后土体的重度。

　　　抵抗下滑的力矩为

$$\overline{M} = \overline{M_1} + \overline{M_2} + \overline{M_3} \tag{4.36}$$

式中　　$\overline{M_1}$——滑移圆弧线 AB 段的抗滑力矩,$\overline{M_1} = C_u HD$;

　　　　$\overline{M_2}$——滑移圆弧线 BC 段的抗滑力矩:

$$\overline{M_2} = \int_0^{\frac{\pi}{2}-\theta} C_u D d\theta \cdot D = C_u D^2 \left(\frac{\pi}{2} - \theta \right) \tag{4.37}$$

　　　　$\overline{M_3}$——滑移圆弧线 CD 段的抗滑力矩:

$$\overline{M_3} = \int_0^{\theta} C_{ut} D d\theta \cdot D = C_{ut} \theta D^2 \tag{4.38}$$

式中　　C_u——加固前土体的黏结力;

　　　　C_{ut}——加固后土体的黏结力;

　　　　H——上部土体的高度;

　　　　$\theta = \sin^{-1} \dfrac{t}{D}$。

抗滑移的安全系数为

$$K_2 = \frac{\overline{M}}{M} \geqslant 1.5 \qquad (4.39)$$

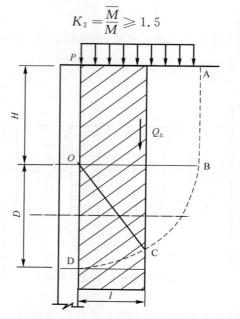

图 4.28　整体稳定验算示意图

由于影响加固土体强度的因素很多,加固土体的受力情况又十分复杂,上述的计算方法仅是一种简化处理,实践中尚需根据类似的工程经验予以核定。例如,有文献指出对于埋深、高水头、易于液化的砂型土,应取 $t=l+a$,此处,l 为盾构长度,a 为安全储备,通常取 $a=1$ m 等。

根据理论分析和工程实践经验,孔洞口周围土体的最小加固宽度和高度见表 4.6。

表 4.6　土体加固最小尺寸表

范围 /m	直径 /m				简图
	$D<1.0$	$1.0<D<3.0$	$3.0<D<5.0$	$5.0<D<8.0$	
B	1.0	1.0	1.5	2.0	
H_1	1.0	1.5	2.0	2.5	
H_2	1.0	1.0	1.0	1.0	

为了确保加固质量,必须对加固土体钻孔取样,以检查其强度、透水性以及均匀性,钻孔数目视地层种类、加固方法以及施工技术水平而定,一般不小于 1 个 /m²。必要时也可采用标准贯入度和静力触探等方式进行检测。

4.4.3　盾构掘进

盾构掘进中所产生的问题,因所采用的盾构类型而异,下面仅讨论密封型盾构掘进的问题。

1. 洞口密封装置和盾构出洞顺序

为了增加开挖面的稳定性,在盾构未进入加固土体前,就需要适当地向开挖面注水或注入泥浆,因此洞口要有妥善的密封止水装置,以防止开挖面泥浆流失。目前常用的密封止水装置如图 4.29 所示。其中图 4.29(a)为滑板式结构,它由橡胶密封板和防倒钢滑板组成。盾构通过密封装置前,将滑板滑下;盾构通过后,将滑板滑上去顶住管片,防止橡胶垫板倒退。图 4.29(b)为铰接式结构,防倒钢板是铰链的,始终压在橡胶垫板上,盾构通过密封止水装置前后,无须人工调整。

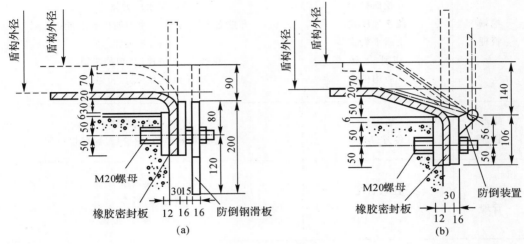

图 4.29　出洞口密封装置图
(a)滑板式;(b)铰接式

盾构拼装出洞的顺序,可由图 4.30 所示的流程图表示。

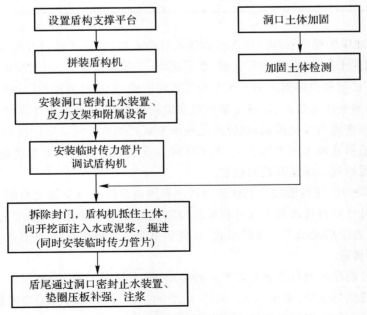

图 4.30　盾构拼装出洞顺序流程图

2. 盾构掘进施工管理

施工管理的目的就是使盾构在推进中对地层和地面影响最小,表现为地层的强度下降小,受到的扰动小,超孔隙水压力小,地面隆沉小以及衬砌脱开盾尾时的突然沉降小。盾构掘进的施工管理包括挖掘管理、线性管理、注浆管理、管片拼装管理等,详细内容见表4.7。

表 4.7   盾构掘进施工管理构成

项　　目	内　　容	
挖掘管理	开挖面稳定 泥水加压式 土压平衡式 切削、排土 盾构机	开挖面泥水压力保持 开挖面土压力保持,密封舱内砂土性态 开挖土量、排土性态 总推力、推进速度、切削扭矩 千斤顶推力、搅拌扭矩
线形管理	盾构机 位置、形态	俯仰、旋转、偏移 铰接的相对转角,超挖量、蛇形量
注浆管理	注入状况 诸如材料	注入量,注入压力 稠度、离析性 胶凝时间、强度、配比
管片拼装管理	拼装 防水 位置	真圆度、凝螺栓的扭矩 漏水、管片缺损、接缝张开 蛇形量、垂直度

(1) 施工管理中的挖掘管理。对泥水加压式盾构来说,就是要通过开挖面管理(泥浆压力和泥浆质量)、切削土量管理、盾构机管理(推进速度、千斤顶总压力、切削扭矩和搅拌扭矩)使密封舱内的泥浆稳定在设定值。对土压平衡式盾构来说,则通过开挖面管理(刀盘和密封舱内的渣土压力)、添加剂注入管理、切削土量管理和盾构机管理,使开挖面土压稳定在设定值。目前,挖掘管理已经实施自动化控制,用智能化系统来频繁调整开挖速度以控制开挖面孔隙水压力,维持在天然地层孔隙水压力的上下(泥水盾构),或维护天然地层不受扰动,优化选择密封舱渣土压力(土压盾构),保证开挖面稳定。

(2) 施工管理中的线性管理。其就是通过一套测量系统随时掌握正在掘进中的盾构的位置和姿态,并通过计算机将盾构的位置和姿态与隧道设计轴线相比较,找出偏差数值和原因,下达调整盾构姿态应启动的千斤顶的模式,从最佳角度位置移动盾构,使其蛇形前进的曲线与隧道轴线尽可能接近。

目前,盾构自动导向测量系统有以下三种类型:激光导向系统、陀螺仪加千斤顶冲程计数器导向系统、普通测量系统,见表4.8。日本大部分的中、小断面盾构采用陀螺仪加千斤顶冲程计数器系统,德国盾构则以采用激光导向系统为主。

表 4.8　导向系统功能比较

项目	SLS－T 激光导向系统	陀螺仪加千斤顶冲程计数器	人工测量导向	备注
能实现的导向功能	显示盾构机的行进曲线;实时显示盾构机的位置坐标和相对偏差;实时显示盾构机的俯仰和旋转姿态;可实现远程控制	可由陀螺仪得出方位和相对简单的行进曲线;可由设置在盾构机上的千斤顶冲程计数器等测出俯仰和旋转姿态,但不能实时显示	在盾构掘进过程中没有导向的功能	SLS－T 激光导向系统可以方便地升级,从技术上可以实现所有的自动导向功能,但价格昂贵
测量复核频率的要求	一般直线地段 100 m,曲线地段视曲线半径而定	一般每天复核一次	每环	
需要的人员及工作量	除了控制测量和复核测量需专业测量人员外,施工过程中的导向测量只需 1 名工程师,工作量小	很多工作需要多个专业的测量人员完成,而其内外作业的工作量较大	几乎所遇的导向数据均需专业测量人员提供,工作量极大	
施工控制	施工控制方便,精度高	施工控制不方便	施工控制很不方便,精度难以掌握,需要非常有经验的操作人员	
其他方面的应用	结合导向功能,实现在管片的拼装和管片环测量方面的应用			

3)施工管理中的注浆管理。盾构施工管理中的注浆管理即是通过对浆液、注浆方式、注浆压力和注浆量的优化选择,达到能即时填满衬砌和周围地层之间的环形间隙,防止地层移动,增加行车的稳定性,提高结构的抗震性。

4)施工管理中的管片拼装管理。它是要严格控制管片拼装的垂直度、真圆度、拧紧螺栓的扭矩、曲线地段和修正蛇行时楔形管片或垫块的拼装位置等,防止接缝张开漏水。

刚拼好的管片环在自重和土压力作用下都将产生变形,因此,在盾构中可考虑设置真圆保持器用以支撑刚拼好的管片环,同时采用同步注浆及时固定管片环的形状和位置。

4.4.4　管片拼装

盾构每推进一环管片宽度的距离后迅速拼装管片成环。在纠偏或小半径曲线施工的情况下,有时采用通缝拼装,通常都采取错缝拼装。在管片拼装时,先安装拱底落底块管片,作为第一块定位管片,然后自下而上,左右交叉,对称依次拼装标准块和邻接块管片,最后纵向插入安装封顶块管片,封顶成环。封顶块安装前,应对止水条进行润滑处理。管片拼装作业流程如图

4.31 所示。

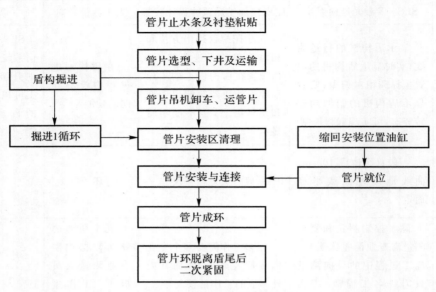

图 4.31　管片拼装作业流程

　　圆形管片环变形后的最大半径与最小半径之间的差值称为真圆度,真圆即真圆度为零的圆环。管片拼装保持真圆状态对确保隧道尺寸精度、提高施工速度与止水性、减少地层沉降非常重要。管片环从盾尾脱出后,管片受到自重和土压的作用会产生变形。当该变形量很大时,已成环管片与拼装环在拼装时就会产生高低不平,给安装纵向螺栓带来困难,因此从盾尾脱空到注浆浆体硬化到一定强度的过程中,可采用真圆保持装置,如图 4.32 所示。

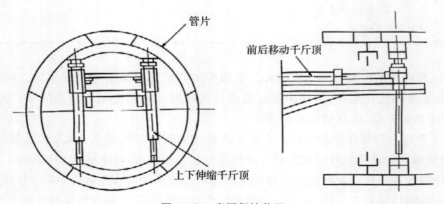

图 4.32　真圆保持装置

4.4.5　盾构壁后注浆

　　盾构壁后注浆的目的主要有填充地层孔隙、优化结构受力、维持管片姿态、提高抗渗能力、承担盾构后部辅助设施产生的荷载等。

　　根据注浆方式和注浆阶段的不同,盾构壁后注浆可分为盾尾注浆(也称同步注浆)、即时注浆、管片注浆(也称后方注浆)、二次注浆等。

(1)同步注浆,即一边推进盾构,一边注浆。同步注浆一般是通过盾尾注浆装置(见图 4.33)来进行,它是在盾尾的外表面设置了若干块凸版,每一凸板内装置一根注浆管,一根备用或冲洗管,一根盾尾密封刷油脂注入管。在岩层或卵砾石层中,盾尾注浆装置则应设在盾尾内部,以防盾构推进中将其损坏。

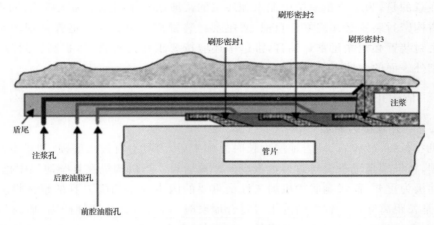

图 4.33　盾尾注浆装置图

(2)即时注浆,即在盾构推进结束后,通过管片上的注浆孔,迅速对口径脱离盾尾的管片环背后间隙注浆。这种注浆方式设备简单、操作方便,但防止地层移动的效果不如同步注浆。

(3)后方注浆,即在盾构后方一定距离处,从管片上的注浆孔向衬砌背后注浆,在时间上与盾构掘进无直接联系。

盾构施工管理中的注浆管理即是通过对浆液、注浆方式、注浆压力和注浆量的优化选择,达到能即时填满衬砌和周围地层之间的环形间隙,防止地层移动,增加行车的稳定性,提高结构的抗震性。

对浆液的要求:应具有充分填满间隙的流动性,注入后必须在规定时间内硬化,必须具有超过周围地层的静强度,保证衬砌与周围地层的共同作用,减少地层移动;具有一定的动强度,以满足抗震要求,产生的体积收缩小,受到地下水稀释不引起材料的离析等。浆体材料的使用因围岩条件而异。

目前,在盾构施工中一般均采用同步注浆,以防止地面产生过量的沉降。但在稳定地层中,没有必要在盾构推动的同时进行注浆,因而即时注浆或后方注浆也是可以的。

采用同步注浆时,要求在注入口的注浆压力大于该点的静水压力和土压力之和,做到尽量填充而不是劈裂。注浆压力过大,对地层扰动大,将会造成较大的地层后期沉降和隧道本身沉降,还易跑浆。注浆压力过小,则浆液填充速度慢,填充不充分。一般来说,注浆压力可取 $1.1 \sim 1.2$ 倍的静止土压力。通过管片上注浆孔的注浆压力一般为 $0.1 \sim 0.3$ MPa,以能填满空隙为原则。

理论上每环衬砌背后的注浆量为

$$V = \frac{\pi}{4}(D_1^2 - D_2^2)l \tag{4.40}$$

式中　l——衬砌环的宽度；

　D_1——盾构外径；

　D_2——管片外径。

考虑到盾构推进过程中纠偏、跑浆和浆体的收缩等因素，实际注浆量一般为理论值的 $120\% \sim 180\%$。

必须注意的是，为了防止地层中泥水和注浆的浆液从盾尾间隙中漏入盾构，同步注浆和即时注浆时盾构密封装置必须完好。目前，盾尾密封装置都是由 $2 \sim 3$ 道弹簧钢丝刷组成。盾构起步时密封装置必须涂足密封油膏，推进中还应按要求压注油膏，以提高密封效果，减少密封刷与衬砌外表面的摩擦，延长密封刷寿命。

4.4.6　盾构开仓换刀

4.4.6.1　开仓换刀原因

盾构机在孤石、砂卵石、硬岩地层中长时间施工后，刀具会有极大磨损，如果不及时进行刀具更换处理，在极端情况下会导致刀盘报废的严重后果。当盾构机在复杂地层中掘进时，盾构机的耐久性极为重要，而影响盾构机耐久性最重要的因素就是切削刀具的耐久性。在实际工程中，尤其是长距离穿越上软下硬的土岩复合地层时，切削刀具的磨耗破损、脱落等现象频繁发生，这不仅会导致盾构机掘进速度降低，刀盘旋转负荷上升，严重时还会导致盾构机被迫停机，而不得不进行开仓检查或维修，大大延长工期，增加施工成本。因此，及时进行开仓换刀是必要的工作。

盾构机在掘进过程中如果发现渣温过高、扭矩增大、推力增大、掘进速度减慢等参数异常情况，应在稳定掌子面的情况下进行刀具检查，对确实需要换刀检修的刀具应组织专家会审，确定合理的换刀点进行换刀检修。

4.4.6.2　开仓换刀方法

在不同的地质条件下，换刀点的选择和施工管控工作是确保安全换刀的重要环节，以下将对两种不同换刀方式进行讲解说明。

（1）常压开仓换刀。常压开仓换刀是指施工人员在常压下由通道进入装有磨损刀具的主刀臂内，利用液压油缸并配合刀腔闸板，在常压条件下将刀具从刀腔内抽出，待对刀具进行必要的检查与更换后，将刀具装回，实现常压刀具更换。相比于带压开仓换刀方式，在开挖面地层稳定的条件下，常压开仓换刀技术具有成本低、安全高效、施工快速等特点，能够保持换刀作业时掌子面的安全稳定，同时避免带压作业给施工人员的健康造成危害。因此，开挖面地层稳定的条件下，常压开仓换刀成为盾构施工换刀作业的首选方式。该技术安全性较高，工艺相对成熟，一般适用于地层条件较好，或者具备地层加固条件［地面建（构）筑物较少或者无大量水体］的地段的工程。但是因其工期相对较长，且容易受到隧道上部环境限制，在地表建构筑物密集或者水下隧道等不具备地层加固条件的工程并不适用。

（2）带压开仓换刀。带压开仓换刀是指在刀盘前方掌子面形成优质泥膜，保证刀盘前方周围地层稳定，气泡仓和开挖仓满足气密性要求，气泡仓和开挖仓下部通过前闸门连通，上部压缩气体连通，在开挖仓内，通过压缩气体来平衡刀盘前方水、土压力，达到稳定掌子面和防止地下水渗入的目的，作业人员在气压条件下，通过气泡仓和开挖仓之间的人闸门安全地进入开挖仓内进行检查、维修保养及更换刀具等作业。带压开仓换刀技术一般适用于盾构需长距离穿越江河湖海、下穿密集建筑物群、地下水丰富且刀盘掌子面不具备自稳能力等无法实施敞开式作业的复杂地质隧道工程。实施带压地段刀盘前方周围地层要保证不发生大的气体泄露，或该段地层经加固处理后达到带压作业所需的气密性要求，刀盘前方没有股状流水或经加固后刀盘前方没有股状水。

4.5　盾构法施工时应注意的问题

4.5.1　盾构法施工地面沉降机理、预测和防治

国内外实践表明，盾构施工多少都会干扰地层引起地面沉降，即使采用目前先进的盾构技术，要完全消除地面沉降也是不太可能的。地面沉降量达到某种程度就会危及周围的地下管线和建筑物。因此，必须研究盾构施工时引起的地层移动，造成地面沉降的机理，要清楚地掌握沿线的地下管线和建筑物的构造、形式等，对地面沉降量和影响范围进行预测，预测图如图4.34 所示，在设计和施工中通过现场反馈资料，采取相应的防治对策和措施。

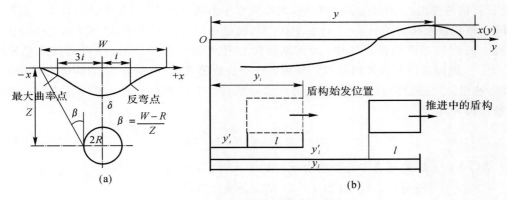

图 4.34　地面沉降及范围预测图

4.5.1.1　地面沉降机理和预测

地面沉降的主要内容包括盾构掘进时所引起的地层损失和隧道周围地层受到扰动和剪切破坏的再固结。地层损失引起的地面沉降，大都在施工期间呈现出来。再固结引起的地面沉降，在砂型土中呈现较快，但在黏性土中则要延续较长时间。

地层损失是指在盾构施工中实际开挖的土体体积与竣工隧道体积之差。竣工隧道体积包括衬砌外围包裹的注入浆体体积。地层损失率以占理论排土体积的百分比表示，即

$$V_l = \frac{V_L}{V} \times 100\% \qquad (4.41)$$

式中　V_L —— 盾构隧道单位长度的地层损失量，m^3/m，取决于地层条件、隧道埋深、施工技术水平、盾构类型等诸多因素，目前尚难给出确定的解析式；根据统计，在采用适当技术和良好操作的条件下，$V_L = (-1.1\% \sim 11.0\%)V$，对于黏性土尚可根据其稳定系数 N 进行估算：

$$V_L = 2VC_u \frac{1+\mu}{E_u} \exp(N-1) \qquad (4.42)$$

式中　V—— 盾构隧道单位长度的理论体积；

　　　C_u—— 黏土的不排水抗剪强度；

　　　E_u—— 黏土的弹性模量；

　　　μ—— 黏土的泊松比。

周围土体为弥补地层损失，就要向隧道移动，因而引起地面沉降。引起地层损失的施工及其他因素是开挖面土体移动，当盾构掘进时，若开挖面受到的支护力小于地层的原始应力，则开挖面土体向盾构内移动，引起地层损失和地面沉降。反之，当支护力大于原始应力时，则开挖面土体向上、向前移动，引起负地层损失和地面隆起；当盾构暂停推进时，千斤顶可能漏油回缩引起盾构后退，而使开挖面坍塌，引起地层损失；盾尾后面的建筑间隙未能及时、有效地进行充填，从而使周围土体挤入建筑间隙，引起地层损失（在含水的不稳定地层中，这往往是引起地层损失的主要因素）；盾构在曲线推进和修正蛇形时的超挖和扰动所引起的地层损失，在土压力作用下，隧道变形或沉降也会引起地层损失；施工中盾构操作失误，而引起开挖面坍塌，或前方地质条件骤变，而使开挖面土体急剧流动或崩塌而造成不正常的地层损失等。

隧道周围地层受到盾构掘进的扰动后，便在隧道周围形成超孔隙水压力（正值或负值）区，随着盾构的推出，土体表面应力释放，超孔隙水压力逐渐消失，引起地层固结变形而带来地面沉降。超孔隙水压力消失后，土体骨架还会因流变而引起次固结变形（沉降），在孔隙比和灵敏度较大的软塑和流塑性黏土中，次固结沉降往往要延续几年以上，所占总沉降量比例达35％以上。地面沉降量及影响范围的预测方法有经验公式法、有限方法、有限差分法（FLAC）等方法，这里介绍经验公式法中的派克公式和一系列修正的派克公式。其中派克横向地面沉降分布公式为

$$S(x) = S_{max} \exp\left(-\frac{x^2}{2i^2}\right) \tag{4.43}$$

式中　$S(x)$—— 距离隧道中心轴线为 x 处地表沉降值，m；

　　　S_{max}—— 隧道中心线处（即 $x=0$）地表最大沉降值，m；

　　　x—— 距隧道中线的距离，m；

　　　i—— 沉降槽宽度系数，即沉陷曲线反弯点的横坐标，m，并假定横向沉陷曲线为正态分布曲线。

在利用式（4.43）确定 x 点的地面沉降值时候，必须知道 S_{max} 和 i 两个参数。当横向沉陷曲线为正态分布曲线时，S_{max} 和沉降槽体积 $V_{(s)}$ 有下列关系：

$$S_{max} = \frac{V_{(s)}}{\sqrt{2\pi}i} \approx \frac{V_{(s)}}{2.5i} \tag{4.44}$$

根据 Cording 和 Handmire(1970) 对紧密砂层做的统计分析，可以认为横向沉降槽体积等于地层损失，即 $V_{(s)} = V_L = V_l V$。

横向沉降槽宽度系数 i 取决于接近地表的地层的强度、隧道埋深和隧道半径。根据在均匀介质中的试验，可以从几何关系中近似地得出：

$$i = K\left(\frac{Z}{2R}\right)^n \tag{4.45}$$

式中　Z—— 隧道开挖面中心至地面的距离；

　　　R—— 盾构外半径；

K,n——试验系数，$K=0.63\sim0.82$，$n=0.36\sim0.97$。

Oreilly 和 New(1982)根据英国盾构隧道的现场实测数据进行多元线性回归分析，发现沉降槽宽度系数 i 和隧道外半径无关，他们给出的关系式为

$$\left.\begin{array}{ll}\text{黏性土：}& i=0.43Z+1.1\\ \text{非黏性土：}& i=0.38Z-0.1\end{array}\right\} \tag{4.46}$$

派克纵向沉降分布(根据上海软土隧道情况修正)公式为

$$S(y)=\frac{V_{l_1}}{\sqrt{2\pi}i}\left[\Phi\left(\frac{y-y_i}{i}\right)-\Phi\left(\frac{y-y_l}{i}\right)\right]+\frac{V_{l2}}{\sqrt{2\pi}i}\left[\Phi\left(\frac{y-y'_i}{i}\right)-\Phi\left(\frac{y-y'_l}{i}\right)\right] \tag{4.47}$$

式中　$S(y)$——地面沉降量，m；

　　　y——沉降点至坐标原点的距离，m；

　　　y_i——盾构推进起点处盾构开挖面至坐标原点的距离，m；

　　　y_l——盾构开挖面至坐标距离，m，$y'_i=y_i-l$，$y'_l=y_l-l$；

　　　l——盾构长度，m；

　　　Φ——正态分布函数。

式(4.43)～式(4.47)的几何意义，如图 4.34 所示。

周文波(1993)在潘杰梁(1989)工作的基础上根据 120 余座已竣工的实测数据，用统计方法整理出横向最大沉降量的估算公式：

$$\left.\begin{array}{l}\text{在砂砾土中：}S_{\max}=140.624\,2\left(\dfrac{Z}{2R}\right)^{-2.257\,4}\\[3mm]\text{在砂性土中：}S_{\max}=1.032\exp\left(\dfrac{7.865\,5^*}{Z/2R}\right)\\[3mm]\text{在黏性土中：}S_{\max}=29.080\,6-\dfrac{12.173}{\ln\left(\dfrac{Z}{2R}\right)}+7.422\,3(\text{OFS})^{1.155\,6}\end{array}\right\} \tag{4.48}$$

沉降影响范围估算式为

$$W=1.5RK\left(\frac{Z}{2R}\right)^n \tag{4.49}$$

式中　Z——地面至开挖面中心距离，m；

　　　R——隧道半外径，m；

　　OFS——简单超载系数；

　　K,n——系数，见表 4.9。

表 4.9　系数 K，n 值

土质 盾构类型	砂砾土		砂性土		黏性土	
	K	n	K	n	K	n
气压式盾构	0.90	0.55	0.60	1.15	1.25	0.65
土压平衡式盾构	0.95	0.60	0.65	1.20	1.30	0.70
泥水加压式盾构	1.00	0.65	0.70	1.25	1.35	0.75

（2）施工阶段的地面沉降大致发生在 5 个阶段：盾构到达前、盾构到达时、盾构通过后、管片脱出盾尾时及长期变形。关于各个阶段地面沉降的预测，一般可结合前一施工阶段地面沉降的实测资料，进行反馈推求。

4.5.1.2 地面沉降的防治措施

做好盾构掘进的施工管理，即对盾构施工参数优化是防治地面沉降的基本措施。具体来说包括以下几方面。

（1）保持开挖面的稳定性。开挖面的稳定性可用稳定系数 N 来定量描述，N 值定义为

$$N = \frac{\gamma H - P}{C_{\mathrm{u}}} n \tag{4.50}$$

式中　　H——地面至开挖面中心的距离，m；

　　　　γ——地层重度，kg/m^3；

　　　　P——开挖面支护压力，kg/m^2；

　　　　C_{u}——地层的不排水抗剪强度，kg/m^2；

　　　　$n = 0.7 \sim 0.8$。

当 $N = 1 \sim 2$ 时，地层损失率可控制在 1% 以下；当 $N = 2 \sim 4$ 时，地层损失率可控制在 $0.5\% \sim 11.0\%$；当 $N = 4 \sim 6$ 时，地层损失率较大。

（2）及时、有效、足量地充填衬砌背后的建筑间隙，必要时还可通过在管片上的注浆孔进行二次加固注浆，以充填第一次注浆收缩后留下的空隙。浆液材料要严格控制其稠度、含水率和浆液中的黏粒含量，要根据盾构注入和拌浆设备的具体条件，优选浆液的材料和配比。同时要严格控制注浆压力，防止开裂、渗水影响到管片衬砌环的正常使用。

（3）严格控制盾构施工中的偏差量。盾构施工偏差增大，不但影响地下铁道线路、限界等使用要求，还会过多扰动地层而导致地面沉降量的增加。

4.5.2 隧道下卧层土体的变形与流动性问题

1. 土体变形

根据地质和工程实测资料，分析隧道下卧层的土体变形，估计隧道的不均匀沉降，是隧道纵横断面结构和防水设计中的重要课题。由于隧道长度与直径之比总是相当大，而且现在隧道衬砌纵向接头中基本采用弹性防水材料，具有柔性，所以在施工阶段可以认为隧道各衬砌环是随下卧土层的沉降而沉降。在基本运用阶段，即使隧道内增加内部结构，使隧道纵向刚度有所增加，但隧道仍然随下卧层的长期不均匀沉降，而发生纵向变形。

2. 土体的流动性

在地下水动水压作用下，由隧道下卧土层向隧道内漏入的水土越多，则隧道因之而产生的纵向弯曲越严重，隧道底部环向裂缝越大，水土流失的增加与裂缝的加宽，恶性循环地发展，便导致隧道塌陷。从国内外隧道结构塌陷的实例看，这往往是发生隧道塌陷事故的最主要原因。如上海金山海水引水工程中，由于隧道底部水土流失，导致破坏性纵向沉陷及破坏性横向受力状态。在细砂至中粗砂、粉砂层中，土粒在 1.372×10^4 Pa 的水压下即可能通过 0.25 mm 的裂缝流入隧道。当隧道处于多个含水层中，要对隧道穿过的每个含水层，或部分穿过含水层的水压、土体颗粒组成做出可靠的试验结果。要取足够数量的试样进行颗粒分析试验，以得出实际上土体颗粒组成的变化情况。对于厚度大于 25 cm 的饱和夹砂层，也应取土样分析其土体颗

粒组成,并进行土体在一定动水压力作用下的流动性试验。存在水土流失条件的地方,要对隧道防水措施以及防止内衬收缩裂缝提出严格限制。

4.5.3　盾构出/进洞段的土工问题

出洞即盾构始发,是指盾构由工作井出来从加固土体进入原状土区段的过程;进洞即盾构到达,是指盾构由原状土进入加固土体区段并进入工作井的过程。

盾构出/进洞段常见的土工问题主要有端头井的加固效果不好,造成开洞门时失稳,引起土体坍塌和水土流失;或端头加固长度不足,在盾构出洞时,刀盘从加固土体进入原状土时造成从盾尾处水土流失,严重时引起地面塌陷;或盾构进洞时,刀盘从加固土体进入竖井时造成从刀盘处水土流失,严重时引起地面塌陷。上述问题的主要原因是由于进出洞端头井的预留洞门都比盾壳直径大,对于流塑状的原状土,会沿着空隙涌入;同时,盾构下半部土体受到扰动,承载力降低,会造成盾构出洞时头部下倾。

盾构进出工作井时,造成地表沉降的主要原因:一是洞口暴露的加固土体发生移动,洞圈周围水土流失以及盾构土仓的压力未与原地层土压平衡等;二是施工过程中纠偏引起土体下沉及洞门密封的密封效果不佳,以及不能及时通过盾尾进行同步注浆。

在出/进洞段施工过程中,采取的主要技术措施是:合理进行地层加固,以提高地层的强度、止水性、均匀性和整体稳定性;通过降水提高土体的强度;采用双层洞门密封装置,以减少从盾壳外圈漏浆;合理控制掘进参数,以减少对地层的扰动。

4.5.4　土体加固技术

土体加固技术是盾构法施工中的辅助施工技术,常见的有旋喷加固、深层搅拌加固、冷冻法加固和注浆加固等。

旋喷加固和深层搅拌加固一般在软土地层中采用,在盾构施工中常见于端头加固、联络通道地表加固,起到提高土体稳定性和承载力,隔水、置换土体中的不良土体的作用,从而确保盾构在始发、出洞和联络通道开挖过程中的土体安全。冷冻法常用于盾构区间的联络通道施工,特殊情况下用于端头加固施工。注浆加固常用于以上 3 种加固方式的辅助加固。

采用旋喷、搅拌、冷冻均是在不良地层中起到提高土体的自稳性、承载力、隔水的作用,进行土层的改良,提高盾构在始发与到达端头井及联络通道施工时的安全性。

在选择盾构隧道端头井、联络通道的加固方案时,应根据加固的效果,结合工程要求、地质条件以及施工条件,因地制宜地选择经济合理的加固方式。加固时应考虑地层的构成、各地层的特性地下水等,确保加固质量。

4.6　盾构法施工的发展趋势

4.6.1　盾构法技术的发展趋势

由于基础设施的发展需求,在全球机械化、信息化、智能化等不断发展的基础上,盾构机不断向着超小化或超大化、形式多样化、高度自动化、高适应性、智能建造、盾构机再制造等方向发展。

1.超小化或超大化

为适应隧道及地下工程建设的发展需要,盾构机断面尺寸具有向超大、超小两个方向发展的趋势。

2.形式多样化

为适应不同工程的需要,盾构断面形式也越来越多。目前已生产了断面为圆形、矩形、马蹄形、双圆、三圆、球形的盾构机,以及子母盾构机等;以后盾构断面形式将向异形化方向发展,将逐步拓展盾构法的应用范围。

3.高度自动化

盾构机采用类似机器人的技术,计算机控制、遥控、传感器、激光导向、超前地质探测、通信技术等或将被推广应用。随着计算机技术的快速发展,盾构机自动化程度越来越高,具有施工数据采集功能、盾构姿态管理功能、施工数据管理功能、设备管理功能、施工数据实时远传功能。盾构机可自动检测盾构的位置和姿态,利用模糊数学理论自动进行调整,自动实现平衡压力的控制,以及自动实现管片的拼装。

4.高适应性

随着现代掘进机技术的发展,软土盾构机与硬岩掘进机技术相互渗透、相互融合,地质适应能力大大增强。复合盾构机成为盾构机高适应性的发展趋势,它通过采用不同的掘进模式(泥水+土压等)及不同的刀盘布置,以适应不同地层。

5.智能建造

虽然盾构法施工机械化程度很高,但是盾构隧道建造技术还十分依赖于人。在隧道所处环境日益复杂和劳动力成本压力逐渐增大等形势下,迫切需要发展盾构隧道智能建造技术,充分利用人工智能等先进技术,减少盾构隧道建养对人员的依赖,降低盾构隧道施工风险及其对周边环境的影响,减少人身财产损失,使盾构隧道符合安全可靠、技术先进、绿色环保、经济合理等要求。

6.盾构机再制造

盾构机产品昂贵,而整机设计寿命一般为10 km掘进长度,达到设计寿命后,盾构机进入大修或报废阶段。为了降低工程建设成本,需要开展盾构机再制造,对盾构机装置进行专业化修复或升级改造,使其工作性能满足盾构隧道建造需求。

4.6.2 盾构法新工艺

为了满足在城市繁华地区及一些特殊工程的施工,大量的盾构法施工新技术应运而生。这些新型盾构技术不仅解决了一些常规技术难以解决的施工问题,而且使盾构技术的效率、精度和安全性都大大提高。这些新技术主要反映在以下3个方面:

(1)施工断面的多元化,从常规的单圆形向双圆形、三圆形、方形、矩形及复合断面发展。

(2)施工新技术,包括进出洞技术、地中对接技术、长距离施工、急曲线施工、扩径盾构施工法、球体盾构施工法等。

(3)隧道衬砌新技术,包括压注混凝土衬砌、管片自动化组装、管片接头等技术。

1.扩径盾构工法

扩径盾构工法是对原有盾构隧道上的部分区间进行直径扩展。施工时,先依次撤除原有部分衬砌和挖去部分围岩,修建能够设置扩径盾构的空间作为其始发基地。随着衬砌的撤除,原有隧道的结构、作用荷载和应力将发生变化,因此必须在原有隧道开孔部及附近采取加固措施。扩径盾构在撤除衬砌后的空间内组装完成后,便可进行掘进。为使推力均匀作用于围岩,需要设置合适的反力支承装置。当盾体尾部围岩抗力不足时,需要采用增加围岩强度的措施,也可设置将推力转移到原有管片上的装置。

2.球体盾构工法

球体盾构亦称直角盾构,其刀盘部分设计为球体,可以进行转向。球体盾构施工法,又称直角方向连续掘进施工法。主要是在难以保证盾构竖井的用地,或需要进行直角转弯时使用。球体盾构的施工方法分为"纵-横"和"横-横"施工两种。

"纵-横"方向连续掘进施工,是从地面开始连续沿竖直方向向下开挖竖井,到达预定位置后,球体进行转向,然后实施横向隧道施工的方法。

"横-横"方向连续掘进是环体盾构先沿一个方向完成横向隧道施工后,水平旋转球体进行另一个横向隧道的施工,可以满足盾构 90°转弯的要求。

3.多圆盾构工法

多圆盾构工法又称 MF(Multi-circular Face)盾构工法。MF 盾构工法是使用多圆盾构修建多圆形断面的隧道施工法。通过将圆形作各种各样的组合,可以构筑成多种多样断面的隧道。MF 盾构可以采用泥水式、土压平衡式两种类型。

4.H&V 盾构工法

H&V(Horizontal Varition & Vertical Varition,水平变化和垂直变化)盾构由具有直字铰接构造的多个圆形盾构组成,通过使复数个前盾各自向相反的方向铰接,给盾构施加旋转力,通过螺旋形掘进,可从一个横向平行的盾构连续地变换到纵向平行盾构。

H&V 盾构施工法可从水平双孔转变为垂直双孔,或者由垂直双孔转变为水平双孔,可以随时根据设计条件,不断改变断面形状,开挖成螺旋形曲线双断面。两条隧道的衬砌各自独立。由于两条隧道作为一个整体来施工,可解决两条隧道邻近施工的干扰和影响问题。

5.变形断面盾构法

变形断面盾构通过主刀和超挖刀相结合,其中主刀用于掘进圆形断面的中央部分,超挖刀用于掘进周围部分。根据主刀的每个旋转相位,通过自动控制系统来调节液压千斤顶的伸缩行程,进行超挖,通过调节超挖刀的振幅,可施工任意断面形状的截面。

6.偏心多轴盾构法

偏心多轴盾构采用多根主轴,垂直于主轴方向固定一组曲柄轴,在曲柄轴上再安装刀架。运转主轴刀架将在同一平面内作圆弧运动,被开挖的断面接近于刀架的形状。可根据隧道断面形状要求设计刀架为矩形、圆形、椭圆形或马蹄形。

7.机械式盾构对接技术(MSD 法)

当使用两台盾构机从隧道两端相向掘进到隧道汇合处时,盾构对接的主要问题是高地下水的渗入或工作面的坍塌问题。解决这些问题的方法通常是冷冻接合处周围的土体,继而会产生冷冻土体的膨胀及冻土融化后的沉降等一系列问题。

采用机械式盾构对接技术,通过在两台盾构机的前缘设置对接装置,有效解决了地中对接的难题。机械式盾构对接(Mechanical Shield Docking, MSD)技术,是指采用机械式盾构对接的一种地下接合的盾构施工法。

MSD 法施工时,一台为发射盾构机,另一台为接收盾构要机。发射盾构机侧安装可前后移动的圆形钢套,而在接收盾构机的一侧的插槽内设置抗压橡胶密封止水条。

8.盾构水下施工土木对接技术

盾构长距离的水底施工和地中对接施工已成为跨江越海必须掌握的盾构施工新技术。除机械对接外,最常用的是土木对接技术,其方法是在对接区域进行地层加固处理,当加固后的地层达到止水及强度要求后,即可拆卸盾构外壳内的结构和部件,并在盾壳内进行衬砌作业。

地层加固的方法通常采用化学注浆法或冻结法。化学注浆施工法的施工性能优越,造价低;冻结法改良地层的效果可靠,但造价高,工期长。通常两种方法都可行,但采用哪种方法更优,需要根据具体的施工条件选定。从盾构内进行辅助加固施工的方式有两种:一种是从两侧盾构内设置的超前加固设施同时,对地层进行加固处理;另一种是仅从某一侧盾构内设置的加固设施进行超前地层加固处理,另一侧盾构到达后直接进入加固地层中。由两侧盾构内进行加固的方法用于2台盾构几乎同时到达的场合,采用这种方法进行的加固处理,其加固范围基本对称,特别是当采用化学注浆法进行作业时,加固的效果更好。仅从一侧盾构内加固的方法是从先行的盾构内进行加固,采用这种方法加固的范围较大,且改良范围的形状不规则,效果不易控制。

9.带压进仓技术

盾构长距离施工中,不可避免地要进行中途检查和更换刀具或进仓进行维修作业。因此,安全可靠地在非常压下快速进入土仓进行刀具的检查、水更换及其他部件的维修或地下障碍物的排除,已形成一项新型技术。带压走进仓原理为经过对刀盘前方地层进行处理后,在保证刀盘前方周围地层和土仓满足气密性要求的条件下,通过在土仓建立合理的气压来平衡刀盘前方的水、土压力,达到稳定掌子面和防止地下水渗入的目的,为作业人员在土仓内进行安全作业提供条件。

思 考 题

1. 常见的盾构类型有哪些? 在盾构选型时应考虑哪些因素?
2. 盾构法施工时,需要做哪些施工准备工作?
3. 简述盾构法施工引起的地面沉降的机理及其防治措施。

参 考 文 献

[1] 施仲衡.地下铁道设计与施工[M].西安:陕西科学技术出版社,1997.
[2] 张凤祥,朱合华,傅德明.盾构隧道[M].北京:人民交通出版社,2004.
[3] 刘建航,侯学渊.盾构法隧道[M].北京:中国铁道出版社,1991.
[4] 夏永旭,王永东.隧道结构力学计算[M].北京:人民交通出版社,2004.
[5] 孙均,侯学渊.地下结构[M].北京:科学出版社,1987.
[6] 朱永全,宋玉香.隧道工程[M].北京:中国铁道出版社,2005.
[7] 张彬,郝凤山.地下工程施工技术[M].徐州:中国矿业大学出版社,2009.
[8] 姜玉松.地下工程施工技术[M].武汉:武汉理工大学出版社,2008.
[9] 杨其新,王明年.地下工程施工与管理[M].成都:西南交通大学出版社,2005.

［10］　蒋洪胜.盾构法隧道管片接头的理论研究及应用［D］.上海：同济大学，2000.

［11］　罗衍俭.铁路隧道结构设计理论与方法存在的问题［J］.世界隧道，1997(5)：8－12.

［12］　黄建明.盾构管片计算模型的选择［J］.铁道建筑，2004(6)：29－31.

［13］　王淑英,傅金阳,张聪,等.盾构隧道工程［M］.长沙：中南大学出版社，2022.

［14］　陈馈,王江卡,谭顺辉,等.盾构设计与施工［M］.北京：人民交通出版社，2019.

［15］　陈馈,洪开荣,焦胜军.盾构施工技术［M］.北京：人民交通出版社，2016.

［16］　周新远,李恩重,张伟,等.我国盾构机再制造产业现状及发展对策研究［J］.现代制造工程，2019(8)：157－160.

第5章 隧道掘进机施工技术

本章主要介绍隧道掘进机（TBM）的国内外发展现状、基本构成与性能，采用掘进机法的基本条件，掘进机法的支护技术、施工组织和辅助工法等内容。

5.1 隧道掘进机法概述

5.1.1 国内外发展现状

隧道掘进机法（TBM 法）是指利用隧道掘进机在岩石地层中进行隧道开挖的方法。它是岩石地层中暗挖隧道的一种常见的施工方法。该方法利用 TBM 上的回转刀盘和推进装置的推进力使刀盘上的滚刀切割（或破碎）岩面，以达到破岩开挖隧道（洞）目的。

按岩石的破碎方式，大致分为挤压破碎式与切削破碎式两种。前者是将较大的推力给刀具，通过刀具的楔子作用将岩石挤压破碎；后者是利用旋转扭矩在刀具的切线及垂直方向上切削破碎岩石。如果按刀具切削头的旋转方式，可分为单轴旋转式与多轴旋转式两种。从构造来讲，掘进机是由切削破碎装置、行走推进装置、出渣运输装置、驱动装置、机器方位调整机构、机架和机尾，以及液压、电气、润滑、除尘系统等组成。

隧道掘进机施工法始于 20 世纪 30 年代，限于当时的机械技术和掘进机技术水平，掘进机的应用事例较少；50 — 60 年代随着机械工业和掘进机技术水平不断提高，掘进机施工得到了很快的发展。据不完全统计，到目前为止世界上采用掘进机施工的隧道已超过 1 000 座，总长度超过 4 000 km。掘进机施工已逐步成为长大隧道修建中主要选择的方法之一。

目前世界上著名的掘进机制造厂家有美国的罗宾斯公司和贾瓦公司，德国的维尔特公司和德马克公司，瑞典的阿拉斯·科普柯公司，日本的石川岛播磨重工、川崎重工、小松制作所和三菱重工，瑞士的威特公司等。

在发展历史中最值得一提是英吉利海峡隧道的贯通运行，标志着掘进机法施工技术的最高水平。隧道全长 48.5 km，海底段长 37.5 km，隧道最深处在海平面下 100 m。这条隧道全部采用掘进机法施工技术，英国侧共用 6 台掘进机，3 台掘进机施工岸边段，3 台掘进机施工海底段，施工海底段的掘进机要向海峡中央单向推进 21.2 km，与法国侧向英国方向推进而来的掘进机对接贯通施工。法国侧共用 5 台掘进机，2 台机器施工岸边段，3 台机器施工海底段。海峡隧道由 2 条外径 8.6 m 的单线铁路隧道及 1 条外径为 5.6 m 的辅助隧道组成。掘进机在地层深处又要承受 10 个大气压的水压力，同时又要单向作长距离 21.2 km 推进，并且掘进机推进速度必须达到月进尺 1 000 m 的速度才能在 2 年左右完成。因此掘进机的构造先进性及其配套设备的可靠性、耐久性均须采用高标准、高质量、高技术设计和制造,同时在材质方面必须要耐磨耗及耐腐蚀的材料。该隧道的建成标志着掘进机法施工技术的最新水平,也是融合了英、美、法、德等国家掘进机法施工技术于一体的最高成就。

我国隧道掘进机研究开发和制造是从 20 世纪 60 年代中期开始的。到目前为止,已生产了多台直径为 2.5～5.8 m 的隧道掘进机,先后在云南的西洱河水电站引水隧道、引滦入津工程的新王庄隧道陡河电站的引水隧道、引大(大通河)入秦(秦王川)总干渠 38 号隧道、北京落坡岭水电工程、贵州猫跳河水电站引水隧道、江西萍乡煤矿、山西怀仁煤矿、山西古交煤矿、云南羊场煤矿、福建龙门滩引水隧道等工程的施工中使用。这些隧道使用全断面岩石掘进机掘进施工,月平均进尺 20～300 m,国产机型累计总掘进长度约 12 km。虽然在我国隧道掘进机的制造和施工技术方面积累了不少经验,但和先进国家相比还有很大差距。掘进速度相差 2.5 倍左右,机械性能、隧道施工适应性、配套设备、设计制造、施工操作、机械设备维修保养、施工管理等都有待于深入探索、研究和提高。

我国在引进全断面隧道掘进机施工方面,甘肃省引大入秦大型跨流域灌溉工程总干渠中的主体项目 30A 隧道(又称水磨沟隧道),是引大入秦工程次长的一条无压输水隧道,长度 11 649 m,直径 5.53 m,最大埋深 330 m,穿过岩性软硬不同的地层。隧道预制混凝土衬砌直径 4.8 m、厚度 30 cm。工程于 1990 年 12 月 5 日正式试运转掘进施工,最高月进尺 1 300.8 m,最高日进尺 65.6 m。该隧道工程施工采用的是美国罗宾斯掘进机制造厂生产的套筒式盾构型岩石掘进机,它包含了液压传动和电子技术等现代高科技成果,是当时较为先进的隧道施工机械设备。

此外,在修建我国秦岭隧道(长 18km)时,首次使用了大型硬岩掘进机开挖。该机由德国 WIRTH 公司生产,机型为 TB88OE 敞开式 TBM,开挖断面为圆形,开挖直径为 8.8 m,掘进行程 1.8 m。它是集液压、电气、电子、机械于一体的先进隧道掘进机,自身配有超前钻探、激光导向(ZED)、监测监控、通风除尘、围岩支护与加固(喷锚、钢拱架安装、岩石注浆)和数据采集(WADS)等自动化系统。

2013 年以来,我国进入 TBM 技术的自主创新期,开始设计制造具有完全自主知识产权的 TBM。2016 年 1 月,由中铁装备研制的 2 台世界最小直径 TBM(43.53 m)在郑州成功下线,该 TBM 应用于黎巴嫩大贝鲁特供水隧道和输送管线建设项目。2016 年 5 月 5 日,铁建重工研制的"大埋深、可变径"TBM,开挖直径可在 6.53～6.83 m 之间调整。该 TBM 用于新疆某重大输水隧洞工程(全长约 42 km),开挖洞径为 6.53 m,沿线穿越有"大埋深、围岩大变形、强岩爆、穿越大断层破碎带、高地温、岩体蚀变破碎带"等世界级工程地质难题,是目前 TBM 施工最具挑战性的隧洞。2021 年 9 月,全世界直径最大的采用中国设计、中国标准,由中国独立制造的硬岩掘进机——"高加索号"TBM 顺利完成现场组装,开始向始发洞口步进,开启了中铁隧道局承建的"一带一路"重点交通建设项目,该设备首次在硬岩掘进机上采用了同步掘进拼装技术,并配备了主动铰接、双向旋转刀盘、双速减速机等针对性设计,不但能够实现主机姿态的精确调整和不良地质条件下的快速脱困,同时能够确保在良好围岩下的高效掘进施工。

近年来,先进的全断面掘进机在地下工程中越来越显示其功能的优越性。尤其是套筒式盾构型岩石掘进机以及相配套的工艺装备,在隧道施工作业(如开挖、出渣、衬砌灌浆等平行作业)中能实现一次成洞,可有效地利用隧道空间,保证施工作业安全、高效和快速进行。因此应大力发展掘进机法修建隧道,不仅会促进我国隧道(洞)或巷道施工技术的发展,而且具有战略意义。

5.1.2 隧道掘进机的分类

隧道掘进机法与钻爆法不同,它不使用火药,而是利用掘进机在开挖面上连续切削或将岩石先行破碎后再掘进。它的特点是全断面机械破碎、联合作业和连续掘进。与常规施工方法相比,掘进速度快、洞壁光滑平整、超挖量小、操作安全,可以大大地降低工人的劳动强度和改善作业条件。隧道掘进机是目前隧道开挖施工中一种较为理想的专用机械设备。

由于当前隧道的用途和施工方法种类很多,机器构造形式多种多样,现场条件又各不相同,对应于这些不同条件下的隧道掘进机的施工工法均有各自的特色,因此,对隧道掘进机进行分类是困难的。最常用的分类方法是根据使用目的、工程地点、开挖对象、围岩和施工方法等对隧道掘进机进行分类。

1.按切削方式分类

当前世界上使用的隧道掘进机,可大致分为全断面切削方式和部分断面切削方式两类。部分断面切削方式是挖掘煤炭用的机械在隧道掘进施工中的应用,全断面切削方式掘进机开挖的断面一般是圆形的。

2.按开挖地层分类

(1)土质隧道掘进机。目前通用的土质隧道掘进机有以下几种:

1)根据开挖面上的挖掘方式,可以分为人工挖掘(手掘)式、半机械挖掘式和机械挖掘式。

2)根据切削面上的挡土方式,可以分为开放型和封闭型(土体能自稳时采用开放型,土体松软而不能自稳时则用封闭型)。

3)根据向开挖面施加压力的方式,可分为气压式、泥水压力式、削土加压式和加泥式。

(2)岩石隧道掘进机。掘进机的构造形式多种多样,从世界范围内使用的掘进机来看,它是制造商根据生产的掘进机在各自范围自行分类。如罗宾斯将隧道掘进机分为三大类:

1)桁架式掘进机,该类掘进机常用于软岩开挖。

2)撑板式掘进机,用于不易塌落或密实的岩石。

3)盾构式掘进机,能用于混合型地层(部分硬的黏土或坚实的沙土中)。

3.按适用地质条件分类

TBM可分为开敞式、双护盾、单护盾三种类型,优缺点对比见表5.1。

(1)开敞式TBM。常用于硬岩;在开敞式TBM上,配置了钢拱架安装器和喷锚等辅助设备,以适应地质的变化,当采取有效支护手段后,也可应用于软岩隧道。

(2)双护盾TBM。对地质具有广泛的适应性,既能适应软岩,也能适应硬岩或软硬岩交互的地层。

(3)单护盾TBM。常用于软岩,单护盾TBM推进时,要利用管片作为支撑,其作业原理类似于盾构,与双护盾TBM相比,掘进与安装管片两者不能同时进行,施工速度较慢。单护盾TBM与盾构的区别有两点:一是单护盾TBM采用皮带机出渣,而盾构则采用螺旋输送机出渣或采用泥浆泵以通过管道出渣;二是单护盾TBM不具备平衡掌子面的功能,而盾构则采用土舱压力或泥水压力平衡开挖面的水土压力。

随着TBM技术的进步以及TBM适应复杂地质的需要,除了上述三种类型,目前还有通用紧凑型TBM、双护盾多功能TBM以及双模式TBM等类型。

表 5.1　各类 TBM 优缺点对比

TBM 类型	开敞式	双护盾式	单护盾式
适应范围	硬岩及较完整的软岩	硬岩及较完整的软岩	中硬岩、软岩、破碎岩层、土
曲线半径	一般 400 m， 困难 300 m	一般 500 m， 困难 350 m	一般 700 m， 困难 500 m
使用风险	开挖后初期支护对地表沉降控制存在一定风险，通过地质不良地带需采取辅助措施，影响进度	处理复杂地层的辅助措施少，TBM 盾体过长容易被卡；管片背后注浆堵水使得管片承受全水压，适应平面曲线半径能力较差	适应平面曲线半径的能力最差，盾体较长容易被卡；处理复杂地层的辅助措施少，管片背后注浆承受水压力大
掘进速度	掘进速度快，但在围岩破碎带较慢，需做作超前支护措施及加强补砌；对围岩的变化非常敏感，后续二次衬砌跟进会影响掘进速度，一般为 400～800 m/月	围岩较好时能够保持在一个较稳定的高速度下掘进，对地层的变化相对没有开敞式敏感；可根据地层的变化在双护盾和单护盾间变换，掘进模式，一般为 350～450 m/月	相对较低，由于每次掘进均需千斤顶支撑管片提供反力，掘进和安装管片不能同步进行，一般为 300～450 m/月
施工安全	采用初期支护，必要时采用超前支护措施，较安全	TBM 护盾长，有管片衬砌保护，施工安全	TBM 护盾较长，有管片衬砌保护，施工安全
掌子面封闭	采用平面刀盘，利用平面刀盘封闭掌子面	采用平面刀盘，利用平面刀盘封闭掌子面	采用平面刀盘，利用平面刀盘封闭掌子面
出渣方式	机体皮带机，出渣速度快，适合长距离掘进	机体皮带机，出渣速度快，适合长距离掘进	机体皮带机，出渣速度快，适合长距离掘进
衬砌同步施工	困难，要影响掘进速度	技术成熟，管片紧跟	技术成熟，管片紧跟
衬砌质量	采用复合衬砌，现浇，质量好	管片衬砌，采用螺栓连接，施工缝多，质量相对较差，后期管片也可能会出现错台、裂缝，处理防水较困难	管片衬砌，采用螺栓连接，施工缝多，质量相对较差，后期管片也可能会出现错台、裂缝，处理防水较困难
衬砌效果及费用	采用复合式衬砌可根据开挖情况随时调整初期支护和二次衬砌措施，费用低	需较多的管片生产模具，管片需预制，管片总体造价高；支护整体性及防水性不如模筑衬砌	需较多的管片生产模具，管片需预制，管片总体造价高；支护整体性及防水性不如模筑衬砌

续 表

TBM 类型	开敞式	双护盾式	单护盾式
防排水	可以排、堵结合,可靠性高	采用以堵为主,拼装缝多,可靠性较低,在裂隙水发育时,管片背后注浆堵水,可能使管片承受全水压,拼装缝处可能漏水	采用以堵为主,拼装缝多,可靠性较低,在裂隙水发育时,管片背后注浆堵水,可能使管片承受全水压,拼装缝处可能漏水
监控量测	能对隧道变形进行量测	不能	不能
耐久性	好	较好	较好
超前支护	灵活	不灵活	不灵活

5.1.3 隧道掘进机法的特点

隧道掘进机(TBM)法优缺点如下。

1. TBM 法的优点

(1)掘进效率高。掘进机开挖时,可以实现连续作业,从而可以保证破岩、出渣、支护一条龙作业。特别在稳定的围岩中长距离施工时,此特征尤其明显。与此对比,钻爆法施工中,钻眼、放炮、通风、出渣等作业是间断性的,因而开挖速度慢、效率低。掘进效率高是掘进机发展快的主要原因。

(2)掘进机开挖施工质量好,且超挖量少。掘进机开挖的隧道(洞)内壁光滑,不存在凹凸现象,从而可以减少支护工程量,降低工程费用。而钻爆法开挖的隧道内壁粗糙不平,且超挖量大、衬砌厚、支护费用高。

(3)对岩石的扰动小。掘进机开挖施工可以大大改善开挖面的施工条件,而且周围岩层稳定性较好,从而保证了施工人员的健康和安全。

(4)施工安全。近期的 TBM 可在防护棚内进行刀具的更换,密闭式操纵室和高性能的集尘机的采用,使安全性和作业环境有了较大的改善。

2. TBM 法的缺点

(1)掘进机对多变的地质条件(断层、破碎带、挤压带、涌水及坚硬岩石等)的适应性较差。但近年来随着技术的进步,采用了盾构外壳保护型的掘进机,施工既可以在软弱和多变的地层中掘进,又能在中硬岩层中开挖施工。

(2)掘进机的经济性问题。由于掘进机结构复杂,对材料、零部件的耐久性要求高,因而制造的价格较高。在施工之前就需要花大量资金购买部件和制造机器,因此工程建设投资高,难用于短隧道。

(3)施工途中不能改变开挖直径。如用同一种机型开挖不同直径的断面,在硬岩的情况下更换附属部件,在数十厘米范围内,还是可能的。

(4)开挖断面的大小、形状变更难,在应用上受到一定的制约。

5.2　隧道掘进机的基本构成和性能

5.2.1　TBM 工法的基本构成

TBM 工法的基本构成要素大体上可分为开挖部、反力支撑靴部、推进部和排土部等几部分。

5.2.1.1　开挖部

1. 开挖机制

开挖岩层所使用的 TBM 刀具,不是用于开挖松软土层的锯齿形刀具,而是所谓的滚刀(回转式刀具)。该滚刀以一定的间距安设在刀盘上,在掘进时,滚刀向岩层挤压,把岩层压碎,进行开挖。

具体来说,施工时用刀具的刀刃接触部,把岩层破碎成粉末,并从该区域龟裂向岩层深处传播,沿着在刀头间产生的裂隙,形成岩片而剥离。上述龟裂发生处模式视围岩的岩类、岩性而异。为进行有效开挖,使刀头极力剥离出较大的岩片,刀头承受的载荷、安装间距等机械要素是实现高效率开挖的重要参数(见图 5.1)。

2. 滚刀

滚刀是由回转的刀体和装备有刀具的刀头环构成(见图 5.2)。刀头环具有能够更换的结构。最新的刀头环采用了算盘状的刀圈,材质也改为镍铬钼合金钢系列。

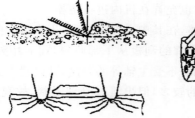

图 5.1　刀头开挖岩石的作用机理　　图 5.2　滚刀的结构

TBM 的掘进性能,与刀具的性能密切相关。在高速施工的要求下,开发长寿命、大型化的刀具极为必要。一般小口径掘进机使用 $\phi290 \sim 350$ mm 的刀具,中大口径、超大口径分别使用 $\phi394 \sim 432$ mm 和 $\phi483 \sim 559$ mm 的刀具。

3. 刀盘构造

掘进机与在软土中掘进的盾构不同,是以围岩的自稳为前提的。因此掘进机的设计相对来说是比较自由的,可以有各种各样的构造,但其最主要的是刀盘和支撑靴。

(1)球面刀盘和平面刀盘。在刀盘的前面以一定的间隔配置滚刀。滚刀一般有中心滚刀、正滚刀(开挖面滚刀)和边滚刀之分。滚刀的配置间隔决定于滚刀的负荷容量、岩石强度和日掘进进度要求等。在外周部分,为防止滚刀的刀体从刀头上飞出,设置一定的角度,并使刀头的切削断面形状呈圆弧形。

为了不在边缘处安设特殊的边滚刀,可采用平面滚刀。目前发展趋势是重视滚刀的互换性,因而球面刀盘采用的较多。另外,中心滚刀在各种情况下都是设置在有限的空间内,因此正滚刀多采用形状各异的滚刀(见图 5.3)。

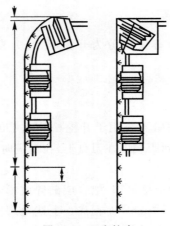

图 5.3　刀头轮廓

(2)周边支持型和中央主轴型刀盘。周边支持型刀盘是由圆筒状的筒体和主机架构成的,它采用大口径轴承。其后背部设有开口很大的周边支持结构。开挖石渣由设在刀盘前面和外周面的缝隙处理。在施工时,通过把主机架作为料斗提升,将石渣送到排土装置中。该种刀盘与在松软围岩中使用的盾构掘进机的刀盘是一样的,它在崩塌性的地质条件下是很有效的。滚刀的突出量可以设置得比较小,同时也允许在机内进行更换。

中央主轴型刀盘是一个圆板构造体,在其中心处设主轴,用小口径的轴承来支持。滚刀配置在圆板上。出渣是利用设在刀盘外周部的刮板从下部收集,而后用外周部的料斗由上部送到排土装置中。滚刀安设在圆板的前面,不受主轴等的限制,其设置方式比较自由。

该种构造在敞开式掘进机中采用的较多,但出渣口受到限制,故视地质情况,有时不能有效地排土。

5.2.1.2　反力支撑靴部

支撑靴的作用是提供掘进机推进时所需的反力(推进力、刀盘转矩)。为提供充分的反力和不损伤隧道壁面,应该加大其接触面积,以减小接地压力。通常接地压力取为 3.0～5.0 MPa。如把上述支撑靴称为主支撑靴,则还有所谓的以控制振动、控制方向等为目的的各种支撑靴。

1. 盾构型掘进机支撑靴

在盾构型掘进机中,设有提供推进反力的主支撑靴(尾部)和掌子面支撑靴(前部)。主支撑靴一般是水平的在左、右设置一对,但对大口径的掘进机,有时在周边上要设置 4～5 个支撑靴,如图 5.4 所示。

2. 敞开式掘进机支撑靴

敞开式掘进机支撑靴有单支撑靴方式和双支撑靴方式两种。单支撑靴方式是在主梁上左、右设一对支撑靴。支撑靴对应推进时主梁的方位变化。

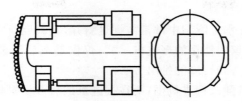

图 5.4　盾构型掘进机支撑靴

双支撑靴方式是前、后各有一对支撑靴,前面的支撑靴有 4 个 X 形、2 个 I 形、3 个 T 形的布置形式。

不管采用哪种支撑靴,方向修正应在设置支撑靴前进行。但单支撑靴方式在开挖过程中也能改变方向。而双支撑靴方式在开挖进程中不能改变方向,受地质变化的影响小,直进性能好,如图 5.5 所示。

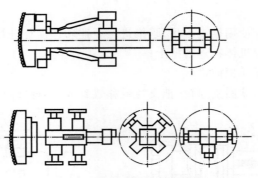

图 5.5　敞开式掘进机支撑靴

常用的各类支撑靴的构造特点包括以下方面。

(1)单支撑靴敞开式掘进机方式。掘进机的刀盘是周边支持型的,驱动马达设在刀盘的后面。为减小伸缩千斤顶时对支撑靴产生的弯矩,可把主梁和支撑靴座相连接。皮带运输机设置在通过刀盘中央的主梁上面或下面。

此类机型的特征是采用球面刀盘,适用的地质条件范围大;在掘进前、掘进中都可以控制方向;重心在机械前部,上、下方向的控制易受地质条件的影响。

(2)双支撑靴梁型掘进机方式。此种类型掘进机的刀盘通常是平面型的,但也有环面型的。多把驱动装置设在最后端,用主梁内的驱动装置驱动,千斤顶与支撑靴的主梁连接,皮带运输机设置在主梁上部。

此类机型的特征是支撑靴把机体牢固地固定在壁面上,方向控制性能好;重量平衡好,上、下方向控制容易;方向控制只能在掘进前进行;因刀盘是板型的,不适合于黏性土的开挖。

代表性的掘进机有支撑靴 X 形布置的掘进机和支撑靴 T 形布置的掘进机。

(3)盾构型掘进机。开放型盾构型掘进机的刀盘都是筒形的,分前、后筒体间可伸缩的两筒式结构和前、中筒间及中、后筒间用可活动铰结合的筒式结构两种。在前筒设掌子面支撑靴。开挖反力分为两种:把刀盘的回转转矩传达到主支撑靴的方式和液压传递方式。

此类机型的特征是采用球面刀盘,因采用盾壳保护,其地质适应范围很广;在开挖过程中可控制方向;因有盾壳,掘进机在隧道内的后退受到限制;千斤顶要具备两倍以上的推力;因使用管片,可改变为密闭型。

(4)斜井用掘进机。在水工隧洞中常常需掘进斜井,其斜度通常为 30°～50°。斜井使用的掘进机基本上与在水平坑道中使用的掘进机一样,仅仅是在后续设备上要下些功夫。两者之间的区别是防止后退的方法和石渣的排出方法。

防止后退的方法,在敞开式掘进机中,要在掘进机的后方设置与掘进机支撑靴连动的能够锚引的支撑靴装置。在盾构型掘进机中,使用管片或支撑来防止滑落。石渣的排出通常采用自然流下的方法。

(5)导坑和扩挖型掘进机。开挖大口径隧道的方法,首先是用导坑掘进机开挖小断面的导坑,以此为前导,用扩挖型掘进机扩挖隧道。此种方式与全断面掘进时相比,刀盘的外周部和内周部的周速差小。该类掘进机多采用两机为双支撑靴方式的梁型掘进机。

此类机型的特征是扩挖时,因可借助先行导坑判明地质情况,所以可对不良地质情况先行加以处理;刀盘的后方空间大,支护作业容易;工期和施工成本与全断面方式相比处于劣势。

5.2.1.3 推进部

掘进机的推进部主要使用推进千斤顶,推进按下述动作循环进行,如图 5.6 所示。

(1)扩张支撑靴,固定机体在隧道壁上;

(2)回转刀盘,开动千斤顶前进;

(3)推进一个行程后,缩回支撑靴,把支撑靴移置到前方,返回(1)的状态。

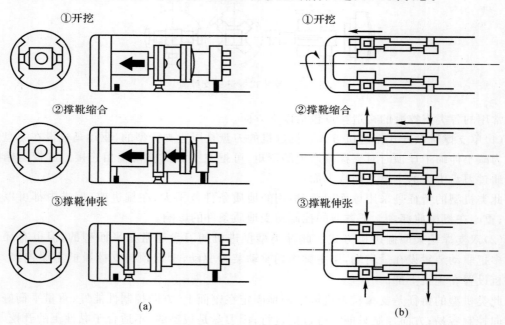

图 5.6 掘进机的开挖循环
(a)敞开式掘进机;(b)盾构式掘进机

5.2.1.4 排土部

掘进机的排土设备一般有皮带运输机、喷射泵、螺旋式输送机和泥土加压方式液体输送等,分别介绍如下:

(1)皮带运输机。在所有的梁型掘进机和敞开式盾构掘进机中使用,该方式运量大,可实现高速化,但有涌水时排土困难。

(2)喷射泵。适用于敞开式盾构掘进机,喷射泵将土渣输出后,由液体继续进行输送。因为在该方式中,喷射泵是开路的,所以掌子面可以开放。同时,有涌水时,该方法也极为有效。但排土效率低,只用于小口径的掘进机中。

(3)螺旋式输送机。用于密闭式盾构掘进机,也可以在土压式掘进机中使用。使用该方法时,掌子面自稳性高,在无涌水时,掌子面可开放。

(4)泥土加压方式液体输送。适用于密闭式盾构掘进机中,该法对掌子面的稳定效果很好。

5.2.2　掘进机的掘进速度

滚刀掘进速度计算公式有多种,但一般的计算公式为

$$R = Pn \tag{5.1}$$

式中　　R——掘进速度,cm/min;

P——切入深度,cm/r;

n——滚刀回转数,r/min。

一次切入深度 P 与岩石强度(单轴抗压强度 σ)、刀头间隔(S)、刀头载荷(W)有关,计算式为

$$P = \frac{1}{\sigma} \frac{W}{S} \tag{5.2}$$

因此,为提高掘进速度,可采用加大切入深度,或增加刀盘回转数的措施。刀盘的回转数,根据滚刀密封部的周转速度或轴的密封轴速度而定,它有一上限值,通常为 $100 \sim 120$ m/min。为增大切入深度,可采用两种方法:一种是采用刀头载荷大的大口径刀头;另一种是增加小口径刀头的数量。但不管采用哪种方法,如掘进机的总推力相同,则其掘进速度也是相同的。

刀头采用大口径的优点表现在:可减少刀头的数量,相应的维护、更换的刀头数量也减少了;与小口径相比,可提高刀头环的磨耗寿命。但采用大口径刀头会使交换作业变得困难,因此究竟是采用大口径刀头还是小口径刀头,需要综合考虑。就机械施工而言,人们期望的目标是能够"快速施工",这在实质上降低了工程费用。决定施工速度的最重要的因素有如下两种:

(1)机械本身的开挖能力。

(2)出渣、支护等后续作业的效率。

因此,在编制施工计划时,考虑如何提高后续作业的效率,即如何增加循环作业中机械的纯工作时间是很重要的。

一般情况下,机械工作时间占开挖循环的比例,对于自由断面掘进机来说,都在 $30\% \sim 50\%$。

掘进机的掘进速度计算式为

$$L = \frac{\text{工作效率}}{\text{纯掘进时间} + \text{刀头更换时间} + \text{辅助作业时间}} = \frac{T_{sh} - t_{sh}}{\dfrac{1.67}{n p_e} + 2 \dfrac{t_c}{\lambda p_e} D^{1.75} + t_1} \tag{5.3}$$

式中　　T_{sh}——掘进机移动的作业时间,h;

t_{sh}——掘进机移动中的损失时间,h;

n——刀盘转数,r/min;

p_e——刀盘转动一次的切入深度,cm/r;

t_c—— 更换一个刀具的时间，h；

λ—— 刀具的转送距离，km；

D—— 开挖直径，m；

t_1—— 每米的辅助作业时间，h。

可见，提高刀具的耐久性，缩短刀具的更换时间，提高刀盘的转数和切入深度，能够提高掘进速度。

5.3　采用隧道掘进机法的基本条件

岩石掘进机和辅助施工技术日益完善，以及现代高科技成果的应用，大大提高了岩石掘进机对各种困难条件的适应性。全断面岩石掘进机的适用范围，必须根据隧道围岩的抗压强度、裂缝状态和涌水状态等地层岩性条件的实际状况、隧道的断面、长度、位置状况和选址条件等进行综合判断。

5.3.1　工程地质条件

在隧道掘进机工法中，掘进机和掌子面是分离的，故有松软层和破碎带时，采用辅助工法很困难。不良地质的调查，不仅对掘进机的选择和施工速度有很大的影响，也是能否采用隧道掘进机法的决定性因素。此外，能否充分发挥掘进机的能力，也是调查研究的一个重点。

掘进机施工的地质调查主要是调查影响掘进机使用的地质条件，如围岩的硬软，破碎带的位置、规模，地下水的涌出，膨胀性地质等，对掘进机工法是否适合，以及影响掘进机开挖效率的地质因素等。调查的地质因素大体上可分为以下两类。

1. 影响是否选用掘进机工法的地质因素

（1）隧道地压。是否存在塑性地压是决定掘进机适用性的重要因素。在最近的掘进机施工中，采用护盾式的掘进机时，多使用超挖刀具使断面有些富余，而利用管片的反力来推进。

在使用敞开式掘进机时，要从初期的喷混凝土支护中脱出，也要采用相应的措施，因此地压的作用是避免不了的。在这种情况下，事先正确地掌握该区间的位置，就易于采取合适的措施。对此，最好采用掌子面超前探测和钻孔探测的方法进行地质判定。

发生塑性地压的围岩的评价方法：在软岩情况下，主要采用围岩强度比的方法；在近似土砂的软岩情况下，应采用围岩抗剪强度比的方法。

比较方便的方法是采用下式表示的围岩强度比的大小进行评价：

$$\alpha = \frac{q}{\gamma h} \tag{5.4}$$

式中　γ—— 围岩单位体积重度，N/m³；

q—— 试件单轴抗压强度，Pa；

h—— 埋深，m；

α—— 围岩强度比，其中，当 $\alpha < 2$ 时，挤出性至膨胀性围岩；当 $2 \leqslant \alpha < 4$ 时，轻微挤出性至地压大的围岩；当 $4 \leqslant \alpha < 10$ 时，地压大至有地压的围岩；当 $\alpha \geqslant 10$ 时，几乎无地压的围岩。

从目前的技术水平看，在断层破碎带和松软泥岩等地质条件，以及蛇纹岩等膨胀性地质条件下,会有很大的地压作用,掌子面难于自稳,掘进是极为困难的。

（2）涌水状态。在松软岩层和断层破碎带中,涌水的范围、大小和压力等,是造成掌子面崩塌和承载力低下的主要问题。在极端的情况下,机体会产生下沉,此时必须用护盾式掘进机。在涌水地段,掘进机的优点会丧失殆尽。在选择时,这是必须注意的。

2. 影响掘进机效率的地质因素

影响掘进机效率的因素主要有岩石强度、岩石硬度及岩层裂隙等。这些因素对掘进机切削岩石的能力影响极大。

（1）岩石强度。岩石的抗拉强度和抗剪强度比抗压强度小得多,一般抗拉强度是抗压强度的 $1/10 \sim 1/20$ 左右。开挖的难易与抗拉强度、抗剪强度和抗压强度有关,一般都用抗压强度来判定。对开挖的经济性有很大影响的刀具消耗,只用抗压强度判断是不合适的,还应根据岩石中含有的石英颗粒的范围、大小和岩石的抗拉强度等进行判断。目前,对局部抗压强度超过 300 MPa 的超硬岩,也可以采用掘进机施工,但刀具和刀盘的消耗过大,是不经济的。从机种及裂隙的程度看,较适合抗压强度约在 200 MPa 以下的岩石。

（2）岩层裂隙。岩层裂隙（节理、层理和片理）对开挖效率影响极大。裂隙适度发育的岩层,即使抗压强度大,也能进行比较有效的开挖。例如,在裂隙发育的条件下,裂隙间距 30 ~ 40 cm 就可以认为是很发育了;当 $q = 150$ MPa 时,也能有效地开挖。

（3）岩石硬度。在进行机械开挖时,刀具的磨耗问题是永远存在的。因此,要进行硬度试验和矿物成分分析,主要是了解矿物中的石英等硬物质的含量及其粒径等。一般地,在 $q < 100$ MPa 的地质条件下,石英等坚硬的矿物含量很多、粒径很大,此时刀具的消耗很大,在经济上常常不太有利。

（4）破碎带等恶劣条件。在破碎带、风化带等难以自稳的困难条件下进行机械开挖,都需要采取辅助方法配合施工。特别是在有涌水的条件下,施工更为困难,拱顶崩塌、机体下沉、支撑反力降低等问题时有发生。为了克服这一缺点,已开发出盾构混合型的掘进机,但还不能完全满足复杂地质条件的要求。

表 5.2 列出了对掘进机的设计施工有影响的围岩条件。

表 5.2　影响掘进机设计的主要地质条件

掘进机设计项目 \ 地质调查项目	掘进机的形式				纯掘进速度	刀头消耗量	刀头转动系数	支护施工装置的位置和种类	排水设备	电气设备	使用材料
	基本形式	支撑靴面压	刀头安装	外防护棚架的形式							
岩石种类					★	★					
单轴抗压强度	★	★			☆	★	★				
劈裂抗拉强度					★						
RQD(岩石质量指标)	★							★			
岩芯采取率	★							★			

续 表

地质调查项目 ＼ 掘进机设计项目	掘进机的形式				纯掘进速度	刀头消耗量	刀头转动系数	支护施工装置的位置和种类	排水设备	电气设备	使用材料
	基本形式	支撑靴面压	刀头安装	外防护棚架的形式							
弹性波速度	★	★			☆						
裂隙间距和方向	★	★	★	★	☆						
石英含有率							☆				
岩脉及断层破碎带情况	☆	★	☆	★	★		☆	★			
涌水量、地下水及水压	★									☆	
水质	★							★			☆
有无瓦斯喷出	★									★	★
硬度					☆	☆					
脆性值					★	★					

注：★代表重要的地质条件；☆代表一般性地质条件。

从地层岩性条件确定适用范围，掘进机一般只适用于圆形断面隧道，只有铣削滚筒式掘进机在软岩层中可掘削成非圆形隧道（自由断面隧道）。开挖隧道直径在 1.8～12 m 之间，以 3～6 m 直径为最成熟。一次性连续开挖隧道长度不宜短于 1 km，也不宜长于 10 km，以 3～8 km 最佳。隧道施工太短，掘进机的制造费用和待机准备时间占工程的总费用和时间的比例必然增加。如果一次性连续开挖施工的隧道太长，超出掘进机大修期限（一般 8～10 km），自然要增加费用和延长施工时间。掘进机适用于中硬岩层，岩石单轴抗压强度介于20～250 MPa，尤以 50～100 MPa 为最佳。

开挖岩层的地质情况对掘进机进尺影响很大。在良好岩层中月进尺可达 500～600 m，而在破碎岩层中只有 100 m 左右，在塌陷、涌水和暗河地段甚至要停机处理。鉴于掘进机对不良地质十分敏感，选用掘进机开挖施工隧道时应尽量避开复杂地层。

5.3.2 机械条件

掘进机不仅受到地质条件的约束，还受到开挖直径、开挖机结构的约束。

一般在硬岩中，大直径的开挖是很困难的。日本的实例是最大直径 5 m 左右。其理由是：目前的掘进机大都是单轴回转式的，开挖直径越大，刀头的内周和外周的周速差越大，对刀头产生种种不良影响。此外，随着开挖直径的增大，要增大推力，支撑靴也要增大，会出现运送上的困难和承载力问题。

此外，挖掘机械是采用压碎方式还是切削方式，对实际应用的适用范围也有影响。

5.3.3　开挖长度

掘进机进入现场后,一般要经过运输、组装的过程。根据掘进机的直径和形式、运输途径、组装基地的状况等,要准备 1～2 个月。掘进机的后续设备长 100～200 m,为正规地进行掘进,也要先修筑一段长 200 m 左右的隧道。因此,当隧道长度较短时,包括机械购置费在内的成本是很高的,是不经济的。

当隧道长度在 1 000 m 以下时,固定费的成本急剧增大;在 3 000 m 左右时,成本大致是一定的。因此,掘进机适宜的长度最好是 3 000 m 以上。

由于掘进机在技术上较成熟,已在施工速度、安全等方面越来越占优势,以致目前国外在开挖 10～30 m² 断面、长度在 1 000 m 以上的隧道,一般都优先考虑选用全断面掘进机法施工。

5.3.4　工程所在地的设施条件

在隧道掘进机法中,因要进行机械的运输、组装等,故要对隧道所处地点的状况进行调查。掘进机的搬运计划,要考虑道路的宽度、高度和重量的限制,根据组装的条件要确定运输时的分割方法(最小分割尺寸和重量)。

掘进机是在工厂试组装、试运输后进行分割的。分割后,再运入现场。通常,分割重量受道路条件的限制,在 35 t 左右,断面尺寸在 3.5 m×3.5 m 左右。

与同样规模,但使用其他施工方法的隧道比,采用隧道掘进机工法要消耗较多的电力,例如,开挖直径 3 m 的隧道,消耗的电力约为双车道隧道的 1.5 倍,在规划时,要充分注意这一点。

综上所述,探讨掘进机在各类隧道开挖中的技术可行性、经济合理性是隧道工程中的一项十分重要的课题。正确选择隧道的开挖方法是一件复杂而又细致的工作,主要取决于以下几方面:

(1)工程规模。如隧道形状、长度、直径、埋深、走向以及围岩条件等。

(2)地质情况。如岩石类型及强度,地质的节理分布及发育程度,有无断层、暗河、溶洞,地下水的分布,隧道正上方有无建筑物、河流等。

(3)作业场地。交通运输能力(由于掘进机的机械部件多、重量大,现场搬运、解体等工作需要起重设备等配合)、水电来源、进出洞口场地等。

(4)施工进度要求。由总控制工期的时间推算出平均月进尺指标。

(5)企业自身的实际能力。如制造维修能力、经济能力,施工队伍的技术、管理水平以及传统的施工习惯等。

5.4　隧道掘进机的附属设施

隧道掘进机的附属设施,包括与掘进机本体接续的在洞内配置的后续设备和在整个洞内布设的设备以及洞外的设备。在这些设备中,通常多与钻爆法中采用的设备是一致的,掘进机的附属设备首先是洞内的后续设备。在设计掘进机施工速度时,当然要研究掘进机纯掘进速度,但与其能力配套的后续设备效率也是要考虑的重要因素。后续设备除了有把石渣从掌子面输送到后方的运输设备外,还有超前钻孔机、集尘机、压缩机、喷射机和电力电缆等。

5.4.1 掘进机附属设备设置原则

掘进机附属设备的设置原则是根据掘进机施工流程,选定与之配套的必要设备。因此,要充分研究其作业计划和必要的功能,再来选择有效率的各项设备。特别是在隧道施工中,各作业的循环性和作业空间的限制等特点。因此,在配置设备时,要考虑前一作业与下一作业的关联,以提高作业性。在后续设备中,因限界有一定的容纳度,因此要考虑设备的必要空间,并最后决定整个机组的长度。

掘进机的掘进作业,除掌子面的出渣外,还有与掘进有关的附属作业,如支护作业、轨道的延长、刀头的检查、损耗品的更换、高压电缆的更换和超前钻孔等作业。后续设备通常搭载在台车上,该台车为确保通道通畅,在小断面中多设在一侧,在大断面中可设在两侧。在布置时,要注意使确定掘进机掘进方向、位置的激光光线能无阻碍通过。

5.4.2 附属设备的种类

运输对象的核心是掌子面开挖排出的大量石渣,其他还有隧道的支护材料、隧道延伸的各种器材以及刀头类的掘进机维修器材等。前者通过掘进机开挖施工过程中的连续出渣来解决,后者则主要是充分利用返空车辆和后续作业来进行安排。其中,出渣方式的选择对掘进机的施工性能影响很大。目前,在隧道施工中采用的运输方式为有轨道方式、无轨方式、连续皮带运输方式和泥浆运输方式等几种。各种方式的比较见表5.3。

表5.3　不同运输方式的比较

研究项目	有轨道方式	无轨道方式	连续皮带运输方式	泥浆运输方式
运输能力	车辆的编组灵活,无问题	隧道断面小时,很难采用(6m左右);断面无富余时,不能高速运送	取决于隧道断面相协调的皮带宽度和输送速度	如采用1～2倍隧道宽度的管路可以适应
坡度	1.5%无问题;超过3%后,要增设机车;1.5%以上时,要采用齿轮或斜坡道	10%也能适应,有17%的施工实践	15%也能适应	缩短升压泵距离可以适应
设备	斗车、侧卸式斗车、梭车、装渣设备、轨道、枕木	洞内专用汽车、排废气装置、储渣设备	皮带延伸装置、装渣设备、皮带连续装置	碎石机、送排泥泵、泥水处理装置、升压泵等

在选择输送方式时,要考虑掘进机开挖的石渣量,使出渣能力与开挖能力相配套,并使设备具有一定的富余能力,避免因出渣能力不足,而降低隧道施工效率。为此,应根据掘进机开挖能力,求出最大输送石渣量,来选择相应的输送方式和设备。

1. 有轨道方式

(1)车辆。轨道方式的石渣输送是用斗车、底卸式斗车和侧卸式斗车或梭车等运输设备进行的。此外,还有与这些斗车相配合的装渣设备、弃渣设备和弃渣场等。斗车的功能单一,故障也少,而且即使发生故障,也只要更换斗车就可以了,对整个施工循环影响不大。器材的运输多采用专用车辆。出渣运输车的能力,要与掘进机一个循环的掘进长度排出的石渣量协调,以决定斗车的容量、机车的能力以及车辆的编组。

(2)装渣设备。要配备满足运输要求的装载机,充分满足掘进机连续出渣的要求,使进入的车辆编组的斗车全部进行装渣。出渣用的皮带机通常是设在台车的后方,作为后续台车的一部分。在大断面隧道中,不可能用一辆车将该循环的石渣排出,要进行车辆的交换,这将使掘进中断。也可采用装渣地点专用的出渣系统进行连续出渣,但构造复杂,使用较少。

(3)轨道设备。虽然与隧道断面大小有关,但在装渣区间,因净空关系,多采用单线。而在洞内其他区间则以复线为主,用 Y 形道岔与装渣区间的单线接续。如全线用单线,则隔一定距离(例如 500 m)应设置待避线。同时,此待避区间可设置配电盘和通风机等设施。

(4)弃渣设备。轨道方式的弃渣,弃渣场的高度应比轨道低些,使碎渣自然落下。在使用梭车输送石渣时,石渣可自行排出,其他都要有辅助装置,如翻车机、专用的导轨和固定式转车装置等。因这些装置的位置是固定的,故弃渣场和轨道的高度差要大些。为提高储渣能力,要配备移动石渣的推土机等。为此,也有采用可使车辆分散排土的自行式转倒装置和多连式转倒装置,也有采用垂直式皮带运输系统的。

2. 无轨方式

在掘进机施工过程中,无轨方式采用的比轨道方式少,是因为无轨运输空间要求大;掘进机隧道一般都较长,需要较强的通风设备,为此,使用能耗大、排放大量有害气体的内燃机车的无轨方式有很多不利之处;在掘进机掘进过程中,开挖和出渣是连续的,当采用大型装载车运输时,如不使掘进中断,就要设置大型的储渣设施,这受工作空间限制有时是不可能实现的。

无轨方式的最大特点是运输设施简便。在大断面隧道中,还是有采用的。掘进机后方设有几个与汽车容量相配合的斗仓,将汽车置于斗仓下方,即可直接将石渣排入。开挖中的石渣用皮带运输机连续地送到空斗仓中,走行路面是在掘进机正后方用石渣填筑而成的。

3. 皮带运输机方式

此方式与后述的泥浆输送方式都是能发挥掘进机特点的连续输送方式,但是输送石渣的条件比轨道方式和无轨方式都严格。皮带机的输送容量是由装载断面、皮带速度及装载率决定的,并要考虑坡度、输送距离等条件,即

$$Q = A V_B \gamma_2 \tag{5.5}$$

式中　Q——皮带机的输送容量,$\mathrm{m^3/min}$;

　　　A——装载断面,$\mathrm{m^2}$;

　　V_B——皮带速度,$\mathrm{m/min}$;

　　γ_2——皮带机装载率,取 0.6。

4. 泥浆输送方式

本系统由泥浆输送和土砂分离两个系统构成。

(1)泥浆输送系统。泥浆输送流程:从出发基地设置的调整槽用泵及驱动水泵将水送到射流泵,用射流泵把隔墙内的开挖石渣送到碎石机台车上,石渣通过此碎石机破碎成可输送的粒径大小(2~3 cm),用排泥泵将石渣送到洞外的土砂分离设备中。

(2)土砂分离系统。用排泥泵将石渣排出到洞外设置的土砂分离设备中,把泥水和土砂分

离,泥水则在隧道内循环,土砂则运到弃渣场处理。

5.4.3 集尘及通风设备

1.集尘设备

在掘进机施工过程中,因切削岩石而产生大量粉尘。同时,为冷却切削岩石的刀头,需采用压力水喷雾。掘进机开挖岩石产生的粉尘被冷却水吸收一部分,但因水压、水量和岩石状况等不同,粉尘抑制效果也各不相同。如喷洒水不充分时,粉尘和水的粒子在空气中浮游,妨碍视线,影响环境。因此,为有效抑制粉尘,设置集尘设备收集粉尘并进行处理是必要的。最新的掘进机,从刀盘室内用专用的管道直接和集尘机连接,进行粉尘的直接处理,这种方法是十分有效的。

2.通风设备

掘进机工法的通风目的是驱散作业人员呼出和内燃机等产生的有害气体、掘进机主机动力产生的热量、岩石破碎时产生的粉尘等。除无轨方式外,洞内的温热,可用水冷却,粉尘可用前述的集尘装置处理,作业人员呼出的气体,通常都用通风设备处理。其通风量通常比集尘机的能力大些,而且,通风管的位置要设在集尘机排气部的里面(掌子面侧),此时的通风对象是 CO。所需风量一人最小为 $3\ m^3/min$。风管管径通常为 $400\sim600\ mm$(隧道直径为 $3\sim5\ m$)。掘进机使用的通风机与一般隧道的相比,多是小风量、送风距离长的涡轮式风机。

5.4.4 洞内超前钻孔设备

在隧道掘进过程中,遇到断层和涌水是不可避免的。在施工前,应进行充分的现场调查,把由此造成的事故控制在最小的限度内。主要调查方法是在掘进机掌子面进行地质钻孔调查,钻孔也可同时作为排水孔使用。钻孔设备要在掘进机有限的空间内,而且要随施工的进展随时可以作业,故应是小型和易于移动的。

5.5 隧道掘进机法的支护技术

在掘进机以外的山岭隧道施工方法中,除极小断面的隧道外,喷锚(网)和混凝土衬砌支护被广泛采用。公路和铁路隧道是基于围岩分类进行支护方法选取的,适应各种围岩类别的支护形式已基本确定。在隧道掘进机法施工情况下,支护形式也多采用喷混凝土、锚杆、钢支撑和混凝土衬砌支护等,有的还采用管片。

表 5.4 是不同隧道类型的支护方式选择参照表。

表 5.4 不同支护方式选择参照表

隧道类型或形式		支护方式
隧道完成断面	掘进机开挖断面	在公路隧道中有采用 RC 管片作为永久衬砌的;在水工隧道中采用喷混凝土、锚杆和钢支撑等组合支护
掘进机导坑	爆破扩大	事前要拆除管片支护
	掘进机扩大	使用可拆除和可切削的材料

续　表

隧道类型或形式		支护方式
隧道直径	2～5 m	多采用无支护钢支撑管片
	＞5 m	多采用无支护、喷混凝土、锚杆、钢支撑等组合支护
掘进机形式	敞开式	不使用管片支护
	盾构式	围岩不良处,采用仰拱管片,全闭合管片
隧道坡度	水平斜井	导坑时,可采用纤维喷浆等特殊配比的材料

下面介绍不同情况时的支护方式选择原则。

(1)从隧道直径看,2～3 m 的小直径的掘进机采用钢支撑和管片较多。在 3 m 以上的工程中,采用喷混凝土、锚杆和钢支撑的组合形式较多。

(2)在上下水道中,钢支撑和管片占大多数,也有很多是无支护的,在发电站的水工隧道中,多采用喷射混凝土,因断面大,从洞内环境条件看,可减少粉尘的影响,对确保围岩稳定是有利的。

(3)在用掘进机开挖导坑时,支护多是暂时的,扩大时要拆除,因此,要尽量采用轻型的材料,易于拆除。当扩大也采用掘进机时,导坑的支护要采用可切削的材料。二次衬砌多在隧道开挖完成后施工。

(4)在掘进机掘进和二次衬砌平行作业有困难时,为缩短工期,可采用兼有支护和衬砌作用的管片,此时管片和盾构法中的功能一样,起支护围岩的作用,同时在支撑靴无效时起提供推进反力的作用。

(5)在敞开式掘进机中,围岩条件差时,在刀盘和主支撑靴间施设支护是可行的。

(6)在盾构式掘进机中,后筒中或后筒后面可直接构筑支护。敞开式掘进机不能采用管片,但在盾构式掘进机中多采用管片,其理由是采用管片多是在围岩差的条件下。在敞开式掘进机中,支撑靴无效时,可以通过喷混凝土加强支撑靴处,但在盾构式掘进机中,是不可能进行这种加强的,此时可在盾构式掘进机中装备盾构千斤顶,以管片为反力进行掘进。

(7)支护形式与掘进机的掘进坡度是相关的。在斜井中采用掘进机时,导坑掘进机可向上掘进,为防止出现掉块、崩塌和落石等重大事故,要设置所需的护壁;导坑直径小,要采用能保持良好作业环境的工法;要能早期产生支护效果;当采用扩大掘进机时,要采用可切削的材料。

5.6　掘进机开挖隧道的经济分析与施工管理

5.6.1　经济分析

掘进机开挖隧道的经济分析主要相对于钻爆法开挖进行比较。比较的主要内容包括:两种方法的主体和附属工程量,完成各项工程量的单项费用,完成全部工程量和总费用,敏感性分析。

1．工作量对比

以钻爆法为基础，则采用掘进机法往往可使工程量有如下变化：

(1)施工准备工程。施工准备工程量减少，施工人员减少，工期缩短，临建费用大为降低。

(2)施工支洞工程。由于提高了施工速度，减少了施工支洞工程量。

(3)衬砌工程。可有效地减少衬砌工程量及衬砌工程施工环节。它包括因使用掘进机提高了围岩稳定性而降低了的支护强度，以及因超挖量减少而减少衬砌量等。

2．隧道掘进机开挖成本分析

隧道掘进机开挖的单价一般高于钻爆法开挖的单价。尤其在我国，掘进机尚在试用阶段，设备性能和管理水平较低。欲降低开挖成本，应注意下列几点：

(1)选择适当的配套出渣方式，及时完成后配套系统。

(2)选择技术成熟、质量过关的设备，减少非正常性损坏，减少维修、再置费用。

(3)针对围岩地质条件，选择适当的刀具，控制耗刀量在经济范围内。

3．隧道掘进机开挖的综合经济效益

虽然洞内掘进机开挖单价远高于钻爆法，但考虑掘进机法带来的工程量减少、安全性增加、速度快、效率高等优点，在条件合适时掘进机施工的隧道造价反而较钻爆法施工低，显示出掘进机施工的优势。

5.6.2 隧道掘进机法的施工管理

掘进机开挖隧道的高效率源于隧道施工的工厂化，但要发挥最佳效益，还必须加强管理。

1．主要施工方法的选择

施工方法的选择要根据可能取得的设备、隧道的地质条件、对通风的要求及施工队伍的条件进行。当隧道开挖直径为 2～5 m 时，一般采用全断面一次成洞的方法；当隧道直径为 6～15 m 时，可采用分级扩孔法施工，即采用小机组一次贯通导洞，然后扩大，或超前开挖导洞，后面紧跟扩大。

2．施工前的准备工作

掘进机法开挖隧道必须在严格的施工组织设计指导下进行。掘进机法施工组织设计要根据工程具体情况和设备条件，优选合适的施工、弃渣及运输方式，制订施工进度计划；并根据地质条件制定各段掘进时的安全措施、备用配件及其他材料设备的储备、供应计划和劳动力组织等。

3．掘进机运输与组装

因掘进机自重较大，一般要拆开运输；掘进机组装应力求靠近工作面。

4．掘进作业

(1)洞口开挖。通常用钻爆法开挖洞口。

(2)准备掘进机工作面。开挖洞口后，向前开挖一段隧洞。开挖出的隧洞长度要大于掘进机刀盘到支撑板后缘距离。修平工作面，并将隧洞边墙和底板衬砌好，以支撑掘进机的支撑板。在洞口有条件浇筑相同长度混凝土导墙时，亦可不开挖隧洞。

(3)掘进作业。将掘进机置于工作面前工作位置，开始掘进作业。

(4)供水。设备冷却用水一般要求水压为 0.147～0.196 MPa，耗水量根据设备性能确定；刀盘要求高压喷水，一般压力为 0.588～0.981 MPa，耗水量按机械性能或按单位时间最大破岩体积的 10%～20% 估算。

（5）供电。掘进机本身附有变压器，供应主机、出渣带式输送机、排水泵和除尘等辅助设备动力，以及作业区照明用电。主机的供电电压一般为 6 kV，其他供电与一般隧洞施工方法相同。

通风、供排水管道和高低压电缆在隧道断面上的布置，应根据具体情况确定，与一般隧洞施工布置类似。

（6）监测围岩地质情况。测绘隧洞沿线的详细地质图，标明各段的岩石分类，注明岩体的构造状况、节理方向和频度；采用岩石点载荷仪测取岩石的抗拉和抗压强度，注明各段岩石强度。每段岩样的代表强度选其中值，不计平均值。

（7）测定岩石的可钻性与磨蚀性。磨蚀性指标与可钻性指标共同反映岩石抵抗破碎的坚固程度和对刀具的磨蚀能力。

5. 出渣作业

掘进机出渣为连续出渣，运输强度高，除向洞外出渣外，还要向洞内运输支护材料、刀具及管材等。有以下几种出渣方案：

（1）轨道运输。它适用于坡度小于 2% 的平洞，配大型梭车和移动调车平台。

（2）汽车运输。它适用于坡度较大的平洞，洞径一般要大于 7.5 m，需要较好的通风条件。

（3）带式输送机运输。它适用于坡度 14%～28% 的斜井。

（4）自动溜渣。它适用于坡度大于 40° 的斜井，可自下向上开挖导井，自上向下扩大时利用导井溜渣，必要时辅以水力冲渣。

除用汽车运渣方式外，其余方式宜在洞口附近设弃渣场，以加快洞内循环，保证连续出渣，洞口弃渣场的岩渣必要时经过技术经济论证后，可进行二次倒运到较远的弃渣地点。

6. 通风除尘

通风可采用抽出式、压力式或混合式。

7. 施工人员安排

掘进机可安排两班作业。根据经验，每台机应配的人员为：司机 1 名/班；钳工 1 名/班；刀具维修工 1 名/班；现场机器负责人 1 名/班。排渣，风、水、电管线安装，铺设轨道等应有专人负责，人数根据现场情况安排；配套出渣辅助人员，根据出渣方式而定。

总之，在采用掘进机时要综合考虑以上因素，但将整个有效的作业时间作为净掘进时间是不可能的。在一般地质条件下，掘进机净掘进时间在 50% 左右是较为理想的。

5.7　隧道掘进机法的辅助工法

通常在山岭隧道中，辅助工法的一般定义是在隧道开挖时，为稳定掌子面所采用的各种措施的总称，是以防止掌子面的事故为重点的。

在隧道掘进机法中，有根据掌子面直接观察的事故预测、开挖前的周边加固及开挖地点的直接加固等辅助工法。

在掘进机法中，因掘进机主体堵塞了掌子面，后退困难，可能采用的辅助工法是有限的。此外，对小规模的崩塌或掉块，如果不能掘进，事前处理也不一定是有利的。如无安全上的问题,对小事故,在掘进机后部处理,对掘进进度也是没有太大影响的,因此隧道掘进机法的辅助工法应包含对事故对策的研究。

5.7.1 采用辅助工法的地质条件

掘进机法一般是在良好的地质条件下采用的,因此需要采用多种辅助工法的围岩条件,应尽量避免使用掘进机法。

但是,采用掘进机法的隧道长度是较长的,复杂的地质条件常常是难以避免的,如通过几条断层破碎带,因此完全不采用辅助工法进行掘进的情况很少。

采用辅助工法的地质条件见表5.5。

表5.5 需采用辅助工法的地质条件

围岩条件	项 目	现 象
地形条件	埋深小	崩塌、偏压、地表下沉
	埋深大	岩 爆
地质条件	围岩强度	掉块、崩落、膨胀、流砂
	地热	高温围岩
	地下水	大量涌水、高压涌水、高温涌水
	有害气体	有毒瓦斯、缺氧空气、可燃性瓦斯

从地质条件和事故的关系看,在敞开式掘进机中,掉块、崩落事故占大多数,在黏土化和砂化的松软围岩中,与涌水有关的事故是多数。

在盾构式掘进机中,掉块、崩落事故比前者少。

5.7.2 事故类型

在掘进机法中,事故的事前预测和对策是限定的,大多数是小型的事故,采用简单的处理方法即可收到效果。表5.6列出了围岩状况和事故现象的关系。

表5.6 掘进机法中的事故现象与围岩状况关系

围岩状况	现 象	位 置	事 故
小埋深	拱顶掉块,地表下沉,土压增大	刀 盘,地 表,盾 构	掌子面崩塌,结构物变异破损,不能掘进
强度不足	掉块崩落	盾 构,盾构后部,刀头后,皮带运输机,刀 盘,支撑靴	盾构和壁面间被岩石卡住,不能前进;后筒部脱出时,盾构上部岩块落下;落石损伤机械;石渣堵塞;掌子面崩塌,刀盘不能转动;支撑靴不能到达壁面、壁面受挤压处崩塌

续 表

围岩状况	现 象	位 置	事 故
膨胀性围岩	围岩挤出	盾 构， 刀 盘， 支撑靴， 全 体	被箍住不能掘进； 被箍住不能更替； 不能回转； 掌子面挤出不能掘进； 附着黏土不能开挖； 刀头磨耗异常； 挤压力不足； 被挤压的洞壁崩塌； 承载力不足，掘进机下沉
高温围岩	洞内温度上升	全 体	洞内作业环境恶化， 机械系统故障
高透水性， 高地下水位	大量涌水， 高压涌水	刀 盘， 全 体	掘进机被淹没； 因流砂，掌子面崩塌； 因水压，掌子面崩塌； 机械系统故障
有害气体	有毒瓦斯， 缺氧空气	全 体	作业人员退避，不能进行开挖

其中造成不能掘进的重大事故有以下几种：

（1）掌子面大规模崩落，埋没掘进机。

（2）洞壁挤出使机体卡住。

（3）突发的大量涌水，淹没机体。

（4）掌子面挤出使机体后退。

遇到不能掘进的事故，恢复施工不仅需要时间和劳力，而且危险。事前采取对策是必要的。为此，预测其位置、规模和性质是非常重要的。例如，图 5.7 所示是在机体前方采取压浆加固的措施。

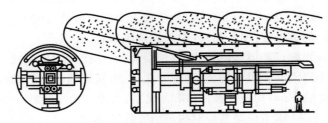

图 5.7　掘进机机体前方压浆加固

5.7.3　辅助工法的类型

在选择辅助工法时，要注意以下几点：

（1）预计有无可能出现掘进的重大事故。

（2）采用辅助工法施工的位置。

（3）掘进机的形式。

对事故的主要对策见表 5.7。

表 5.7　对事故的代表性对策

事故现象	敞开式	盾构式
掉块崩落	喷混凝土、钢支撑、锚杆、压浆	压浆、人力开挖、改变工法
支撑压力不足	设置反力器材	盾构千斤顶推进、设置反力器材
机体被卡住	设置反力器材、变更机械构造	扩宽掘进机、外周盾构千斤顶推进、变更机械构造、盾构背面注入润滑剂
涌水	排水钻孔、涌水处理	排水钻孔、涌水处理
机体下沉	改良地层、变更机械构造	改良地层、变更机械构造

思　考　题

1. 如何对掘进机进行分类？

2. 与钻爆法相比，掘进机法有何特点？

3. 采用隧道掘进机法应考虑哪些条件？

4. 针对隧道掘进机法常见的事故现象，应采取哪些对策？

参　考　文　献

[1]　周传波，陈建平，罗学东，等.地下建筑工程施工技术[M].北京：人民交通出版社，2008.

[2]　吴波，阳军生.岩石隧道全断面掘进机施工技术[M].合肥：安徽科学技术出版社，2008.

[3]　杨其新，王明年.地下工程施工与管理[M].成都：西南交通大学出版社，2005.

[4]　张彬，郝凤山.地下工程施工技术[M].徐州：中国矿业大学出版社，2009.

[5]　姜玉松.地下工程施工技术[M].武汉：武汉理工大学出版社，2008.

[6]　朱永全，宋玉香.隧道工程[M].北京：中国铁道出版社，2005.

[7]　王淑英，傅金阳，张聪，等.盾构隧道工程[M].长沙：中南大学出版社，2022.

[8]　陈馈，孙振川，李涛.TBM 设计与施工[M].北京：人民交通出版社，2018.

[9]　陈馈，洪开荣，焦胜军.盾构施工技术[M].北京：人民交通出版社，2016.

[10]　陈馈，杨延栋.TBM 施工风险与应对措施[J].隧道建设，2013，33(2)：91 - 97.

[11]　魏文杰，王明胜，于丽.敞开式 TBM 隧道施工应用技术[M].成都：西南交通大学出版社，2015.

第6章 井巷工程施工技术

本章主要介绍斜井施工技术、立井施工技术和顺槽 TBM 智能掘进技术。煤矿平巷施工主要有钻爆法和综掘法，平巷施工方法与隧道施工方法类似，可以参考相关书籍学习。

6.1 斜井施工技术

斜井开拓具有工期短、投资少、速度快和效率高等优点，在我国矿山开拓中占有较大比例。只要条件适合，大、中、小型矿井均应优先考虑采用。随着矿井装备的不断改进和施工技术的提高，特别是近年来长距离钢丝绳胶带输送机的出现，使斜井开拓的优越性更加突出。因此，斜井工程也是矿山建设工程的主要内容之一。

6.1.1 斜井开拓与施工

井田开拓方式可分为平硐开拓、斜井开拓、立井开拓和综合开拓四种。开拓方式选择的正确与否将影响矿井的建设速度，并与全矿总投资、劳动生产率及生产成本有着极大的关系。在确定井田开拓方式时，应按先平硐、次斜井、再次立井和综合开拓的顺序进行选择。

平硐开拓在技术上和经济上比斜井、立井等开拓方式有利得多，具有投资少、建设速度快、投产早、成本低等优点，但真正适合平硐开拓方式的井田很少，其应用范围有限。

与此相比，立井开拓方式的范围很广泛，一般情况都可采用。但其施工复杂、投资多、井筒内和井口设备多、建设周期长，故只有在地质、地形等条件限定必须采用立井开拓时才采用。

斜井开拓介于上述两者之间，具有投资少、投产快、效率高、成本低等一系列优点。国内外大、中、小型矿井都有采用。我国东北地区的鸡西、鹤岗、阜新等老矿区，其小型煤矿所采用的片盘斜井开拓方式占有较大比例，且具有悠久的开采历史。我国西北地区现有的生产矿井，斜井开拓的比例约占一半以上，而目前正在施工或近年来投产的矿井，如灵武矿务局的灵新一号井、华亭矿区的陈家沟矿和砚北矿、蒲白矿务局的朱家河矿等，都采用了斜井开拓方式。20 世纪 70～80 年代，我国为扭转北煤南运的局面，在广东、广西、湖北、江西等省，都兴建了不少中小型矿井，其中斜井开拓所占比例更大。西南地区采用斜井开拓的比例也相当大，如四川达竹矿务局全为斜井开拓方式。大同矿务局是我国最大的煤炭能源生产基地，亦是国家大型重点骨干企业之一，"七五"期间，经新井建设和老井改扩建设，全局形成 15 对矿井，总设计生产能力为 33.3 Mt。其中 13 对矿井为斜井（或斜立井混合）开拓，设计能力达到 29.1 Mt，占总设计能力的 89.2%。

随着矿井装备的不断改进和施工技术的不断提高，斜井开拓不仅在中小型矿井广为采用，在大型矿井应用的情况亦日益增多,如晋城凤凰山矿、新汶协庄矿、灵武灵新一号井、华亭砚北矿等。

近年来,随着矿井生产机械化的发展,强力皮带运输机和大倾角强力皮带运输机的广泛应用,矿井开拓有向斜井、斜立井联合方式发展的趋势。因斜井提升能力大,可实现矿井运输机械化,还便于新水平的延伸。因此,斜井和斜立井联合开拓方式引起国内外采矿工程界的兴趣和重视。我国以斜井或斜立井开发的矿井也逐年增多。据统计,1978—1983年,全国建成以斜井开发方式的矿井约56对。1984年全国新开矿井设计总能力11.45 Mt,其中以斜井开发的矿井能力约占76.4%;1986年全国新建设投产矿井17对,设计总能力12.21 Mt,其中以斜井开发的矿井约占40%;设计生产4~5 Mt的特大型矿井,如四台沟、燕子山、贵石沟、成庄等煤矿,也都采用斜井立井联合开拓方式。

在国外,随着生产的集约化和现代开采技术的发展,大型和特大型矿井日益增多,其中斜井开拓也占有一定比例。英国、日本、苏联及德国等国家的一些大型矿井,采用斜井开拓的实例增多。例如美国的迪尔威兹矿,日本的夕张新矿、太平洋钏路矿都采用大型斜井出煤,年产量均在2~4 Mt左右。斜井长度有的可达3 500~5 000 m,最大开采深度达950 m,全为钢丝绳胶带机运煤。德国的萨尔矿区将几个相近的矿井在井下贯通,由一个斜长为5 500 m的斜井集中出煤。英国也在把分散的矿井集中起来,由胶带斜井集中运出,斜井提升高度可达700 m左右。在现代技术条件下,采用斜井开拓可最大限度地发挥胶带输送机连续运输的优点,加之施工装备的改进,斜井掘进速度的提高,斜井开拓方式正愈来愈为人们所重视。

6.1.2　斜井施工特点

斜井施工既不同于立井,又不同于平巷,施工方法与施工设备介于立井与平巷之间,各国对其研究较少。斜井井筒,由于其有10°~25°甚至更大的坡度,故在施工方法及工艺、施工机械及配套等方面各有其特色。与平巷施工相比,斜井施工有许多具体困难,其中以装岩、排矸和排水最为突出。

20世纪50~60年代,淮北等矿区曾利用平巷后卸式铲斗装岩机,加上装岩自爬装置用于斜井装岩,但生产率不高,仅比人工装岩提高一倍左右,且只能使用于倾角小于15°的条件。1965年峰峰矿务局开始推广使用耙斗装岩机,收到良好效果,掘进坡度为25°~30°,9 m² 左右断面的斜井,过去人工装岩每循环需要5~6 h,使用耙斗装岩机只需2 h,大大提高了装岩效率,减轻了繁重的体力劳动。由于耙斗装岩机具有一系列优点,在煤炭系统很快得到推广。1971年,湖南建井第五工程处在涟邵矿区花葶里副斜井掘进中,将耙斗机用于斜井施工,并与箕斗提升配套使用,装满一个2 m³箕斗只需2 min多的时间,创出月成井331.3 m的全国最高纪录。这使斜井施工技术发展进入一个新阶段。1971—1974年,月成井超过300 m者有10余处,涟邵矿区石坝主斜井、利民3号井,铜川矿区陈家山二采区主斜井、下石节斜井等工程,曾多次突破世界斜井最高月进度。特别是铜川基建公司二处在下石节二采区风井施工中,1974年12月创出月成井705.3 m的世界最高斜井快速施工纪录。

我国斜井施工形成了具有自己特色的机械化作业线及设备配套。其中有激光指向、光面爆破、耙斗机装岩、箕斗提升、斗形矸石仓排矸,即"两光三斗"的成熟经验。

随着矿井开拓向深部发展和施工装备、施工方法和工艺的不断改进,大断面斜井快速施工得到发展。阳泉矿务局于 1974 年 11 月在贵石沟主斜井施工中创出大断面斜井快速施工月成井150.7 m;大同矿务局燕子山工程处 1991 年 6 月在马脊梁高山主斜井施工中创出月成井376.2 m 的新纪录,并且连续三个月平均月成井高达 275.2 m。这为解决大断面深斜井并持续稳定地快速施工开创了新篇章。

近年来,由于山区地形和煤层赋存条件的限制,加之大倾角强力皮带输送机的推广应用,常出现斜井倾角 25°以上,甚至 35°的大倾角斜井,这给斜井施工带来了许多新困难,提出了新的研究课题。能否缩短建井周期,关键在于缩短井筒开凿工期。据统计,斜井筒工程量在煤矿建设井巷总工程量中仅占 3%～13%,而其施工期一般约占矿井建设总工期的 35%左右。因此,总结并发展斜井施工技术,提高斜井施工速度,对加快矿井建设速度,缩短矿井建设周期具有重要现实意义。

6.1.3　斜井施工

在煤矿建设工程中,斜井或斜巷施工也占有相当大的比例,如我国西北地区现有生产矿井中,用斜井开拓的约占 50%,皖南、苏南等矿区斜井开拓比例更大。另外,井下不同水平的生产也需要斜巷来实现材料和人员运送,通常在煤矿将该类斜巷称为上山或下山巷道。斜巷的施工可由上往下,也可由下往上,其倾角一般小于 30°,个别在 30°～50°之间,其施工工艺与平巷基本相似,但在装岩、运输、支护和排水等方面有其自身的特点。

6.1.3.1　斜井表土施工

当斜井井口位于地形平坦地区时,一般采用明槽施工。由于表土层较厚,稳定性较差,顶板不易维护,为了施工和保证掘砌质量,通常将井颈段一定深度的表土挖出(即大揭盖),形成明槽,待永久支护砌筑完成后,再回填夯实。

明槽多用人工或机械进行挖掘,其边坡支护是确保施工的关键。目前多采用支撑加固法,即明槽两侧做成直立槽壁,再用横向支撑将两侧壁顶紧;台阶木桩法,即按台阶式开挖,采用侧壁打短木桩插板维护,当表土层不够稳定或夹有流砂层时,可用 45°台阶式开挖,如图 6.1 所示。

为了做好斜井口的破土开口工作,必须保证明槽正面斜坡的稳定,以防发生顶帮坍塌现象。明槽正面的支撑通常有两种,一是当井口土质较坚硬、稳定时,可用挡板将井口上部边坡护住,并用斜撑将挡板支撑牢固,以免片帮或滑坡;另一种方法是当土质松软,正面拐角部分容易冒落时,应以抬棚及木垛支护,木垛与土帮之间用草袋填满。明槽的深度应使井筒掘进断面顶部距耕作层或堆积层不小于 2 m,以便使井筒顺利穿入表土层。

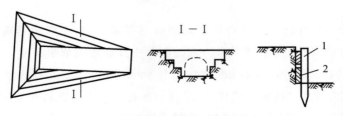

图 6.1　台阶木桩法施工示意图

1—木桩;2—插板

斜井井筒在表土中一般均需砌碹,采用短段掘砌法施工。当井筒从明槽向表土层掘进5~10 m后,即由里向外进行永久支护,直至地表,并将明槽用土分层夯实。

为顺利地进行斜井表土施工,应注意如下几点:

(1)明槽应尽量避免在当地雨季破土开工,以免边坡支护困难。

(2)在明槽施工前,应在井口四周修筑排水沟,将水引至场外,在渗透性较大的土壤中需用砖砌筑水沟,砂浆抹面,山区还要加防洪沟。

(3)在冬季施工时,为防止所需开挖的土壤冻结,需采取保温措施,可将土壤翻耕耙松,其深度不小于0.3 m。

(4)土方和材料应堆放在明槽边坡上缘0.8 m以外,弃土堆置高度不应超过1.5 m。

6.1.3.2　斜井基岩施工

斜井掘进一般都是由上往下进行,目前多采用中深孔光面爆破技术破岩,耙斗装岩机装岩,矿车或箕斗排矸,工作面直接排水和锚喷支护为主的施工工序。斜井掘进方法与平巷基本相同,施工中应注意的事项除爆破外,还应特别注意装岩机的操作使用和防跑车事故。

1. 凿岩爆破

(1)多台风钻打眼。在斜井掘进中多台风钻打眼,是目前国内斜井施工作业中普遍应用的机械化配套方式之一。它可靠实用、效益好、打眼的时间一般占循环时间的40%左右,采用多台风钻打眼,可缩短打眼时间,提高掘进循环率,加快施工速度。但风钻的合理布置、严密组织非常重要,否则,会互相干扰,不能发挥其优势。

1)风钻造型。使用导轨式凿岩机有助于推广深孔光爆,但在斜井施工中使用凿岩台车无法调车。若使用钻装机,又不能使钻眼、装岩平行作业。液压支腿式凿岩机效率高,但其后部配备的工作车影响装岩工作。故在国内斜井快速施工中,多使用风动气腿式凿岩机。多台同时作业,在工作面使用灵活,能与装岩等工序平行作业,风动气腿式凿岩机一般选用中频,如YT-28型等。在中硬以上的岩石中使用高频凿岩机能够取得较高钻眼生产率。

2)风钻台数的确定。掘进工作面同时作业的风钻台数,主要根据井筒断面大小、岩性、支护形式、炮眼数量和作业人员的技术素质、施工管理水平来确定。

(2)中深孔光面爆破。实践证明,钻眼爆破工序是加快掘进速度的关键环节。目前井巷工程中的爆破主要指普通光面爆破,按照一次爆破的深度分为浅眼(眼深1.9 m以下)、中深孔(眼深2.0~2.9 m)和深孔(眼深3 m以上);按掏槽方法又分为中空直眼掏槽与斜眼掏槽两大类;按爆破联线方式可分为大串联、全并联、并串联三种形式;按起爆方法分为全断面一次爆破和分次爆破。

斜井中深孔光面爆破技术应合理地选择和确定爆破参数,主要包括掏槽方式、不耦合系数、密集系数、装药系数和起爆技术等几方面。斜井中深孔爆破炮眼深度,已达到3~4 m。炮眼深度可按巷道断面的大小增减,掘进断面大于15 m² 取1.8~2.5 m较适宜,断面为12~15 m² 取眼深2 m左右较为理想。这样易操作、效果好。深孔爆破不宜在斜井使用,这是由目前所使用钻眼机具所决定的,随着钻孔深度增加,气腿式凿岩机钻进效率降低,不能发挥多台的优越性。斜井中深孔爆破孔深不宜超过3 m,最好在2.5 m左右,各项指标最优。

2. 装岩

斜井由上往下施工,多数都采用耙斗装岩机,其在工作面的布置情况如图 6.2 所示。耙斗装岩机适用于倾角小于 30°的斜井,倾角在 17°以上的斜井,耙斗装岩机到工作面的距离以 5～15 m 为宜。耙斗装岩机在工作面的固定方法随斜井倾角大小而定,当倾角小于 25°时,尽管耙斗装岩机自身配有 4 个卡轨器,还应在机身后加设两个卡轨器;当倾角大于 25°时,则需另设防滑装置。可在巷道底板上钻两个 1 m 左右的深眼,楔入两根圆钢或铁道橛子,用钢绳拴住耙斗装岩机,在工作过程中,要注意防止耙头钢绳摆动和翻斗伤人。

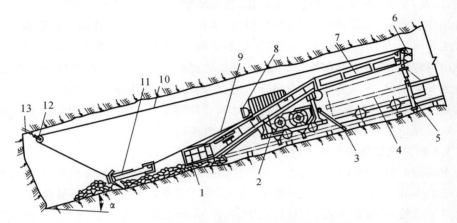

图 6.2　耙斗装岩机在斜井工作面布置示意图
1—挡板;2—操纵杆;3—大卡轨器;4—箕斗;5—支撑;6—导绳轮;
7—卸料槽;8—照明灯;9—主绳;10—尾绳;11—耙斗;12—尾绳轮;13—固定楔

在斜巷施工使用耙斗装岩机时,应注意以下事项:

(1)耙斗机上必须装有金属挡绳栏杆和防止耙斗出槽的护栏,耙斗绞车的刹车装置必须运行可靠。

(2)固定钢丝绳滑轮的锚桩必须装设牢固,应根据实际岩性条件确定安装方法,当耙斗机无照明时,必须在工作面作业区前方设有良好的防爆照明。

(3)在装岩前,必须将机身固定可靠,检查耙装机各部件是否连接牢固。

(4)严禁在耙斗运行范围内进行其他工作和行人,当斜井倾角大于 20°时,在司机前方必须设护身柱或挡板。

(5)在用耙斗装岩机时,严禁手扶或碰撞运行中的钢丝绳,如若需要利用耙斗装岩机自拉自移,必须编制专门措施。

6.1.3.3　斜井排水

斜井由上往下施工,井筒涌水都是流向掘进工作面,为保证施工质量,改善作业条件,应根据涌水大小确定防治措施。当单层涌水量超过 10 m³/h 时,就应采取工作面预注浆封堵措施。若工作面涌水量小,可采用工作面直排措施。当工作面涌水量小于 5 m³/h 时,可选用潜水泵排水;当工作面涌水量小于 30 m³/h 时,可选用喷射泵排水;当工作面涌水量超过 30 m³/h时,则需设置离心泵,根据斜井的长度和倾角决定采用单段或双段排水措施。

在斜井掘进中,井筒通过涌水量较大的含水层、断面或裂隙涌水等地段时,可采用分段截水和排水措施,防止上段水流入工作面,影响施工。截水方法是在涌水段下部轨道中央掘一临时水窝,在水窝上部靠非人行道一侧,根据涌水量大小安设1～2台喷射泵排水,亦可在涌水段下方靠井帮一侧掘一水窝,安设卧泵将水排出。

6.1.3.4 斜井支护

近年来,斜井快速施工经验表明,锚喷支护已成为斜井支护的主要形式。与平巷不同的是,喷射混凝土施工设备常常采取集中固定式布置,通常都集中固定在井口,采用远距离管路输料方式,因此,要解决好喷射站的工作风压、管路堵塞和输料管的磨损问题。

随着工作面的延长,应该相应增加喷射机的风压,才能保证向工作面正常输料。一般喷射机的最大工作风压力为0.6 MPa,当工作风压不足时,可在管路中途增加辅助风管。管路堵塞多发生在出料弯管、输料管和喷枪口。在施工时,除提高管路质量外,喷射机司机要集中精力,观察压力表变化情况,发现异常(压力突升),应立即停止供料、供风,以免堵管事故扩大,增加排除的困难。输料管的磨损主要集中在弯头处和管路联结质量较差处。因此,在管路的敷设质量上一定要保持平直、坡度一致,尽量使用法兰盘连接。

6.1.3.5 斜井施工防跑车技术措施

防跑车是确保斜井施工的重要措施之一。斜井由上往下掘进,因不慎矿车冲入井底伤人是最易发生的事故。为此,《煤矿建设规定》指出,在开凿或延深斜井时,必须做到"一坡三挡",即在其上口平坡处,设置阻车器,上口坡点下方20 m处设挡车器或挡车栏,掘进工作面上方必须设置坚固的遮挡。

井口挡车器是为防止因摘钩不慎而使刚提上来的矿车或提升容器滑入井内而设置在井口的装置,现场常用的有井口逆止阻车器和挡车板。需经常摘、挂钩的井口,应安设挡车板,如图6.3所示。

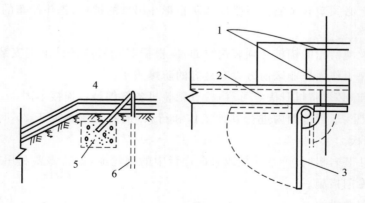

图6.3 井口挡车板示意图

1—挂钩销孔;2—矿车底盘;3—活动闸;4—斜撑;5—钢板;6—基础

井内挡车器是为防止矿车或提升容器因断绳、掉钩而突然下滑伤人而设的装置,图6.4所示为常用的井下钢丝绳挡车器示意图;目前应用较多的钢丝绳挡车帘,如图6.5所示。

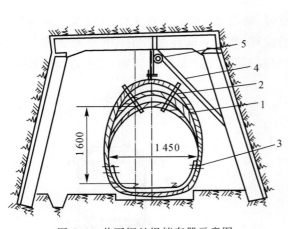

图 6.4　井下钢丝绳挡车器示意图

1—悬吊绳；2—立柱；3—吊环；4—钢丝绳编网；5—圆钢

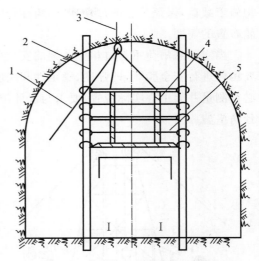

图 6.5　井下钢丝绳挡车帘示意图

1—钢丝绳；2—扁钢；3—绳卡子；4—牵引绳；5—圆钢

6.2　立井施工技术

立井开拓是矿山建设工程设计的主要形式之一。当矿层埋藏深、倾斜大、表土层厚或水文地质情况复杂时，一般均采用立井开拓。我国现有的大、中型矿井中立井开拓所占的比例较大，特别是近年在表土层厚、水文地质条件复杂的新矿区，如山东兖州、巨野及陕西彬县煤矿等，几乎都采用立井开拓。

立井井筒是矿井的咽喉，它的服务年限一般为几十年以至百年以上。因此，立井施工一定要把好质量关。立井施工是矿建工程的重中之重，虽然井筒仅占全矿井总工程量的 10% 左右，施工期却占建井总工期的 30%～50%，而且由于立井施工条件的复杂性，立井施工安全也是矿建工程顺利进行的关键。

6.2.1　立井施工设施及布置

立井是垂直向下掘进的，井下施工人员只能在断面有限的工作面上进行作业，为掘进工作服务的大量设备、管路等都要吊挂在井筒断面内，且需随工作面的不断推进而下放或接长。为了满足掘进、提升、卸矸、砌壁和悬吊各种施工设备以及安全的需要，立井施工需要的主要设施及布置情况如图 6.6 所示。

6.2.1.1　凿井井架

凿井井架是立井和井内悬吊设备及管路的承载体，需安全承担施工中的全部载荷，应根据井筒深度和井径大小来选择井架型号。

目前，我国已普遍采用装配式金属凿井井架，如图 6.7 所示，定型设计和应用的已有 5 个型号，可满足井筒直径 8 m，井深 1 100 m 的立井施工。但由于井筒深度、提升载荷和悬吊设施的不同，井架的细部结构形式仍需要专门设计。一般选择凿井井架的原则是能够安全地承担施工载荷,保证足够的过卷高度,角柱跨距和天轮平台尺寸应满足井口材料、设备运输及天轮布置的需要。

当实际悬吊荷重超过相应井架的安全荷重时,则要对井架的天轮平台、主体架及基础等主要构件进行安全验算,即强度、稳定性和刚度的验算,并应采取补强措施。井架安装竣工后还必须测量井架中心实际位置,要求与设计位置相差不得超过±5 mm,否则,需进行处理和采取预防措施。

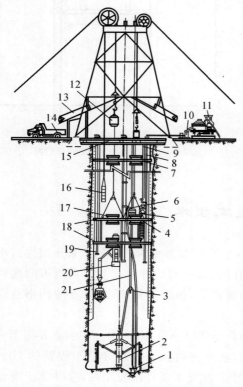

图 6.6　立井施工设施示意图

1—风动潜水泵;2—伞形钻架;3—分风器;

4—水箱;5—吊泵;6—风筒;7—固定盘;

8—喷射混凝土溜灰管;9—排水管;10—喷浆机;

11—混凝土搅拌机;12—吊桶;13—翻矸溜槽;

14—排矸汽车;15—井盖门;16—安全梯;

17—喇叭口;18—吊盘;19—注浆管;

20—抓岩机;21—压风管

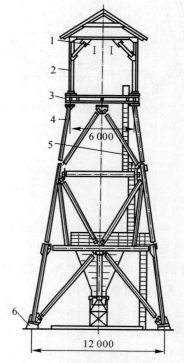

图 6.7　凿井井架结构示意图

1—起重梁;2—天轮房;3—天轮平台;

4—主体架;5—扶梯;6—基础

6.2.1.2　天轮平台

天轮平台在井架上部,主要布置提升天轮和各种悬吊天轮,是凿井井架的重要组成部分,直接承受天轮传来的载荷。井内悬吊装备的钢丝绳通过天轮缠绕在井口周围的稳车(凿井绞车)上。提升天轮、悬吊天轮强度应大于实际选用的钢丝绳钢丝破断力总和,悬吊前要对天轮平台的副梁及有关连接部分进行强度验算,受力超过规定时要采取措施。

天轮平台一般是由四根边梁和一根中梁组成的正方形框架,其上设置若干根天轮梁,有时还设置有支撑梁,天轮梁和支撑梁也称为副梁。由于边梁和中梁所受的垂直和水平载荷都很大,一般采用由钢板焊接组成的工字型截面组合梁。

天轮平台的典型布置如图 6.8 所示,天轮平台中心线也就是井架的中心线,在布置时中间主梁轴线必须与凿井提升中心线垂直,应离开与之平行的井筒中心线一段距离,向提升吊桶反向一侧错动,最大错动距离应不超过 450 mm,以吊盘悬吊天轮不碰撞平台主梁、改为临时罐笼提升时钢丝绳不摩擦平台主梁为限。提升天轮应尽量布置在同一水平,稳绳天轮应布置在提升天轮一侧,出绳方向与提升钢丝绳一致,以免稳绳跨越天轮平台主梁。

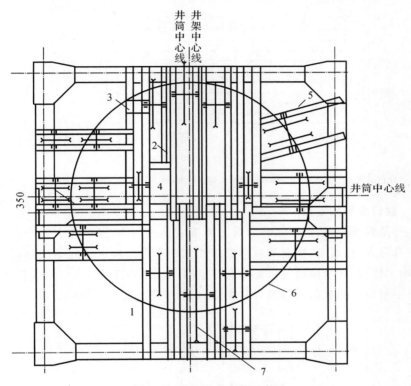

图 6.8 天轮平台布置示意图

1—通梁;2—短梁;3—垫梁;4—切头错接;5—斜梁;6—井筒;7—提升天轮

天轮和平台各构件间的距离应不小于 60 mm,悬吊钢丝绳与平台构件的间隙不应小于 50 mm,若不满足,可变换天轮位置或增设垫梁以抬高天轮的轴承座。

6.2.1.3 卸矸平台

卸矸平台是一个独立的结构,通常在井架中部与井架组装在一起,由操作平台、盖门、溜槽和卸矸装置组成,如图 6.9 所示。

提升吊桶将井下开挖的矸石提升到卸矸台上方,由翻矸装置将矸石卸入溜矸槽,再装入矿车运走。卸矸平台的高度除满足溜矸槽倾角为 36°～45°外,溜矸槽下缘与排矸矿车或汽车通过部分的距离应大于 500 mm。翻矸台上除吊桶、管路、电缆等通过的孔外,应使用不低于 75 mm 厚的木板铺满,吊桶通过口的四周设安全栏杆,吊桶与通过口的安全间隙应不小于 200 mm。使用伞形钻架的井筒,注意考虑卸矸台以下的高度是否能满足提吊伞钻的需要。

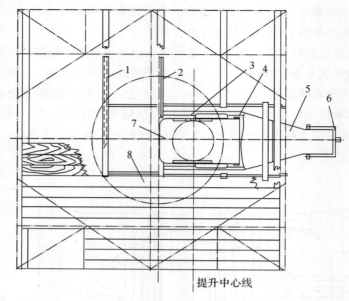

图 6.9　卸矸平台示意图

1,2—卸矸台横梁；3—溜槽梁；4—卸矸门轴承支架；5—溜矸闸门；6—溜矸槽；7—卸矸门；8—平台板

6.2.1.4　封口盘和固定盘

封口盘主要是封盖井口，防止从井口向下掉落工具或杂物，保护井内安全作业，同时也作为施工过程中升降人员、设备、物料和装拆管路的工作平台。封口盘的结构布置如图 6.10 所示，一般采用钢木结构，在吊桶通过口要设有井盖门，除吊桶通过时，井盖都应保持关闭。封口盘应根据施工中所承受的载荷及自重对其主梁、副梁等进行验算，保证有足够的强度。

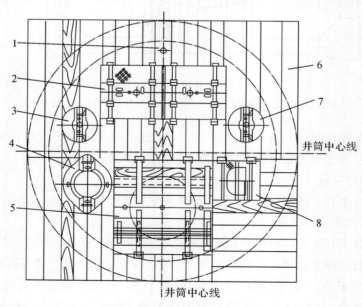

图 6.10　立井封口盘示意图

1—电缆孔；2—吊泵孔；3—压风管；4—风筒；5—井盖门；6—盘面板；7—混凝土输送管；8—安全梯口

安全规程规定,在封口盘和井盖门周围必须安设栏杆,并有便于开、关的栅栏门,井盖门应转动灵活,位置准确,关闭严密。

固定盘设在封口盘下 4～8 m 处,用于接长井下悬吊管路、设置激光定向仪和保证井下施工安全。固定盘面除管线通过孔外,其余应用钢(木)板铺严。固定盘设置在井筒内呈圆形结构,与地面用梯子连接,无井盖门与盖板,吊桶通过的喇叭口周围应设围栏。

6.2.1.5 吊盘

悬吊在井筒中的活动工作平台称为吊盘,它是立井施工中井内最重要的结构物。吊盘既可用来砌筑井壁,又可用来拉紧提升稳绳,并可在掘进时悬挂抓岩机和保护掘进工人的安全。立井掘砌完毕后,还可用作井筒装备安装的工作盘。

吊盘由梁格、盘面、喇叭口、盖板、立柱、固定与悬吊装置等组成,通常多为双层钢制结构物,国内也有多层结构的吊盘,如图 6.11 所示。吊盘主梁必须为一根完整的钢梁,圈梁一般为闭合圆弧梁。具体布置应按吊桶、吊泵、安全梯和井内管线的位置及其通过口的大小来确定。

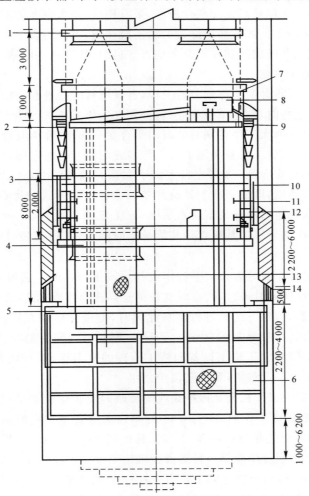

图 6.11 多功能 5 层吊盘示意图

1—保护盘;2—砌壁工作盘;3—滑模工作盘;4—滑模辅助盘;5—掘进工作盘;6—掩护网;7—爬杆固定圈;
8—分灰器;9—溜灰管;10—滑模;11—收缩装置;12—顶架;13—保护网;14—刃角模板

吊盘绳的悬吊点一般布置在通过井筒中心线的连线上,盘上安置的各种施工设施应均匀布置,尽量使两根吊盘绳承受载荷大致相等,以保持吊盘升降平稳。吊盘的突出部分与永久井壁或混凝土模板间的间隙不大于 100 mm;吊盘的喇叭口与吊桶最突出部分之间的间隙不得小于 200 mm,与滑架的间隙不得小于 100 mm。吊盘下层盘底喇叭口外缘与中心回转抓岩机臂杆之间应留有 100～200 mm 的安全间隙,以免影响抓岩机的正常工作。在各层吊盘周围应安设不少于 4 个可伸缩的固定插销或液压装置,用以固定吊盘,严禁用木楔固定吊盘。

双层(或多层)吊盘应根据施工中承受的载荷分别对各层盘的钢梁和立柱及其连接部分进行强度验算。设计计算时,首先根据井筒内凿井设备布置确定梁格结构的布置方式,然后估算结构自重和施工载荷,确定吊盘的载荷值;再根据结构的实际受力情况进行结构计算简化,确定计算简图;最后进行结构的内力计算和截面安全校核。

6.2.2 立井施工技术

当井筒所穿过的岩土层地质水文条件较好,未有松软、涌水量大的不稳定厚表土层和流砂层,一般都采用普通法施工。按井筒所穿过的岩土层性质,可分为表土施工和基岩施工两大部分,主要包括井筒掘进、井壁砌筑和井筒装备施工。目前,基岩施工以钻眼爆破法为主。

6.2.2.1 立井施工方案

在立井施工时,一般将井筒全深划分若干段,逐段进行。掘进和砌壁两大工序若按先后顺序在同一井段内独立进行时,称为单行作业;若分别在上下相邻两个井段内同时进行时,则称为平行作业,掘进与砌壁两大工序在同一井段内组合在一起,则称为混合作业。具体采用哪种方案,需从井筒地质条件、施工设备和施工安全等多方面综合考虑来确定。

(1)单行作业。单行作业施工时,先自上而下掘凿井筒,并用井圈、背板或锚喷作临时支护,待掘够预定的井段高度,即由下往上砌筑井壁。这种作业方式的优点是工序单一,管理方便,井内设备简单。在稳定岩层并无富含水层时,施工段高多数为 30～40 m。该种作业方式适用于稳定并涌水很小的岩层。其缺点是井帮暴露时间长,工序交替时间长,月成井速度慢,目前已很少采用。

(2)平行作业。平行作业分为长段平行作业和短段平行作业。长段平行作业的砌壁和掘进在两个相邻井段内反向同时进行,其临时支护都是以挂圈背板方式,而且需增设稳绳盘。砌壁以稳绳盘所在高度为界,自下而上进行。与此同时,掘进工作则在稳绳盘下 15～20 m 处,自上而下进行,施工段高一般为 30～60 m。平行作业时,井内需为砌壁、掘进分别设置作业盘和独立的提升系统,不但增加了施工设备和施工管理的复杂性,而且使井下安全作业条件变差,施工速度优势也不大。近年来,我国已很少采用。

短段平行作业的掘进工作在金属掩护筒或锚喷临时支护的保护下进行,掘砌共用一个多层吊盘,砌壁工作在距掘进工作面 30～40 m 的吊盘上随着掘进同时向下进行,段高一般为2～4 m。该种方式的缺点是井壁接茬多,井帮需掩护筒或临时支护,暴露时间长。

(3)混合作业。立井混合作业是一种短段掘砌施工方式。在井筒工作面规定的段高内(一般 3～5 m),把掘进和砌壁两个独立的工艺组合在一个成井循环中,施工工序重新组合,既有单行作业,又有少量平行作业,其一般施工工艺如图 6.12 所示。

近十几年来,随着立井施工机械化水平、施工技术及施工组织管理水平的不断提高,立井施工已广泛采用混合作业方式,多次创出了全国立井施工的高速度。混合作业的特点是工序简单,辅助时间少,工作面采用金属活动模板砌壁,一次成井,省去大段高的临时支护和高空作业,施工安全且便于施工管理。同时,混合作业方式适用性广,不受井架、断面及地质条件的限制,施工成本低,能充分发挥机械化作业的优越性。其缺点是井壁接茬多,接茬处易漏水,需在施工中加以改进。

6.2.2.2　立井表土施工

立井施工首先要通过表土层。由于表土层土质松软,稳定性差,且一般均有涌水,在接近地表部分,还得直接承受井口结构物的载荷,因此施工比较复杂,从施工安全上要特别注意。要安全和快速地通过表土层,必须合理确定施工方法以及相应的施工设施,多数情况下需采取特殊施工方法。这里主要介绍一般浅部表土层的施工技术。

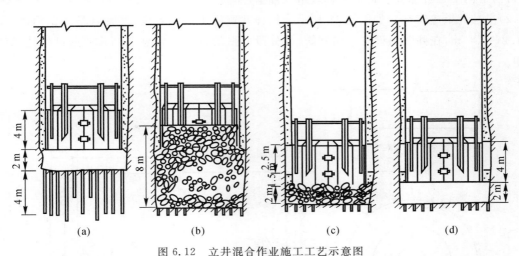

图 6.12　立井混合作业施工工艺示意图
(a)打眼装药;(b)放炮后矸石堆积情况;(c)部分出矸,下放模板立模;(d)浇注完毕,清底

表土施工的基本程序是先砌筑锁口,而后安装提升设备,然后开始表土段井筒掘砌。为确保表土段井壁安全稳定,一般在表土与基岩交接处的适当位置按设计刷砌井筒壁座。

(1)临时锁口施工。在进入正常施工之前,无论采用哪种施工技术,都应先砌筑锁口。其主要作用是固定井位,封闭井口,安装井盖和吊挂掘进设施。根据锁口的使用期限,分临时锁口和永久锁口两类。永久锁口是由井颈上部的永久井壁和井口临时锁口框架组成;临时锁口是由井颈上部临时井壁和临时锁口框架组成。临时锁口在井筒向下开挖 2~3 m 后开始安设;而在后期砌筑永久井壁时拆除,故临时锁口圈常用砖石或混凝土砌块砌筑。

临时锁口的结构形式、构件材料和断面,应根据井口大小、形状、表土特性等因素来确定,但必须确保井口稳定、封闭严密和井下作业安全。

临时锁口的标高应根据永久锁口设计,结合防洪要求来确定,要防止洪水进入井内。锁口应尽量避开雨季施工,为防止地表水进入井内,除要求锁口圈能防水封闭外,可在井口周围砌筑排水沟或挡水墙。

(2)提升方式选择。在表土施工中,一般应采用标准凿井井架及有关设备构成提升系统。但有时因为表土的抗压强度低,考虑到施工中可能出现地面沉陷,以及凿井井架等设备一时运不到现场,而又要争取时间,可先采用简易提升方式,如汽车起重机提升、三脚架与凿井绞车提升等,然后再改用标准井架提升方式。

在采用简易临时提升方式时,一定要进行提升能力的安全校核。一般临时提升设备的提升能力小、施工速度慢、安全性也差,应制定严格的施工管理措施。

(3)表土段施工技术。一般要根据表土的性质和地质水文条件来确定具体施工技术。对于稳定表土层,一般采用井圈背板普通施工法;当土层稳定性较差或局部不稳定时,可选择采用吊挂井壁法、扳桩法或降低水位法。

1)井圈背板普通施工法。用人工或抓斗出土,下掘一小段后,立即进行井圈背板临时支护。如图 6.13 所示为表土施工常用的挖土方式,一般空帮距不超过 1.2 m。当掘进一长段后,再由下向上边拆除井圈背板边砌筑永久井壁。

2)吊挂井壁施工法。如图 6.14 所示为吊挂井壁施工法示意图,其特点是随掘随砌,段高为 1.2~2.0 m,在井壁内设有竖向钢筋,各分段井壁的自重主要靠上部井壁通过吊挂钢筋来承担。

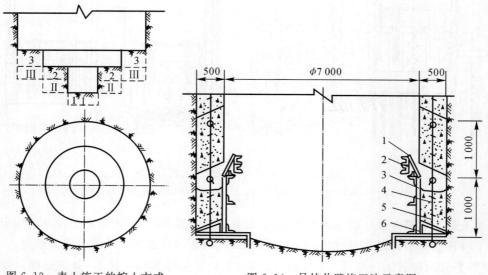

图 6.13 表土施工的挖土方式   图 6.14 吊挂井壁施工法示意图
1—水窝;2—开挖台阶;3—阶梯环挖   1—接茬板;2—井圈;3—金属模板;4—钢筋;5—吊挂筋;6—底圈

该方法适用于通过稳定性较差的表土层和岩石破碎带,也可在流动性小、水压不大的砂层或透水性强的卵石层中使用。当土层中含有薄层流砂或淤泥等不稳定层时,可采用板桩法强行通过。

3)板桩施工法。对于厚度不大的不稳定表土层,在开挖前,先用人工或打桩机在工作面或地面沿井筒荒径依次打入一圈板桩,形成一个四周密封的圆筒,用以支撑井壁,并在它的保护下进行井筒掘砌。

根据板桩插入土层的方向不同,板桩法分直板桩和斜板桩两种。直板桩常采用厚 50~120 mm、宽 150~200 mm、长 3~6 m 的矩形木板;采用金属板桩时长度可达 12~15 m。施工时先挖环形地槽放入特制的导向圈,并撑紧固定,然后将板桩沿导向圈依次打入即可。

如图 6.15 所示为斜板桩法施工示意图,它是在土层开挖前,预先将板桩按照 70°左右的倾角沿井筒周边外缘密集地打入土中,然后局部出土下挖井筒。板桩常用木材制作,端部削成刃峰,长度为 1.2～1.5 m。板桩法适用于表土层中含有厚度不大于 2 m、埋藏深度不超过 20 m 且水头小于 2 m 的流砂层或淤泥等。

4)降低水位法。在含水的不稳定浅土层中进行立井井筒施工,常采用工作面超前小井和钻孔两种方法来降低水位,确保施工安全。降低水位法的实质是在小井(或钻孔)中用泵抽水,使井筒周围形成降水漏斗,成为水位下降的疏干区,以增加施工土层的稳定性。

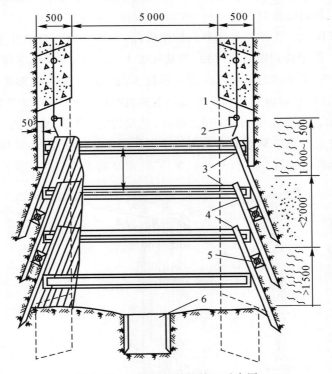

图 6.15　表土段板桩法施工示意图

1—预留钩子;2—挂钩;3—导向圈;4—板桩;5—垫木;6—超前小井

6.2.2.3　立井基岩施工

立井基岩施工主要分钻眼爆破、装岩排矸和井壁支护三道工序。施工中应根据岩层条件和施工设备及人力情况组织正规循环作业。我国立井施工的实践证明,采用正规循环作业是立井井筒实现快速安全、优质高效施工的最重要措施之一。正规循环作业是指在规定的时间内,根据作业规程中工作任务的规定,以一定的人力、设备,按规定的各施工工序的顺序,在井筒有限的空间里,依次完成规定的全部掘砌工作量,保证井筒向下推进规定的进尺,使掘砌作业始终有节奏地、周而复始地进行。

1. 钻眼爆破

钻眼爆破是立井施工的主要工序之一,约占整个循环时间的 25%,其效果直接影响施工速度、施工安全和工程质量。我国立井施工一直以浅眼(深度小于 2 m)多循环为主,近年来使用了伞形钻架以及大斗抓岩机和整体金属模板后,逐步由中深孔(2.0～3.5 m)向深孔(大于3.5 m)过渡,某些井筒炮眼深度已达 4.5 m。

为了提高爆破效果,加快井筒掘进速度,应根据岩层的具体条件来正确选择钻眼设备和爆破方法,正确确定爆破参数和安全操作技术。

(1)钻眼。在整个钻眼爆破工序中,钻眼所占的工作时间最长。因此,加快打眼速度、增加炮眼深度、提高钻眼机械化程度是钻眼作业的改进方向。

目前,国内立井施工主要采用手持式凿岩机和伞形钻架打眼。手持式凿岩机易于操作,在软岩和中硬岩层中,用以钻凿眼径为 39～46 mm、眼深 2 m 左右的炮眼效果最好;如加大、加深炮眼,钻速将显著降低。为缩短每循环的钻眼时间,可增加凿岩机的作业台数,工作面可每2～4 m² 布置一台。但手持式凿岩机打眼,劳动强度大,眼孔质量较难掌握,只适用于断面小、岩层不太硬的小井筒,不能满足深孔爆破和快速施工的需要。伞形钻架是目前国内立井打眼应用较多的先进设备。它是由钻架和重型高频凿岩机组成的风、液联动导轨式凿岩机具,具体结构如图 6.16 所示。钻架由中央立柱、支撑臂、运动臂、推进器、操作阀、液压与风动系统组成。打眼前,用提升机将伞钻从地面垂直吊放于工作面中心的钻座上,并用钢丝绳悬挂在吊盘上的气动绞车上,然后接通风、水管,开动油泵马达,调高和支撑固定钻架。

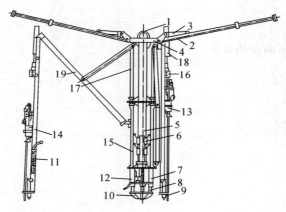

图 6.16　常用 FJD-6 型伞钻形架结构示意图

1—吊环;2—支撑油缸;3—升降油缸;4—顶盘;5—立柱钢管;6—液压阀;7—调高器;
8—调高油缸;9—活顶尖;10—底座;11—操作阀;12—压气马达;13—凿岩机;14—滑轨;
15—滑道;16—气动推进马达;17—动臂油缸;18—升降气缸;19—摇臂

钻架上配置的高频凿岩机是采用冲击与回转各自独立的结构,可根据岩石条件,分别调节冲击力和钎杆转速,对岩石适应性强,冲击力和扭矩大,卡钎事故很少。

(2)爆破。立井穿过的岩层变化较大,爆破器材的选择和爆破参数的合理确定,对于提高爆破效果都是十分重要的。目前,爆破各参数的确定还没有确切的理论计算方法,主要根据岩层和井筒的具体施工条件,用工程类比和经验方法来确定。

1)炮眼直径和深度。用手持式凿岩机打眼,炮眼直径通常为 38～43 mm,标准药卷的直径为 32～35 mm。采用伞形钻架打眼时,炮孔直径为 42～55 mm,药卷直径为 35～45 mm。一般在钻眼设备适当的情况下,应尽可能采用大直径炮孔和药卷。根据试验结果,药卷随着直径加大,其爆速、猛度、爆力等性能都相应增大。因此,在药卷的极限直径范围内,应尽量加大药卷直径,可减少工作面的炮眼数,提高爆破效果。

炮眼深度是最重要的爆破参数,不仅影响爆破效果,而且对其他施工工序都有主导作用,它决定着立井基岩段施工的正规循环时间和组织方式,需要认真进行综合设计。国内立井施工,一般认为眼深小于 2 m 为浅眼;2～3.5 m 的为中深眼;大于 3.5 m 的为深眼。最佳的眼深,应以在一定的岩石与施工机具的条件下,能获得最高的掘进速度和最低的工时消耗为主要标准。

目前,国内采用手持式凿岩机时,一般眼深以 2 m 左右为宜。若采用伞形钻架,能顺利钻凿 3.5～4.5 m 的深眼,一般多采用 4 m 深眼,以此深度确定每循环有效进尺和井筒掘砌的劳动组织。

2)炸药的选择和炸药消耗量的确定。炸药的选择主要根据岩石的坚固性、涌水量、瓦斯情况和炮眼深度等因素。国内在立井爆破中使用的炸药种类有胶质炸药、岩石铵梯炸药、水胶炸药和乳化油炸药等。目前应用较多是乳化油炸药,不仅威力大、抗水性好,而且爆后炮烟小,使用安全性好。

单位炸药消耗量是爆破每立方米实体岩石所需要的炸药消耗量,它是决定爆破效果的重要参数,也是爆破设计中需要认真计算或选取的核心参数。装药过少,爆破后岩石块度大、井筒成型差、炮眼利用率低;药量过大,既浪费炸药,并有可能崩坏设备,破坏围岩稳定性,以致造成大量超挖。

目前,炸药单耗量的确定仍是研究课题,一般根据岩层性质、炮眼深度、炸药种类等初步确定,同时参考预算定额。实际应用时,先进行必要的爆破漏斗试验和应用试验,根据试验结果,最终确定合理设计值。

3)炮眼布置。井筒多为圆形断面,一般炮眼都采用同心圆布置。分掏槽眼、崩落眼和周边眼。如图 6.17 所示为某立井深孔爆破炮眼布置图。掏槽眼是在一个自由面的条件下起爆,是整个爆破的难点,一般需要的炸药量大。通常布置在井筒中心,由 5～9 孔组成;如遇到急倾斜岩层,一般应布置在靠井筒中心岩层倾斜的下方。常用的掏槽方式有直眼掏槽和斜眼锥形掏槽。斜眼掏槽因打斜眼困难,且受井筒断面大小限制,钻眼质量也不易控制,目前在中深孔爆破中已不采用。实际应用较多的是直眼掏槽,因打直眼,易于实现机械化,爆破后岩石的抛掷高度也小;改变循环进尺时只须调整炮眼深度即可。

直眼掏槽的岩石挟制作用明显,对于中硬岩石的深孔爆破,有时掏槽效果不理想。图 6.17 所示为多阶直眼掏槽示意图,其特点是布置多圈炮孔,并按圈依次爆破,相邻每圈间距一般为 200～300 mm,由里向外扩大加深,各圈炮眼数控制在 4～9 个。有时,为了增加岩石的破碎度及抛掷效果,可在中心钻凿 1～3 个空眼,眼深要超过最深槽眼 500 mm 以上,并可在眼底装入少量炸药,在其他掏槽眼后起爆。

崩落眼界于掏槽眼和周边眼之间,可多圈布置,眼距为 800～1 200 mm;圈距为 600～1 000 mm。周边眼采用光面爆破,一般布置在井筒轮廓线上;为便于打眼,炮孔略向外倾斜,眼底偏出井帮 50～100 mm。为使岩壁不受破坏,周边孔眼距缩小为 400～600 mm;周边孔与最外圈崩落眼间的光爆层厚度,一般为 500～700 mm 为宜。

4)装药结构及起爆网络。合理的装药结构和可靠的起爆技术,应使药卷按时准确起爆,爆轰稳定且完全传爆,不产生瞎炮、残炮等事故。

在一般立井爆破中,常采用将雷管及炸药的聚能穴向上、引药置于眼底或倒数第二位置的反向爆破,以增加爆炸压力的作用时间及底部岩石的破碎。反向爆破引爆的导线较长,装药时要细心;在有水的炮眼中,要防止起爆药受潮,一般要使用抗水炸药或采取乳胶防水套措施。

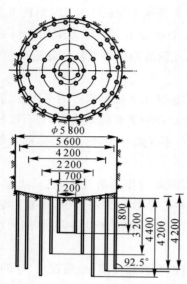

图 6.17 立井深孔爆破炮孔布置

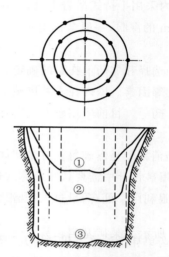

图 6.18 三阶掏槽爆破示意图
①②③—槽腔形成顺序

立井爆破多采用电雷管起爆,对于深孔或要求较高的光面爆破可采用电雷管与导爆索组合起爆。一般起爆都是由里向外逐圈时差起爆,合理的起爆时差需要通过试验确定,它与炮孔间距、岩石性质、工作条件等多因素有关,设计时需综合考虑。

起爆网络是由起爆电源、放炮母线、连接线和电雷管(包括导爆索)组成的电力起爆系统。由于井筒断面大,炮眼多,工作面环境复杂,为防止因个别炮眼连线有误而酿成全网络的拒爆,一般不用简单串联方式,而采用并联或串并联的连线方式,如图 6.19 所示。起爆网络需要周密地设计和计算,无论哪种起爆方式,设计时均要验算各雷管的放炮电流,其值不应小于雷管的准爆电流。

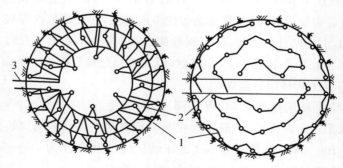

图 6.19 立井爆破起爆网络示意图
1—雷管脚线;2—爆破引线;3—起爆母线

（3）爆破安全事项。立井爆破除严格遵守《煤矿安全规程》有关规定外，同时应注意以下安全事项：

1）加工起爆药卷必须在距井筒大于 50 m 的室内进行，且只准由放炮员携带下井，禁止同时携带其他炸药，也不得与其他人员同行。

2）装药前工作面的工具要提升出井外，设备要提至安全高度，吊桶也要距工作面 0.5 m 高，除装药人员和水泵司机外，其他人员一律上井。

3）连线工作开始之前必须打开放炮开关，并切断工作面电源；一切带电物品，如信号箱、照明线等均要提到安全位置。

4）放炮工作只能由放炮员负责，放炮使用的动力必须设有两个开关，在井口棚内的开关要用木箱封闭上锁，由放炮员掌握钥匙。

5）放炮前要打开井盖门，所有人员均要撤离井口棚。放炮通风后，必须仔细检查井筒，清除放炮前落在井圈上、吊盘上或其他设备上的矸石。

6）为了防止产生瞎炮，立井有涌水时，必须选用防水型炸药，事先要检查炸药、雷管的性能，连线时接头要紧密，防止脚线、基线和接头被水淹没。

2. 装岩排矸

装岩排矸是掘进循环中最繁重的工作，通常占循环时间的 40%～50%，同时也是安全事故发生较多的工序。目前，在立井施工中，多数采用斗容为 0.4～0.6 m³ 的大抓岩机，大大加快了装岩速度，但抓斗碰伤、挤伤事故时有发生。

图 6.20 所示为某矿基岩段井筒施工机械化配套示意图，使用伞形钻架和中心回转抓岩机。我国目前应用较多的抓岩机类型有：中心回转式、环形轨道式和长绳悬吊式。前两种抓岩机都布置在井筒内的吊盘下，装岩机距工作面的高度不超过 15～18 m，以压气动力，由司机控制操作阀动作。

立井排矸主要使用吊桶提升、自动翻矸系统。吊桶的大小要和抓斗能力相适应，目前多用 3～5 m³ 吊桶排矸。提升方式由井筒大小和深度来确定，通常有单钩吊桶提升、双钩吊桶提升及两套单钩吊桶提升等方式。吊桶必须选用煤炭系统指定厂家的合格产品，吊桶的连接装置每年进行一次探伤，吊桶上必须安设保护伞，它与所通过的喇叭口的安全距离不得小于 100 mm。

3. 井壁支护

井壁支护是立井循环作业的最后一道工序，直接关系到立井的施工质量和施工安全。采用普通法凿井时，立井永久支护或临时支护到掘进工作面的裸露岩层高度不得大于 4 m，同时必须制定防片帮措施。

临时支护仅在长段掘砌作业方式中应用，近年来的施工实践已证明，锚喷支护是最好的临时支护方式，可实现随掘随喷，及时封闭岩层，也可根据岩层条件随时变换喷射作业的段高，保证施工作业安全。在一般岩层中可用喷射混凝土支护，如遇松软、破碎岩层时，应进行锚喷或加金属网联合支护。永久支护都采用混凝土井壁。用于砌筑井壁的金属模板大致可分为装配式金属模板、整体下移金属模板和液压滑升整体模板三种。目前，应用较多的是后两种模板。图 6.21 所示为某矿使用的 5 m 整体下移式金属组合模板结构示意图。

井筒内下混凝土可采用溜灰管，也可用底卸式吊桶，无论采用哪种方法都应做到连续施工，保证施工安全。使用溜灰管下料应注意管子堵塞的预防和处理。管子堵塞的原因是混凝土内混入木楔、大块石子或其他杂物，混凝土水灰比太小或早强剂使用不当凝结太快，管路不洁，黏有砂浆或混凝土块，特别是在管子接头或缓冲弯头处黏有混凝土块等。井壁接茬质量也是影响井壁施工质量的重要方面。井筒漏水情况决定于井段之间接缝质量的优劣。常用的井壁接茬方法有窗口接茬法和全面斜口接茬法。

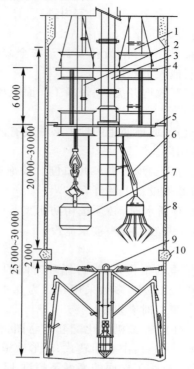

图 6.20　井筒施工机械化配套示意图

1—胶质风筒；2—压风管；3—铁皮风筒；4—上层吊盘；5—下层吊盘；
6—中心回转抓岩机；7—吊桶；8—临时支护；9—伞形钻架；10—壁座

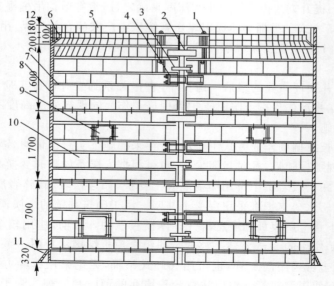

图 6.21　某矿整体移动式金属组合模板示意图

1—悬吊栓；2—横向导向装置；3—支架；4—横向调节；5—纵向导向装置；6—浇注口；
7—槽钢圈；8—围板；9—检查口；10—加强板；11—刃角；12—插板

使用整体下移式金属模板时多采用窗口接茬法,即沿井筒四周模板斜底上方,留设若干马蹄形的浇灌口,并在其相应位置的模板上口设浇灌门。接茬时应使模板上口压住上段井壁约100 mm,然后由窗口灌入混凝土,并仔细捣固,待窗口注满时,紧推浇灌门,再用铁销卡严。采用全面斜口接茬时,模板上口与上段井壁之间留有100 mm间隙,充当浇注口,待混凝土注满模板高度时,架设槽钢井圈,作为接茬模板的碹胎,并用插销与金属模板连接好,然后逐块斜插接茬模板,随插随浇灌混凝土,并仔细捣固,待灌满后,用力推接茬模板,使之与上段井壁贴严,并用木楔刹紧。

6.2.2.4　立井施工其他辅助作业

通风、照明、信号、测量及其他设备和管线的吊挂移动等作业是立井施工的主要辅助工作,处理不好,也会影响施工速度、工程质量和人员安全。

(1)通风。在立井施工时,必须不断地往井下通风,以清洗和冲淡岩体中和爆破时产生的有害气体,经常保持工作面空气新鲜,这对于改善井下人员的施工环境是十分重要的。

立井掘进通风是由地面扇风机和设于井内的风筒完成的,一般风筒要安全地靠井壁悬挂。由于井壁常有淋帮水向下流淌,使空气沿井壁四周向下流动,并在井筒中央上升,这对于采用压入式通风较有利。但当采用压入式通风时,排出井筒中的污浊空气缓慢,一般用于井深小于400 m的井筒。抽出式通风方式,使污浊空气经风筒直接排出,井内空气清新,激光定向的光点清楚;特别是放炮后,经短暂间隔,人员即可返回工作面。因此,对于深井,常采用以抽出式为主,辅以压入混合式通风,以增大通风系统的风压,使风流不因自然风流的影响而造成反向。

风机常用JBT系列轴流式局扇,也有采用离心式扇风机。由于放炮后排烟所需要的风量比平时大,常常采用两台能力不同的风机并联,其中能力大的一台供爆破后抽出式通风用,另一台作为平时通风用。

风筒直径一般为0.5~1.0 m。井筒的深度和直径越大,选用的风筒直径也越大。常用的风筒有铁质和胶皮两种。前者用于抽出式通风;而压入式通风可用胶皮的,它可以减轻悬吊重量,也便于挂设。近年来,有些矿井试用塑料或玻璃钢风筒,它们共同的特点是重量轻、通风阻力小,适用于深井施工。

在确定通风方式后,就应估算工作面所需风量,然后进行通风设备的选择。

(2)照明与信号。良好的照明能提高施工质量与效率,减少安全事故。在井口及井内凡是有人操作的工作面和各固定盘与吊盘,均应设置足够的防爆、防水的灯具。

在掘进工作上方10m左右处要吊挂伞形罩组合灯或防溅式探照灯,并保证有20~30 W/m²的容量。对安装工作面应有40~60 W/m²的容量;井内各盘和腰泵房应有不少于10~15 W/m²的容量;而井口的照明容量不少于5 W/m²。此外,大抓岩机和吊泵上也应设置灯具,砌壁后的井筒每隔20~30 m应设置一照明灯,以便随时查看井内设施。在装药连线时,须切断井下一切电源,用矿灯照明。

立井施工时,必须建立以井口为中心的全井信号系统。井下掘进工作面、各吊盘、腰泵房及吊泵都与井口信号房之间建立各自独立的信号联系。同时,井口信号房又可向井上卸矸台、提升机及各凿井绞车房发送信号。信号可分机械式和电气信号两种:机械式信号是井下通过细钢丝绳拉动井口打击杆发出锤击信号,这种信号简单可靠,但笨重费力,只作井下发生突然停电等事故时的辅助紧急信号,或用于深度小于 200 m 的浅井中。

目前,使用最普遍的是声、光兼备的电气信号。信号电缆要设置在安全地点,不能与其他动力电缆或悬吊钢丝绳混在一起,其电压不得超过 127 V,操作电压为 36 V。在有瓦斯的井内均采用防爆型的信号装置。此外,井口与提升机房间应设置直通电话或传声筒建立直接联系。井口和井下工作面有时也设扩音电话或无线对讲机。

为保证吊桶通过井口之前,及时开启井盖门,防止滑架冲撞井盖,须设井盖门安全信号,当吊桶距井盖 40~50 m 左右时,提升机的深度指示器自动接通井口信号回路,发出开启井盖的信号,当井盖门打开时,提升机房信号回路自动接通,指示红灯发亮,即可继续安全提升。

(3)测量。目前的立井施工都采用精度很高的激光定向仪来确定井筒的中心线。井筒的掘进、砌壁或安装都必须做好测量工作,保证井筒达到设计要求的规格、质量。

井筒中心线是控制质量的关键,除应设垂球测量外,平时一般采用激光指向仪投点。根据井筒的十字线标桩,把井筒中心移设到井口封口盘下的固定盘上方 1 m 处的专用激光仪架上,并依此中心点安设激光仪。为使已校正好的中心点准确可靠,激光仪架应用型钢独立固定于井壁,严防与井内其他设施相碰。当井筒较深,投点不清晰时,可将仪器架铺设在井筒下部。

边线可用垂球挂设,有的井筒中心线在无激光定向仪的情况下,也用垂球挂线法。当井深大于 200 m 时,垂球重不得小于 30 kg。悬挂钢丝或铁丝应有两倍的安全系数。边线一般设 6~8 根,固定点设在井盖上,也可固定在井壁中预埋木块或预留梁窝木盒上。当井深超过 500 m 时,为防止垂球摆动大,可用经纬仪将固定点设在井筒的临时固定盘上。

(4)安全梯。当井筒停电或发生突然冒水等意外事故时,工作面的工人可借助安全梯迅速撤离工作面。安全梯用角钢制作,分若干节接装而成,其总高度应能使井底全部工人在紧急状况下,都能登上梯子提至地面。为安全起见,梯子需设护圈。

(5)井内设备和管线的挂设。井内设备和管路电缆,一般都用钢丝绳经井架天轮吊挂在地面的凿井绞车上,也可直接固定在井壁或井架上。这些设备和管线都随着掘砌施工的进行,经常需要提放和接长,在施工过程中需要有严格的安全操作规程。

设备的地面悬吊可分单绳、双绳和多绳悬吊。通常,质量轻的电缆和安全梯可用单绳悬吊,电缆每隔一定距离用卡子固定在悬吊钢丝绳上,有时将数根电缆集中悬吊在一根绳上,也有附挂在其他设备的挂绳上。对于质量比较大的吊盘、吊泵、风筒、压风管和混凝土输送管,一般均采用双绳悬吊。它虽比单绳悬吊增加了一套钢丝绳及凿井绞车,但是挂设稳定,每台凿井绞车承担的载荷也小,而对于活动模板等设备要多绳悬吊,以保证结构物悬吊受力均匀,移运平稳,减少变形。可能时,还将悬吊绞车置于吊盘上,以减少钢丝绳长度及质量。随着井深的加大和大型凿井设备的使用,地面凿井绞车的悬吊质量也随之增加,此时,也可采用回绳或多组滑轮悬吊。

将管线直接固定在永久井壁或永久罐道梁上,可废除整套悬吊钢丝绳和凿井绞车,这在国外的立井施工中应用较多。这种方式需在井壁浇筑时,按规定预埋好悬臂梁(或锚杆)或永久罐道梁,随后在吊盘上由上向下进行管路的接长和固定。这样省去了悬吊设备,简化了井内与地面的布置,而且不受井深的限制。但管线的固定和接长是在井内进行,比地面悬吊的操作更困难、复杂,故适用于深井或掘砌一次成井的井筒工程。

上部管子固定在井壁上,而下部用钢丝绳悬吊的半悬吊、半固定的挂设方式,曾用于千米深井中。接管的专用盘设于管子悬吊部分的上端,这样就减少了悬吊重量,接管也较方便,在悬吊绞车能力不够的深井施工中可考虑采用。

采用塑料或玻璃钢轻型管子,也是减轻悬吊重量的重要措施。不论采用哪种挂设方式,管路的拆接是很频繁的,施工中一定要按规程操作,杜绝安全事故发生。

6.3　顺槽 TBM 智能掘进技术

TBM 作为世界上最先进的全断面隧道掘进机,近年来在煤矿工程建设中逐渐得到广泛应用,与传统钻爆和综掘工法相比,具有施工效率高、造价低等显著优势,同时较好地解决了综掘机破岩能力不足、硬岩掘进效率低,以及钻爆法危险性高、劳动强度大等问题。

6.3.1　TBM 智能掘进装备选型

6.3.1.1　掘进机选型依据

TBM 具有破岩高效、一次成巷、掘支运平行作业、系统高度集成等技术特征,是最接近巷道智能化掘进的先进装备,全断面岩石掘进机分类如图 6.22 所示。

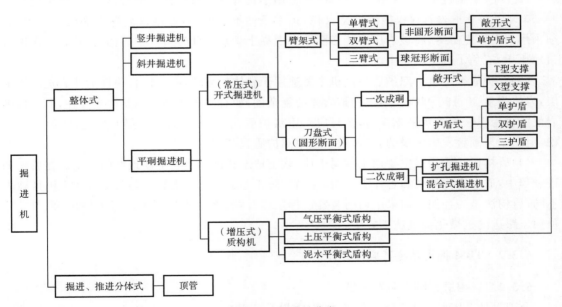

图 6.22　掘进机分类

TBM 广泛应用于世界隧道、地铁和矿山领域工程建设,尤其是平硐掘进机的应用更为广泛。在国外研究基础上,我国 TBM 掘进设备经历了从引进到自主研发的发展阶段,由国外传统的开式掘进机,到我国科技工作者自主研发的具有国产特色的刀盘 TBM 掘进装备等。

TBM 掘进设备依据护盾数目及布置方式可分为敞开式、单护盾和双护盾掘进机,不同生产条件 TBM 适应性不同,设备类型及适用条件见表 6.1。

表 6.1　TBM 适用条件及类型

TBM 类型	适用条件
敞开式	Ⅰ类和Ⅱ类(RMR 分类)完整硬岩
单护盾	相对较短隧洞的弱至极弱岩层
双护盾	较长隧洞中软弱至坚硬岩层

6.3.1.2　煤矿 TBM 设备选型

在巷道围岩稳定性良好的条件下,现有矿用 TBM 设备均可以实现快速掘进。而对于深部复杂地质条件矿井而言,掘进机的选型需从巷道总体布置、工程地质条件、施工条件及工期要求等方面考虑,满足工程施工的要求。在选型时应重点考虑岩石的可掘性、开挖时硐壁稳定性、地层变形特征和支护类型等因素。

(1)敞开式掘进机。敞开式掘进机主要适用于整体完整、较完整的岩层,岩体强度介于 50～150 MPa,有较好自稳性的硬岩地层,岩层自身强度能承受水平推进时的反作用力,掘进机头部接地比压不下沉。由于敞开式掘进机较为灵活,也可适用于软岩隧道,但在高应力大变形巷道,应采取有效支护技术并论证,且掘进速率受限。

(2)单护盾掘进机。单护盾掘进机主要适用于具有一定自稳性的软岩岩层,岩体强度介于 5～60 MPa。巷道岩石仅仅能够维持自稳,正常条件不会垮塌,但难以支撑水平反作用力,必须采用辅助推进缸等,将破岩压力传送至后方混凝土管片。此时由于护盾作用,减轻了掘进头接地比压,避免了掘进设备下沉。

(3)双护盾掘进机。双护盾掘进机主要适用于岩体较完整,有一定自稳性的软岩至硬岩地层,岩体强度 30～90 MPa。由于巷道岩体的复杂性,如有部分能够自稳并被支撑住,而其他围岩仅能自稳无法承受水平支撑力,此时应采用双护盾式 TBM。对于岩层开挖后,能够维持自稳,但硐壁易潮解发生失稳的巷道,也应选用双护盾式 TBM。

(4)盾构机。盾构机主要用于软弱土体、软土地层和极端上软下硬地层的开挖。在盾构掘进过程中,通过盾构外壳和管片支承四周围岩,防止巷道围岩的坍塌。与常规 TBM 机械破岩不同,盾构法是一种掘进面采用切削装置进行土体开挖、将土体从原生地层中挤出、采用千斤顶加压跟进的机械化掘进施工方法。

6.3.2　TBM 掘进系统适应性设计

6.3.2.1　掘进系统主参数分析

合理设计 TBM 掘进系统设备参数,对于提升 TBM 掘进效率、保证高效破岩以及巷道安全支护等有着至关重要的作用。需要科学分析计算确定的 TBM 掘进设备主要设计参数包括两方面:①掘进机径向,如理论开挖直径、刀盘转速和刀盘回转扭矩等;②掘进机轴向,如掘进推力、掘进速度和掘进行程等。

以刀盘为例,敞开式 TBM 刀盘对围岩稳定性产生直接或者间接影响,是掘进主参数适应性设计的重点工作。首先,刀盘尺寸应根据巷道尺寸进行选型,根据开拓巷道断面尺寸,刀盘开挖直径设计为 6.5 m。其次,刀盘钢结构采用 Q345D,提高长距离掘进使用寿命,采用分块式结构、螺栓连接和焊接相结合,方便运输与组装。此外,正面滚刀 90 mm 刀间距,保证高效率破岩。最后,刀盘刀具采用大直径滚刀,提高刀具寿命,减少换刀次数,可换装 18 寸(1 寸≈3.33 cm)刀圈,背装式刀座,稳定可靠。对于深部复杂条件 TBM 掘进,其滚刀直径与扭矩等参数合理设计也十分重要,对于掘进破岩、卡机脱困等均具有积极意义。在硬岩巷道条件下,宜采用大直径滚刀以提供更大的推力,增大刀具的贯入度,提高其破岩能力。滚刀参数设计采用 CSM 力学模式计算,得到总推力、扭矩等性能参数:

$$F_t = \frac{p_0 \varphi R T}{1 + \alpha} \tag{6.1}$$

$$\left. \begin{aligned} F_n &= F_t \cos\left(\frac{\varphi}{2}\right) \\ F_r &= F_t \sin\left(\frac{\varphi}{2}\right) \end{aligned} \right\} \tag{6.2}$$

式中,F_t 为滚刀所受载荷,kN;F_n 为滚刀所受切向载荷,kN;F_r 为滚刀所受垂直推力,kN;p_0 为岩石破碎区压力,与岩石强度滚刀尺寸等参数有关;φ 为滚刀与岩层接触角,(°);R 为滚刀半径,mm;T 为滚刀刀尖宽度,mm;α 为压力分布系数。

煤系地层砂岩石英含量高,岩石饱和抗压强度为 30～90 MPa,取口 $\sigma_c = 90$ MPa,计算得 $F_t = 29.1$ kN。深部巷道煤系地层围岩强度相比隧洞围岩强度要低,使用 TBM 开挖时,TBM 系统适应性设计可将其适宜的单轴抗压强度降低,单轴抗压强度在 20～100 MPa 范围认为是比较适合的,其中 35～60 MPa 是最佳的单轴抗压强度范围。

6.3.2.2　大尺寸部件拆解运输技术

为满足大尺寸部件立井罐笼拆解和井下运输要求,TBM 设备各部件入井尺寸重量应符合要求。高家堡煤矿副井罐笼尺寸为长×宽×高＝5.8 m×2.5 m×3.8 m,罐笼最大升降载荷 37 t,井下巷道内平板车尺寸为长×宽＝4.5 m×1.8 m,最大承重 40 t,设备运至施工现场需经过最小的拐弯半径为 5 m。针对性设计 TBM 各部件的尺寸质量,主要大尺寸如部件刀盘中心块、顶护盾、主梁 1#、主梁 2#、主驱动法兰、主驱动变速箱和后支撑均应该满足上述要求。煤矿 TBM 拆解运输以不扩挖、原位拆机退出为原则,TBM 拆机运输流程如图 6.23 所示。

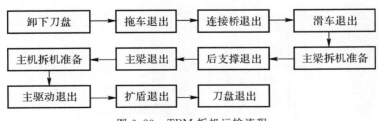

图 6.23　TBM 拆机运输流程

在拆解运输过程中,为了满足超大重量刀盘、主梁等结构整体旋转及吊装运输技术需求,高家堡煤矿井下针对性设计了专门的 TBM 组装硐室、步进砟室和始发硐室。通过采用合理的布局,既减少了矿方扩挖工程量,节约了工期,又为 TBM 设备进场安装创造条件,在 TBM 施工期间满足设备均衡生产中车辆调配和物料运输要求。组装硐室尺寸满足大件起吊高度要求,长度和宽度满足运输车辆编组要求,组装硐室尺寸为长×宽×高＝38 m×8.5 m×12.6 m。高家堡煤矿成功应用敞开式全断面掘进机后,首月掘进月进尺高达 304.8 m,掘进速率提高 3～10 倍,综掘岩巷进尺提升效果明显,有效缓解了矿井采掘接续困难的问题。

6.3.3 煤矿岩巷 TBM 智能化关键技术

6.3.3.1 TBM 在煤矿岩巷掘进的应用

近 5 年来,国内先后有 11 座矿井使用 TBM,大致分为以下 4 种使用情况:

(1)围岩、矿山压力、TBM 设计 3 个方面结合较好的矿井,工效提高明显,月进尺 400～600 m,对比传统工法,工效提高了 4～6 倍。

(2)部分矿井岩石硬度较低、易风化,围岩完整性差。例如山东某矿采用 TBM 施工,月进尺仅 200 m 左右,与综掘机工效相当。

(3)部分矿井 TBM 结构设计存在缺陷,施工存在安全隐患,无法满足煤矿安全生产需要。

(4)围岩、矿山压力及 TBM 设计均结合较好,但矿井后配套系统制约 TBM 施工进度,月进度仅维持在 300 m 左右。

矿用 TBM 主要为敞开式和护盾式,在围岩坚硬、稳定性好的情况下,均可以实现快速掘进。从及时支护、减小空顶距方面考虑,凯式结构和主梁式结构比护盾式更能适应破碎围岩,凯式结构重心靠后,接地比压更小,能够实现长距离连续扩挖,减小卡机风险,辅助工法作业空间大;敞开式结构目前难以实现小半径转弯。护盾式结构主机长,大埋深地层容易卡盾,通过改进结构可以实现小半径转弯,能够适应煤矿巷道转弯要求。矿用 TBM 需要在现有结构形式基础上改进创新,以满足煤矿巷道施工要求。

6.3.3.2 TBM 掘进煤矿岩巷的优势

1.高效破硬岩

TBM 充分利用了岩石抗剪强度较低的原理,刀具滚动不打滑,使用寿命长,提高了破岩效率,降低设备破岩时的能耗。H. Tuncdemir 等在分析不同截割工具、岩渣粗糙度指标 CI 和不同工具破岩比能耗 SE(MJ/m³)的基础上得出以下结论,如图 6.24 所示,其中,n 为不同截割工具系数;k 为岩石强度。FREN - ZEL 等根据大量岩体磨耗性试验发现,围岩地质特性和TBM 掘进参数是影响滚刀磨损的关键因素。其中,V 型滚刀为楔形截面滚刀,CCS 型滚刀为常截面滚刀。

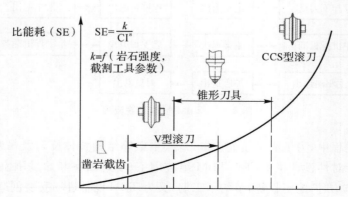

图 6.24 各种采矿开采技术对破岩比能耗的影响

2. 对巷道影响小

滚刀破岩超挖量小，降低对围岩破坏，巷道完整性好，矿压显现不明显，优化巷道内支护密度，节省支护成本。钱鸣高等分析 λ 变化时（0≤λ≤1）的应力分布，得出圆形巷道两侧切向应力集中系数处于 2～3，应力集中系数明显小于矩形断面巷道。

圆形断面巷道稳定性最好，机械开挖施工难度最低，尤其适用于埋深大、矿压大的工况；圆形巷道加上锚杆支护，可以大大降低围岩应力集中。

3. 掘进与支护平行作业

传统炮掘工艺完成一个循环需要 6 道工序，悬臂综掘工艺需要 2 道工序，TBM 将多道工序集成在一台设备上，实现掘支运一体化，简化掘进工序，提高掘进工效。

4. 高效喷水灭尘、抽风除尘

配置高效除尘系统，改善现场作业环境，工作环境比传统炮掘及综掘工艺大有改观，减少粉尘等职业危害。

5. 各项先进技术高度集成

可实现千米钻机、三维物探、高效除尘、快速支护、远程控制、带式输送机自动张紧等各项技术的有效集成，是最有望实现掘进自动化、智能化的先进装备。

6.3.3.3　矿用 TBM 关键技术

矿用 TBM 岩巷工程，主要包括轨道运输巷、胶带运输巷、主回风巷、瓦斯抽放巷（包括底抽巷和高抽巷）。基于巷道用途不同，TBM 施工层位、巷道截面以及设计服务年限区别很大，直接关系到巷道支护工艺和支护成本以及对设备的功能要求。同时，巷道设计又受制于矿产资源赋存条件、工程地质条件以及矿井建设规划，这对 TBM 整机设计提出了很高的要求。

煤矿常规巷道单条长度不长，巷道带有一定坡度且需要拐弯。矿山 TBM 工程施工前通常缺乏详细地质调查的条件和时间，地域差别大，地形地质复杂，对井下组装、下井尺寸和质量要求苛刻。这些都大大增加了 TBM 设计和施工的难度。

经过几十年的发展，TBM 在铁路、公路等传统硬岩隧道施工中得到大规模推广应用，取得良好的成绩，但是在煤矿领域的研究和工程应用，还处于探索阶段，针对煤矿小空间、高瓦斯、不同功用等特殊工况，还有许多关键技术课题有待进一步研究，如图 6.25 所示。

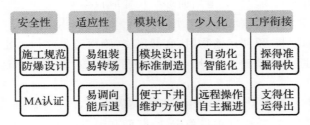

图 6.25　TBM 研究重点

1. TBM 地质适应性

煤矿地质环境以沉积岩为主，多为泥质胶结和硅质胶结，不同于土层结构，硬度介于次软和极硬岩石之间。施工层位分单一地层和复合地层。单一地层，岩性接近均质，便于施工管理；复合地层，岩性复杂，TBM 主机和后配套设计需进行改进，考虑如何过断层破碎带，如何防止软岩大变形卡机以及防控突涌水等灾害。针对复合地层开挖，需要开发双模和多模式

TBM,如图6.26所示。在斜井施工中,TBM面临揭煤,目前缺乏相应的施工标准和规范。可以发挥TBM拼装拱架和管片的优势,顺利穿越松软煤层;瓦斯突出矿井施工,详细分析揭煤过程中遇到的极端情况和各种影响因素,形成施工操作规范;危险作业时人员撤出,远程操作,转入"有人巡视,无人掘进"模式。

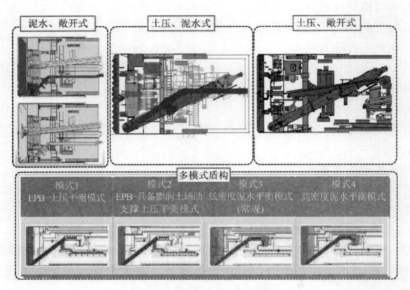

图6.26 双模-多模式盾构

针对不同埋深地层,研究不同地应力下岩石与盾体相互作用机理,不同岩性围岩收敛变形曲线,有效解决TBM卡机风险。特殊的工况条件,要求矿用TBM具有良好的地质适应性,尤其是顶板和底板适应性,空顶距要小,接地比压小,便于快速通过不良地质段。整机进行模块化设计,分块设计,减小部件下井尺寸和重量,便于运输,洞内快速组装,便于设备转场。

2. 巷道截面及其利用率

目前TBM只能进行圆形断面开挖,圆形断面应力集中系数小,强度高,适用于埋深大、地应力高、有冲击地压的工况场合。巷道断面形状尺寸应根据矿井生产能力、巷道用途及围岩物理力学性能进行确定。

图6.27为瓦斯抽放巷,顶部运输物料,底部出渣,侧帮通风;图6.28为贵州某矿运输大巷断面设计图,在圆形断面的基础上,利用洞内矸石底部回填,巷道底部运输设备和人员,顶部胶带机出渣。

针对浅埋深,压力显现不大,断面利用率要求高的煤矿,可以在圆形断面的基础上通过机械2次扩挖,改造为拱形巷道,保证顶板稳定性,断面利用率提高13.7%,如图6.29所示。

3. 矿用TBM标准化

煤矿的特殊性,要求矿用设备安全性能高,生产效率高,易操作易维护。轴承、密封、液压电气元器件等关键零部件标准化、自主化、国产化,打破国外技术封锁与垄断,不断提高国内企业技术与产品竞争力,才能完全满足煤矿对设备价格、质量、交货期的综合要求。

技术、产品、施工、组织管理标准化研究至关重要。首先要符合TBM国家标准,还要符合煤炭行业标准,最终形成企业标准,指导设计研发、生产制造、检验和验收、设备操作。旨在提高产品通用性,增强部件互换性和施工作业规范性,提高效率,保证施工人员安全。

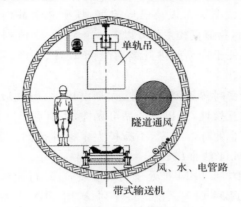

图 6.27　瓦斯抽放巷示意图

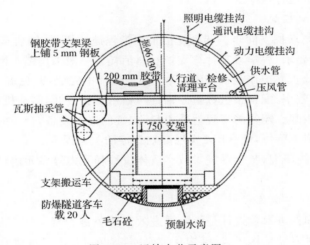

图 6.28　运输大巷示意图

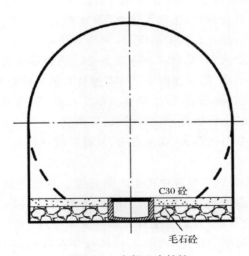

图 6.29　底部 2 次扩挖

矿用 TBM 标准化包含以下 4 部分工作。

(1)产品系列化。煤矿大型综采设备已经定型,煤矿巷道截面设计以满足实际需要为准则。煤矿巷道采用圆形断面,巷道直径主要分以下 4 个系列,$\phi3$ m 级、$\phi4$ m 级、$\phi5$ m 级和 $\phi6$ m 级。系列化可以减少类别,便于产品改进升级,有利于设计、生产、采购、巷道施工,也有利于降低设备成本,缩短制造周期。

(2)部件通用化。轴承密封等关键外购件、大型结构件、电气液压元器件,模块化设计,统一接口尺寸,提高通用性和互换性,既提高产品可靠性,也有利于降低库存。

(3)零件标准化。制定企业标准件库,不断扩大企标件范围。通过标准化研究,全面提升产品性能,有助于矿用 TBM 工法推广。

(4)认证标准化。煤矿岩巷 TBM 正处于初期发展阶段,行业标准正在制订中。安标国家矿用产品安全标志中心把 TBM 划入采掘设备序列,矿用 TBM 机械、电气、液压、流体各系统必须符合煤矿防爆管理的要求,所有配套件必须按照采掘工作面设备选型,相关元器件需要取得煤矿安全认证,整机通过煤矿安全认证。

4.支护与掘进工效匹配

TBM 快速掘进要求掘支同步。巷道支护根据工程地质资料、围岩类别及特征进行设计,须满足巷道支护强度要求,科学合理计算支护材料消耗。一般采用锚、网、喷支护代替管片支护,支护成本大大降低。支护作业在 TBM 一个掘进循环中完成,避免掘支失调。根据支护强度要求和单钻机支护效率,配置钻机数量。锚杆与锚索支护分开,多钻机、各工序交叉平行作业,达到支护与掘进匹配。翔实的工程地质资料,先进的支护设备,合理的施工工艺,科学的施工组织管理,高素质施工队伍,是 TBM 实现高效掘进的关键因素。

开展智能支护系统研究,基于掘进参数、盾体位移和受力等多元信息的判识,实现精准识别、快速处理。

5.结构形式和掘进参数优化

TBM 结构形式和掘进参数设计是影响掘进效率的关键因素。国内外学者做了大量研究工作,程永亮等通过对刀盘结构形式、结构参数研究,提出 TBM 刀盘地质适应性设计方法;刘志杰等针对围岩属性进行适应性设计,充分利用刀盘设计实例中积累的成功经验和科学数据,综合考虑,提出刀盘主参数设计方法;张娜等建立 TBM 混合云管理平台,通过分析 TBM 掘进过程参数随时间变化的规律,建立岩机关系模型,为科学掘进方案提供参考依据。

TBM 工作过程中振动很大,容易对围岩特别是松动围岩造成破坏。围岩不稳定情况下,重点研究不同刀盘转速、贯入度、掘进速度下 TBM 振动对围岩的影响,优化掘进参数,快速通过断层破碎带。围岩条件良好情况下,以出料粒度值为基础,研究不同掘进参数下,如何获得最佳粒度值,实现滚刀破岩最佳比能耗,减少延米滚刀消耗,减少换刀时间和换刀频率;建立刀盘刀具实时感知系统;研发换刀机器人,实现安全、及时、快速换刀。

6.掘进清洁化作业

井下环境复杂,传统工法施工过程中产生大量粉尘、有害气体、振动和噪声污染,带腐蚀性的水雾,高温或者低温等危害,其中粉尘的危害最大,引起职业病总人数的比例达到90%,严重危害职工健康。TBM 刀盘上配置外喷雾灭尘系统,主机后部配置有干式或湿式除尘器,可以大大降低工作面粉尘含量,改善工作区域作业环境;TBM 配置排水泵及时解决巷道积水;配置有害气体检测装置,加大进风解决有害气体问题。下一步需要重点研究大坡度、长距离巷道掘进面临的通风排水问题；TBM 设备振动和噪声不大,符合煤矿安全认证要求。

矿用 TBM 可实现风速、进风量、除尘风机抽污风量等参数达到最佳匹配,除尘风机采用变频控制,解决掘进距离不断增大对除尘效果的影响。井下热源多,高温热害对人体健康影响很大。以人为本,推进高温矿井职业健康管理,TBM 配置矿用制冷机组作为未来重要研究方向。

6.3.4　TBM 智能快速掘进技术

6.3.4.1　掘锚一体式快掘装备配套

掘锚一体式快速掘进系统主要包括低比压型掘锚一体机、锚杆转载机、可弯曲带式输送机、迈步式自移机尾,以及除尘、供电、控制通信等子系统,如图 6.30 所示。低比压型掘锚一体机全宽截割,机载 6 台钻机;锚杆转载机破碎均匀转载,机载 6 台钻机;可弯曲带式输送机和迈步式自移机尾组成柔性连续运输系统,完成截割落煤的连续转载。掘锚一体式快速掘进系统内各设备、子系统协同联动,一体化完成割煤、装煤、破煤、运煤、支护、除尘等工序,掘锚一体机式快速掘进系统总体方案如图 6.31 所示。

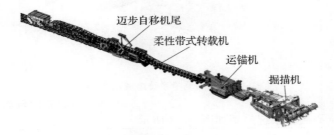

图 6.30　掘锚一体式快速掘进系统

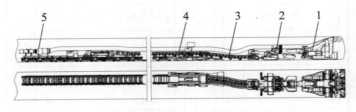

图 6.31　掘锚一体机式快速掘进系统总体方案

6.3.4.2　悬臂式掘进机截割头姿态视觉检测系统

悬臂式掘进机的截割头姿态和机身位姿精确测量是智能截割控制系统的关键。其中,掘进机机身位姿可以通过捷联惯导技术或视觉的方法来实现精准定位。目前掘进机截割头姿态测量有:通过在截割部旋转关节处和抬升关节处分别安装矿用角度传感器、倾角传感器测量旋转角和俯仰角;利用三轴加速度传感器检测掘进机截割部姿态角;利用磁致伸缩式位移传感器,通过掘进机截割部几何机构关系间接计算截割部的旋转角和俯仰角。上述方法对在役掘进机而言改造难度大,在掘进振动工况下难以保证精度且测量稳定性不高。因此,需要一种不改变现有掘进机结构的截割部姿态测量方法。视觉位姿测量技术作为一种非接触式测量方式,能够利用光学成像原理和位姿解算模型求解目标姿态参数,在工业检测、机器人位姿检测与导航等领域得到广泛的应用,具有测量精度高、成本低、实时性强、适应复杂环境等特点。

测量系统组成如图 6.32 所示,包括悬臂式掘进机 EBZ160 的 5∶1 模型、SE3470 型红外 LED 特征点、250 mm×250 mm 的矩形标靶、矿用防爆相机(MV_EM130M),其中相机带有隔振装置,增加滤镜,相机固定在悬臂式掘进机机身后方。选用红外 LED 特征点可以简化井下复杂光照条件下图像的处理过程。固定红外 LED 的装置采用矩形标靶;P1~P4 为测量时要用到的红外特征点,红外 LED 特征点通过垫圈固定在矩形标靶上;矩形标靶固定在悬臂式掘进机截割臂上;同时,标靶中设计有 LED 驱动电路板的安装结构及线路槽,用以优化控制红外 LED 特征点的发光强度。

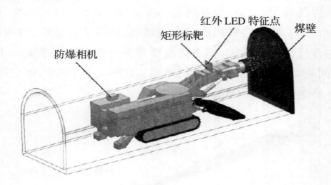

图 6.32　测量系统组成示意

掘进机截割部位姿测量系统原理如图 6.33 所示。

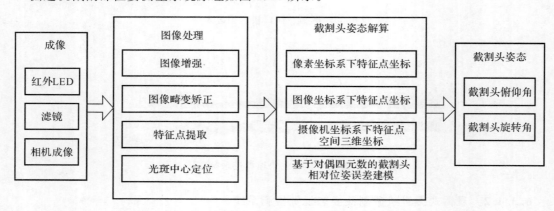

图 6.33　悬臂式掘进机截割部位姿测量系统原理

首先控制悬臂式掘进机截割部进行旋转和抬升动作,使用相机对标靶上的红外 LED 特征点成像并进行取样,每隔 1 s 采集一帧图像,通过滤镜滤除杂光,仅对红外 LED 波段的光进行保留;然后采用图像处理技术对获得图像进行去噪和增强处理,并对图像进行畸变矫正,采用定参高斯曲面拟合方法对标靶的红外 LED 特征点提取和中心定位;最后根据上述 4 个特征点的坐标解算出掘进机截割部的俯仰角和旋转角。

6.3.4.3　多设备自动测距跟进、协同行走控制技术

采用无线网络通信技术实现设备间通信,利用测距传感器以及遥控系统,构建快速掘进成套装备协同行走控制系统,可以实现包括掘锚机与锚杆转载机协同行走控制、锚杆转载机与可弯曲带式转载机协同行走控制、可弯曲带式转载机与迈步式自移机尾协同行走控制等功能。

(1)掘锚机与锚杆转载机协同行走控制功能。利用激光测距原理实时监控掘锚机卸料部与锚杆转载机受料部的距离,使之满足运输搭接要求。当系统处于同步行走模式时,若该距离超过设定值,锚杆转载机继续行走直至达到设定距离;若该距离小于设定值,设备声光报警,提示作业人员人工干预操作,避免碰撞,进入强制停机距离区域时则设备停机。

(2)锚杆转载机与可弯曲带式转载机协同控制功能。通过设备相互之间的信息传输,可以得知对方的移动方向,当其中的任一设备向前或向后移动时,另外一台设备也将随着一起向前或向后移动,从而增加设备移动的牵引力,实现整套设备的快速移动,提高巷道的掘进速度。

(3)可弯曲带式转载机和迈步自移机尾协同控制功能。当迈步自移机尾接收到前进信号时,可弯曲带式转载机则会向后行走,其向后行走的牵引力将会减少迈步自移机尾的前进阻力,促进迈步自移机尾的移动。迈步自移机尾协同行走控制系统终端显示如图 6.34 所示。

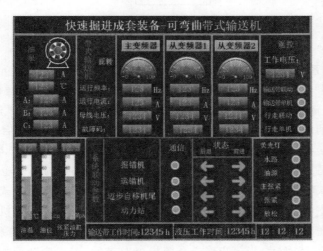

图 6.34　迈步自移机尾协同行走控制系统终端显示

6.3.4.4　掘进与破碎协同作业控制技术

采集掘进机截割功率、掘进速度、液压系统压力、破碎机的状态等数据,通过 PLC 控制器的综合分析,再通过程序控制实现掘进速度与掘进机的截割功率、破碎机能力自动优化匹配,并自动启动自动巡航功能,达到保护设备、节能、提高效率的目的。在掘进速度与掘进机截割功率自匹配的基础上,当破碎机的工作能力小于掘进机的输送能力,且未达到自身额定工作能力时,掘进机 PLC 控制器自动优化通过网络控制破碎机提高工作速度,以提高掘进效率;当破碎机的工作能力小于掘进机的输送能力且达到或超过自身额定工作能力时,掘进机 PLC 控制器自动优化并通过自动控制来降低掘进速度,使掘进速度与破碎机的破碎能力达到最佳匹配,实现保护破碎机、提高掘进机效率的目的。采集分析掘进机和破碎机启停状态:破碎机启动后才能开始掘进工作;掘进机开始掘进后破碎机才能行走;破碎机开始倒退后掘进机才能开始倒

退,并且破碎机与掘进机距离不能小于设定值;如果掘进机停止工作,破碎机需要工作一定时间后自动停止工作,避免破碎机下次带载启动,并实现节能。掘进与破碎协同作业流程如图6.35 所示。

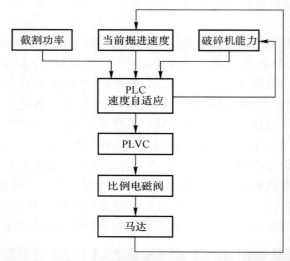

图 6.35　掘进与破碎协同作业流程

6.3.4.5　运输系统联动控制技术

煤矿井下掘进自动化成套设备运输系统包括全断面掘进机刮板输送机、破碎机刮板输送机、转载机柔性带式输送机、迈步带式输送机、转运带式输送机、主巷带式输送机。目前,输送系统实现了输送机间的联动控制功能,联动控制功能原理为自动化重载启动,转载机柔性带式输送机采用头尾变频驱动方式,充分利用变频电机软启动的启动力矩大、输送带负载能力强、机械冲击强度小等特点,实现输送机重载启动。逆煤流启动功能的启动输送系统指令发出后,首先启动大巷主带式输送机,当主带式输送机启动平稳后,再给转运带式输送机发出启动信号,以此类推,按照主巷带式输送机—转运带式输送机—迈步带式输送机—转载机带式输送机—破碎机刮板输送机—全断面掘进机刮板输送机的启动顺序启动输送系统。自动化顺煤流停车启停顺序如图 6.36 所示,当停止输送系统指令发出后,首先全断面掘进机刮板输送机停止,然后发出破碎机刮板输送机停止信号,以此类推,按照全断面掘进机刮板输送机—破碎机刮板输送机—转载机柔性带式输送机—迈步带式输送机—转运带式输送机—主巷带式输送机的停止顺序关闭输送系统。联动控制联锁功能表现为当全断面掘进机刮板输送机、破碎机刮板输送机、转载机柔性带式输送机、迈步带式输送机、转运带式输送机、主巷带式输送机中任何一个输送系统发生故障时,整个输送系统停机。运输系统联动控制提高了系统运行效率和可靠性,减少了设备空转时间,最大限度降低了能耗。

6.3.4.6　可视化智能打钻系统

2021 年,为进一步提高井下钻机自动化程度,同步提升掘进效率,国内陆续开展了可视化智能打钻系统的研究,该打钻系统主要由可视化监控、远程智能控制系统和煤矿用履带式全自动液压钻机组成,如图 6.37 所示。可视化智能打钻系统实施后,由 2 台钻机配合施钻形成钻机群作业,施工人员由 6 人减少至 3 人,钻进效率提升了 1 倍以上。

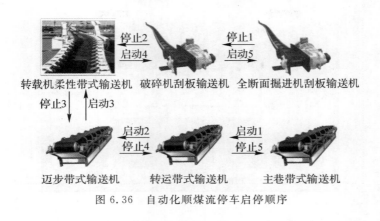

图 6.36　自动化顺煤流停车启停顺序

图 6.37　可视化智能打钻系统现场作业

6.3.4.7　快速掘进远程控制系统

2020 年,国内研制出复杂地质条件下快速掘进地面远程智能控制系统(见图 6.38),该系统以井下中央集控中心为载体和中转,以集群设备多信息融合网络为通道,以工况监测与故障诊断系统为感知,突破了煤流一键启停、自动截割与自主行走、远程辅助锚护、全自动锚索机器人远程钻进等关键技术,实现了成套装备地面和井下 2 级远程控制,以及快速掘进装备地面远程控制,全自动锚索机器人全自动钻进。

(a)

图 6.38　快速掘进远程控制系统井下和地面控制中心

(a)井下控制中心

(b)

续图 6.38　快速掘进远程控制系统井下和地面控制中心

(b)地面控制中心

6.3.4.8　快速掘进存在的技术难题

（1）基于掘锚一体式快速掘进装备局限性较大。基于掘锚一体式快速掘进装备对巷道设计宽度及高度的要求较高，具有较大的局限性。

（2）掘进单机装备完备性及可靠性的能力有待提升。锚钻设备主要以锚杆钻车和单体锚杆钻机为主，自动化程度低，智能化发展基础薄弱，虽然可以实现钻进、接锚杆全自动化，但全流程无法实现全自动化锚杆支护；铺联网、锚杆、锚索等输送与存储、锚索切断、装药等工序均难以实现完全自动化；掘进设备主要以悬臂式掘进机、掘锚一体机为主，悬臂式掘进机采用部分断面截割，巷道成形控制难度大，且掘支不能平行作业，在本机上集成钻机后，受机身尺寸限制，发展悬臂式掘进机机载智能钻机技术难度大；而掘锚一体机可实现全宽一次成巷、掘支平行作业，但其对地质条件要求苛刻，受机身尺寸限制，只能发展小型化智能钻机；其他可实现刚性架自动插架、地坪自动摊铺、物料自动供给等设备的研制仍为空白。此外，国产掘进设备整体可靠性低，难以适应复杂多变、环境苛刻的工况，故障率高，开机率低，关键元部件寿命低。

（3）工作面除尘问题未有效解决。现有多套掘进装备均受装备体积影响，除尘设备采用负压除尘装置，但机载负压除尘装置由于吸尘口位置靠后，风量、风压不足，造成除尘效果不理想，影响操作人员视线。

6.3.4.9　关于智能快速掘进技术发展的思考

（1）装备适应性和可靠性需要进一步提升。智能化掘进装备应该结合矿井地质条件及生产要求进行装备选型制造，从而大幅提升装备的实用性，结合现有装备进行技术改进升级，在装备体积缩减方面进行技术创新，提高掘进机对巷道掘进需求的适应性。目前，在巷道掘进方面，需要进行瓦斯抽放钻场、联络巷等施工工序，缩小掘进装备体积后，便于拐弯，以进行相关钻场、巷道施工，提高掘进施工效率。

（2）提高锚杆和锚索的支护效率，实现物料输送自动化。目前快速掘进关键技术在于提高锚杆、锚索的支护效率，一是应该从技术配套方案中合理增加钻机数量，并优化钻机布置，提高钻机的效率；二是目前钻机自动化水平较差，与之匹配的物料（锚杆、锚索、锚网等）输送均采用人工操作，因此必须提升钻机及配套物料输送系统的自动化程度，实现自动铺网、上钻杆、上锁具及自动紧固。

（3）解决掘支协同作业难的问题。现有绝大多数掘锚一体机在推移截割头截割作业时，因底板软弱、截割力矩大等，出现掘进机机身不稳定而不断向后退的问题，而机身在无法静止的情况下很难保证同步支护作业（包括临时支护和永久支护）的安全性及工程质量，亟须开展相关技术研究来解决这一难题。

（4）实现设备精准定位。巷道掘进过程中，掘进机、输送机等设备的精准定位对于巷道掘进直线度的保证至关重要，因此必须引入导航定位技术，实现掘进设备精准空间定位。

（5）必须保证可视化远程干预操作。采取有效措施降低煤尘、水雾等对摄像头的影响，实现可视化远程干预操作。同时，应该引入实时现场模型，将每一道工序具体为模型里对应的步骤，实现对现场工序的还原，提高对装备的精准控制。

（6）需要进行多装备之间数据多源异构融合。相较于综采工作面，掘进工作面所配备的设备数量相对较少，但掘进工艺中需要多台设备多步骤协同进行，因此需要进行多装备之间的数据多源异构融合，达到协同控制的目的，最终实现智能化掘进。

思　考　题

1. 试阐述井田开拓的基本方式及其优缺点。
2. 斜井断面布置的基本原则是什么？
3. 斜井井内主要包括哪些基本设施？
4. 试说明立井井筒的分类及其结构形式。
5. 立井井筒的基本装备有哪些？
6. 立井施工主要包括哪些基本设施？
7. 试阐述平巷施工的基本环节。
8. 顺槽 TBM 智能掘进技术的主要内容有哪些？

参 考 文 献

[1]　董方庭，姚玉煌，黄初，等.井巷设计与施工[M].北京：中国矿业大学出版社，1994.

[2]　路耀华，崔增祺.中国煤矿建井技术[M].北京：中国矿业大学出版社，1995.

[3]　赛云秀.现代矿山井巷施工技术[M].西安：陕西科学技术出版社，2000.

[4]　何满朝，袁和生，靖洪文，等.中国煤矿锚杆支护理论与实践[M].北京：科学出版社，2004.

[6]　沈季良，等.建井工程手册[M].北京：煤炭工业出版社，1992.

[7]　中国矿业学院.特殊凿井[M].北京：煤炭工业出版社，1980.

[8]　杨文娟，马宏伟，张旭辉.悬臂式掘进机截割头姿态视觉检测系统[J].煤炭学报，2018，43(S2)：581-590.

[9]　王杜娟，贺飞，王勇，等.煤矿岩巷全断面掘进机（TBM）及智能化关键技术[J].煤炭学报，2020，45(6)：2031-2044.

[10]　宗凯，符世琛，吴淼，等.基于 GA-BP 网络的掘进机截割臂摆速控制策略与仿真[J].煤炭学报，2021，46(增刊)：511-519.

[11] 张旭辉,赵建勋,杨文娟,等.悬臂式掘进机视觉导航与定向掘进控制技术[J].煤炭学报,2021,46(7):2186-2196.

[12] 郭晓胜,周长宽,崔国岗,等.深部矿井岩巷 TBM 掘进设备选型及适应性设计[J].煤炭工程,2022,54(5):9-13.

第7章 基坑工程施工技术

本章主要介绍基坑放坡开挖施工、基坑支挡施工和土层锚杆施工等方面的内容。

7.1 基坑工程施工技术概述

基坑工程施工技术是一个综合性的岩土工程难题。涉及土力学中强度与稳定问题、变形问题及土与支护结构的共同作用问题。基坑工程施工的每一个阶段,结构体系和外界载荷都在变化。为保证安全施工,不仅要在设计阶段提出预测和治理对策,而且要在施工过程中采用监测及必需的应变措施来确保基坑的安全。

根据土层条件和周边环境,基坑开挖可分为4种类型:

1.无支护开挖

无支护开挖又分为垂直开挖和放坡开挖,该方式不采用支撑,费用低、工期短,是首先考虑的开挖方式。

2.支护开挖

根据制作方式划分的常用的围护结构类型,如图7.1所示。下面详述各种支护方式的特点及适用范围。

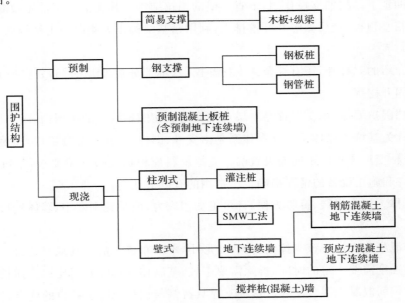

图 7.1 常用的围护结构类型

（1）简易支撑。一边自稳开挖，一边用木挡板和纵梁控制地层坍塌。其可用于局部开挖、工期短的小规模工程。其特点是刚性小、易变形、透水。

（2）钢板桩。用打入或振动打入法就位，施工简便，工程结束后钢板桩可回收，能重复使用。

（3）钢管桩。截面刚度大于钢板桩，在松软土层中开挖深度可较大，需有防水措施相配合。

（4）钢筋混凝土板桩。具有施工简便、现场作业周期短等特点，在基坑中广泛应用。但由于钢筋混凝土板桩的打入一般采用锤击方法，振动与噪声大，同时沉桩过程中挤土也较为严重，在城市基础工程中受到一定限制。其制作成本较灌注桩等略高。

（5）灌注桩。刚度大，可在深大基坑工程中使用。施工对周边地层、环境影响小。需和止水措施配合，如搅拌桩、悬喷桩等。

（6）水泥土搅拌桩挡墙。由于一般坑内无支撑，便于机械化快速挖土；具有挡土、止水的双重功能，一般情况下较经济；施工中无振动、无噪声、污染少、挤土轻微，因此在闹市区内施工更显出其优势。但该方式存在以下缺点：首先是位移相对较大，尤其在基坑长度大时，为此可采取中间加墩、起拱等措施以限制过大的位移；其次是厚度较大，只有在红线位置和周围环境允许时才能采用，在水泥土搅拌桩施工时要注意防止影响周围环境。

（7）地下连续墙。其刚度大，开挖深度大，可适用于所有地层。强度大，变形小，隔水性好，同时可兼作主体结构的一部分，环境影响小，造价高。

（8）SMW工法。SMW工法即劲性水泥土搅拌桩法，是在水泥土桩内插入 H 型钢等，将承受载荷与防渗挡水结合起来，充分发挥水泥土混合体和受拉材料的力学特性。其强度大、止水性好，内插的型钢可拔出反复使用，经济性好。

3. 逆作法或半逆作法开挖

该法借助地下结构的支撑作用，节省坑壁的锚拉结构。其施工顺序是先做混凝土灌注桩，再做混凝土箱基顶板，最后做竖井开挖排土，利用箱基结构作为侧向挡土结构的支撑点。

4. 其他形式

除以上介绍的几种外，还有综合法支护开挖（基坑部分放坡开挖、部分支护开挖）及坑壁、坑底土体加固开挖等。

用来支挡围护墙体，承受墙背侧土层及地面超载在围护墙上的侧压力，限制围护结构位移的结构体系称为基坑支撑体系。支撑体系是由支撑、围檩、立柱三部分组成，围檩、立柱是根据基坑具体规模、变形要求的不同而设置的。支撑材料应根据周边环境要求，基坑的变形要求、施工技术条件和施工设备的情况来确定。常用的有以下几类：

（1）钢支撑。该支撑装、拆除方便，且可施加预应力，但是其刚度小，墙体变形大，安装偏离会产生弯矩。

（2）钢筋混凝土支撑。该支撑刚度大、变形小，平面布置灵活。其缺点是自重大，不能预加轴力，且达到强度需要一定的时间，拆除需要爆破，其制作与拆除时间比钢支撑长。

（3）钢与钢筋混凝土混合支撑。这种支撑具有钢与钢筋混凝土各自的优点，但是不太适用于宽大的基坑。

7.2 基坑放坡开挖施工

放坡开挖是最简单的基坑开挖方法,与支护状态下的开挖相比较,放坡开挖更经济,并且其技术要求不高,施工难度较低,工程质量易得到保证。

需要指出的是,放坡开挖时,应采取相应的坡面、坡顶和坡脚排水、降水措施。放坡宜对开挖坡面采取保护性构造措施。

7.2.1 土质边坡自然放坡的坡率要求

根据《建筑边坡工程技术规范》,在坡体整体稳定的情况下,如地质条件良好、土质较均匀且无地下水的自然边坡的坡率允许值应按照地方经验确定。如无地方经验,可按照表 7.1 确定。

表 7.1 自然放坡的坡率允许值

边坡土体类别	状态	坡率允许值(高宽比)	
		坡高小于 5 m	坡高 5～10 m
碎石土	密实	1∶0.35～1∶0.50	1∶0.50～1∶0.75
	中密	1∶0.50～1∶0.75	1∶0.75～1∶1.00
	稍密	1∶0.75～1∶1.00	1∶1.00～1∶1.25
黏性土	坚硬	1∶0.75～1∶1.00	1∶1.00～1∶1.25
	硬塑	1∶1.00～1∶1.25	1∶1.25～1∶1.50

注:①表中碎石土的充填物为坚硬或硬塑状态的黏性土;
②对于砂土填充或充填物为砂石的碎石土,其边坡坡率允许值应按自然休止角确定。

挖土时,土方边坡太陡会造成塌方,反之则增加土方工程量,浪费机械动力和人力,并占用过多的施工场地。在开挖不符合上述规范条件的基坑时,就需要确定土方边坡稳定。边坡稳定问题是敞口放坡法施工中最重要的问题。如果处理不当,土坡失稳,产生滑动,不仅影响工程进度,甚至危及生命安全,造成工程事故。因此土坡稳定是保证既安全又经济地进行人工放坡安全施工的关键。

7.2.2 岩质边坡坡率允许值的确定

根据《建筑边坡工程技术规范》,在边坡保持整体稳定的条件下,岩质边坡开挖的坡率允许值应根据工程经验,按工程类比的原则结合已有稳定边坡的坡率值分析确定。对无外倾软弱结构面的边坡,放坡坡率可按表 7.2 确定。

表 7.2　岩质边坡坡率允许值

边坡岩体类型	风化程度	坡率允许值（高宽比）		
		边坡高度＜8 m	8 m≤边坡高度＜15 m	15 m≤边坡高度＜25 m
Ⅰ类	未（微）风化	1：0.00～1：0.10	1：0.10～1：0.15	1：0.15～1：0.25
	中等风化	1：0.10～1：0.15	1：0.15～1：0.25	1：0.25～1：0.35
Ⅱ类	未（微）风化	1：0.10～1：0.15	1：0.15～1：0.25	1：0.25～1：0.35
	中等风化	1：0.15～1：0.25	1：0.25～1：0.35	1：0.35～1：0.50
Ⅲ类	未（微）风化	1：0.25～1：0.35	1：0.35～1：0.50	—
	中等风化	1：0.35～1：0.50	1：0.50～1：0.75	—
Ⅳ类	中等风化	1：0.50～1：0.75	1：0.75～1：1.00	—
	强风化	1：0.75～1：1.00	—	

注：①岩质边坡工程勘察应根据岩体主要结构面与坡向的关系、结构面的倾角大小、结合程度、岩体完整程度等因素对
　　边坡岩体类型进行划分，边坡岩体Ⅰ、Ⅱ、Ⅲ、Ⅳ类的分类原则见表 7.3；
　　②Ⅳ类强风化包括各类风化程度的极软岩；
　　③全风化岩体可按土质边坡坡率取值。

表 7.3　边坡岩体分类原则

边坡岩体类型	判　定　条　件			
	岩体完整程度	结构面结合程度	结构面产状	直立边坡自稳能力
Ⅰ	完整	结构面结合良好或一般	外倾结构面或外倾不同结构面的组合线倾角＞75°或＜27°	30 m 高的边坡长期稳定，偶有石块掉落
Ⅱ	完整	结构面结合良好或一般	外倾结构面或外倾不同结构面的组合线倾角 27°～75°	15 m 高的边坡稳定，15～30 m 高的边坡欠稳定
	完整	结构面结合差	外倾结构面或外倾不同结构面的组合线倾角＞75°或＜27°	15 m 高的边坡稳定，15～30 m 高的边坡欠稳定
	较完整	结构面结合良好或一般	外倾结构面或外倾不同结构面的组合线倾角＞75°或＜27°	边坡出现局部落块

续 表

边坡岩体类型	判 定 条 件			
	岩体完整程度	结构面结合程度	结构面产状	直立边坡自稳能力
Ⅲ	完整	结构面结合差	外倾结构面或外倾不同结构面的组合线倾角 27°～75°	8 m 高的边坡稳定，15 m 高的边坡欠稳定
	较完整	结构面结合良好或一般	外倾结构面或外倾不同结构面的组合线倾角 27°～75°	8 m 高的边坡稳定，15 m 高的边坡欠稳定
	较完整	结构面结合差	外倾结构面或外倾不同结构面的组合线倾角 75°～27°	8 m 高的边坡稳定，15 m 高的边坡欠稳定
	较破碎	结构面结合良好或一般	外倾结构面或外倾不同结构面的组合线倾角 75°～27°	8 m 高的边坡稳定，15 m 高的边坡欠稳定
	较破碎（破裂镶嵌）	结构面结合良好或一般	结构面无明显规律	8 m 高的边坡稳定，15 m 高的边坡欠稳定
Ⅳ	较完整	结构面结合差或很差	外倾结构面以层面为主，倾角多为 27°～75°	8m 高的边坡不稳定
	较破碎	结构面结合一般或差	外倾结构面或外倾不同结构面的组合线倾角 27°～75°	8 m 高的边坡不稳定
	破碎或极破碎	碎块间结合很差	结构面无明显规律	8 m 高的边坡不稳定

注：①结构面指原生结构面和构造结构面，不包括风化裂隙。

②外倾结构面系指倾向与坡向的夹角小于 30°的结构面。

③不包括全风化基岩，全风化基岩可视为土体。

④Ⅰ类岩体为软岩，应降为Ⅱ类岩体；Ⅰ类岩体为较软岩且边坡高度大于 15 m 时，可降为Ⅱ类。

⑤当地下水发育时，Ⅱ、Ⅲ类岩体可根据具体情况降低一档。

⑥强风化岩应划为Ⅳ类，完整的极软岩可划为Ⅲ类或Ⅳ类。

⑦当边坡岩体较完整、结构面结合差或很差、外倾结构面或外倾不同结构面的组合线倾角 27°～75°，结构面贯通性差时，可划为Ⅲ类。

⑧当有贯通性较好的外倾结构面时应验算沿该结构面破坏的稳定性。

7.2.3　影响基坑边坡稳定的因素

基坑边坡坡度是直接影响基坑稳定的重要因素，当基坑边坡土体中的剪应力大于土体的抗剪强度时，边坡就会失稳坍塌。施工不当也会造成边坡失稳。影响边坡稳定的因素主要有：

(1)没有按设计坡度进行边坡开挖。

(2)基坑边坡坡顶堆放材料、土方以及运输机械车辆等，增加了附加荷载。

(3)基坑降排水措施不力。地下水未降至基底以下，而地面雨水、基坑周围地下给排水管线漏水渗流至基坑边坡的土层中,使土体浸湿,加大土体自重,增加土体中的剪应力。

(4)基坑开挖后暴露时间过长,经风化而使土体变松散。

(5)基坑开挖过程中,未及时刷坡,甚至挖反坡,使土体失去稳定性。

为保持基坑边坡的稳定,可采取以下措施:

(1)根据土层的物理力学性质确定基坑边坡坡度,并于不同土层处做成折线形或留置台阶。

(2)必须做好基坑降排水和防洪工作,保持基底和边坡的干燥。

(3)基坑放坡坡度受到一定限制而采用围护结构又不太经济时,可采用坡面土钉、挂金属网喷射混凝土或抹水泥砂浆护面。

(4)严格控制基坑边坡坡顶 1~2 m 范围内堆放的材料、土方和其他重物以及较大的机械所产生的荷载。

(5)基坑开挖过程中,随挖随刷边坡,不得挖反坡。

(6)暴露时间在 1 年以上的基坑,一般可采取护坡措施。

7.2.4 基坑边坡稳定性验算的条件与验算方法

遇到下列情况之一时,应开展基坑边坡稳定性验算:

(1)坡顶有堆积荷载;

(2)边坡高度超过表 7.2 允许值;

(3)具有软弱结构面的倾斜地层;

(4)岩层层面或主要结构层面的倾斜方向与边坡开挖面倾斜方向一致,且两者的走向小于 75°。

土质和岩质基坑边坡稳定性验算的方法不同。土质边坡稳定性分析宜采用圆弧滑动面条分法;岩质石边坡宜按由软弱夹层或结构面控制的可能滑动面进行计算。

7.3 基坑支挡施工

目前,基坑所采用的围护结构种类很多,其施工方法、工艺和所用的施工机械也各异。因此,应根据基坑深度、工程地质和水文地质条件、地面环境条件等,特别要考虑到城市施工这一特点,经综合比较后确定围护结构的形式。

7.3.1 工字钢柱围护结构

作为基坑围护结构主体的工字钢,一般采用 150、155 和 160 等大型工字钢。在基坑开挖前,在地面用冲击式打桩机沿基坑设计边线逐根打入地下,桩间距一般为 1.0~1.2 m。若地层为饱和淤泥等松软土层,也可采用静力压桩机和振动打桩机进行沉桩。基坑开挖时,随挖土方在桩间插入 5 cm 厚的水平木背板,以挡住桩间土体。基坑开挖至一定深度后,若悬臂工字钢的刚度和强度都不够,就需要设置腰梁和横撑或锚杆(索)。腰梁多采用大型槽钢、工字钢制成,横撑则可采用钢管或组合钢梁,其支撑平面形式如图 7.2 所示。

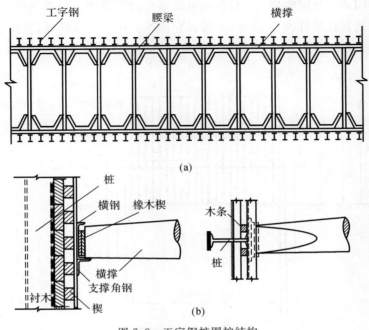

图 7.2　工字钢桩围护结构

(a)平面图；(b)立面图

工字钢围护结构适用于黏性土、砂性土和粒径不大于 10 cm 的砂卵石地层。当地下水位较高时，必须配合人工降水措施；且打桩时，施工噪声一般都在 100 dB 以上，严重影响周围环境。因此这种围护结构只适用于郊区距居民点较远的基坑施工中。

7.3.2　钢板桩围护结构

钢板桩由带锁口或钳口的热轧型钢制成，强度高。桩与桩之间的连接紧密，形成钢板桩墙，隔水效果好，可多次使用。但钢板桩一般为临时的基坑支护，在地下主体工程完成后即可将钢板桩拔出。

目前，钢板桩常用断面形式多为 U 形或 Z 形及直腹板型。我国城市隧道施工中多用 U 形钢板桩。

钢板桩的构成方法可分为单层钢板桩围堰、双层钢板桩围堰及屏幕等。采用屏幕式构造，施工方便，可保证基坑的垂直度，并使其能封闭合拢，在城市隧道施工时基坑较深，大多采用此围护形式，如图 7.3 所示。钢板桩的边缘一般应设置通长锁口，使相邻板桩能相互咬合成既能挡水又能共同承力的连续护壁。考虑到施工中的不利因素，在地下水位较高的地区，当环保要求较高时，应在钢板桩背面另外加设水泥土等隔水帷幕。

钢板桩围护墙可以用于圆形、矩形、多边形等各种平面形状的基坑，对于矩形和多边形基坑，在转角处应根据转角平面形状施作相应的异型转角桩。

钢板桩通常采用锤击、静压或振动等方法沉入土中，这些方法可以单独或者相互配合使用。当板桩长度不够时，可采用相同型号的板桩按等强度原则接长。打钢板桩应分段进行，不宜单块打入。封闭或半封闭围护墙应根据板桩规格和封闭段的长度事先计算好块数,第一块沉入的钢板桩应比其他的桩长 2～3 m,并确保它的垂直度。有条件时,宜在打桩前在地面以上沿围护墙位置先设置导架,将一组钢板桩沿导架正确就位后逐根沉入土中。

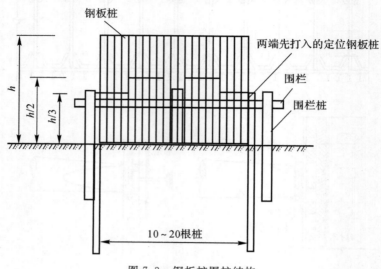

图 7.3　钢板桩围护结构

钢板桩由于施工简单而应用较广。但是钢板桩的施工可能会引起相邻地基的变形和产生噪声振动,对周围环境影响很大。因此,在人口密集、建筑密度很大的地区,其使用常常会受到限制。而钢板桩本身柔性较大,如支撑或锚拉系统设置不当,其变形会很大,当基坑支护深度大于 7 m 时,不宜采用。同时,由于钢板桩在地下室施工结束后需要拔出,因此应考虑拔出时对周围地基土和地表土的影响。

7.3.3　水泥土搅拌桩挡墙

水泥土搅拌桩挡墙是利用水泥作为固化剂,采用机械搅拌,将固化剂和软土剂强制拌和,使固化剂和软土剂之间产生一系列物理化学反应而逐步硬化,形成具有整体性、水稳定性和一定强度的水泥土桩墙。作为支护结构,其适用于淤泥、淤泥质土、黏土、粉质黏土、粉土、素填土等土层,基坑开挖深度不宜大于 6 m。对有机质土、泥炭质土,宜通过试验确定该支护结构的适用性。

常用的水泥土搅拌桩有重力坝式挡土墙和 SMW 工法两种。重力坝式水泥土挡墙,如图 7.4(a)所示,它的优点是不设支撑,不渗水,且只用水泥不需钢材,较经济。但为保持稳定,其宽度较大,因此,必须有足够的施工场地。SMW 工法,如图 7.4(b)所示,它是在单排搅拌桩内插入 H 型钢,再配以支撑系统,达到既挡土又挡水的目的。SMW 工法施工速度快,占地少。

国内还利用水泥土搅拌桩排列成拱形。拱脚处须设置钢筋混凝土钻孔灌注桩或在拱脚的水泥土桩中插入型钢,以传递支撑推力。这种拱形支护结构受力合理、位移小、造价低,但需要足够的场地,并精心施工,适合于跨度不大的沟槽。

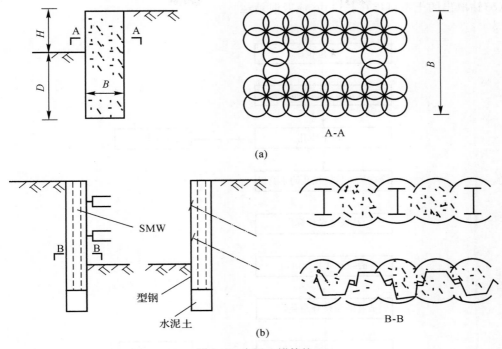

图 7.4　水泥土搅拌桩
(a)重力坝式挡墙；(b)SMW 工法

7.3.4　钻孔灌注桩围护墙

7.3.4.1　钻孔灌注桩干作业成孔施工

对于地下水位以上的一般黏性土、砂土及人工填土地基的钻孔灌注桩,可采用干作业成孔法施工,即非泥浆无循环钻进法。

一般采用螺旋钻孔机进行成孔。螺旋钻孔机由主机、滑轮、螺旋钻杆、钻头、滑动支架、出土装置等组成。它利用螺旋钻头切削土壤,被切的土块随钻头旋转,并沿螺旋叶片上升而被推出孔外。该类钻机结构简单,使用可靠,成孔作业效率高、质量好,无振动、无噪声,最宜用于匀质黏性土,并能较快穿透砂层。

在干作业成孔中,螺旋转成孔应用最多,其施工工艺流程如图 7.5 所示。

为了保证最终成桩后的质量,在施工中应注意以下几点。

(1)在钻机就位检查无误后,使钻杆慢慢向下移动,当钻头接触土面时,再开动电动机,且开始时钻速要慢,以减小钻杆的晃动,同时易于校正桩位及垂直度。

(2)如发现钻杆不正常地摆晃或难于钻进时,应立即提钻检查,排除地下块石或障碍物,避免设备损坏或桩位偏斜。

(3)遇硬土层时,应慢速钻进,以保证孔形及垂直度。

(4)钻到设计标高时,应在原深度处空转清土。停钻后,提出钻杆弃土。空转清土时,不可进钻;提钻弃土时,不可回转钻杆。

（5）钻取出的土不可堆在孔口边，应及时清运。

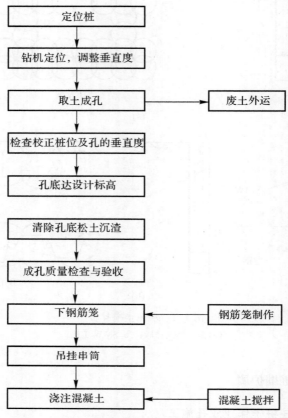

图 7.5　钻孔灌注桩干作业成孔施工工艺流程图

（6）吊放钢筋笼时，应防止变形和碰撞孔壁。钢筋笼外侧应设有预制的混凝土垫块，以保证混凝土保护层厚度。

（7）经检查合格的孔，应不隔夜及时浇注混凝土。混凝土从吊持的串筒内注入，一般深度大于 6 m 时，靠混凝土下冲力自身砸实；小于 6 m 时，应以长竹竿人工插捣；当只剩下 2 m 时，用混凝土振捣器捣实。常采用的混凝土坍落度为：一般黏性土宜用 5～7 cm；砂类土宜用 7～9 cm；黄土宜用 6～9 cm。混凝土强度等级不低于 C15。

（8）桩顶标高低于地面时，孔口应有盖板，以防人、物坠落。

7.3.4.2　钻孔灌注桩湿作业成孔施工

钻孔灌注桩的湿作业成孔法适用于一般黏性土、淤泥和淤泥质土、砂性土和碎石类土，尤其适用于在地下水位较高的土层中。

湿作业的成孔机械有冲击钻孔机、冲抓锥成孔机及正、反循环旋转钻机等，可应用在不同的土层中。

旋转钻机成孔是利用旋转切削土体钻进，并在钻进的同时采用循环泥浆的方法护壁排渣，继续钻进成孔。常用旋转钻机按泥浆循环的程序不同，分为正循环和反循环两种。所谓正循环即在钻进的同时,泥浆泵将泥浆压进泥浆笼头,通过钻杆中心从钻头喷入钻孔内,泥浆挟带钻渣沿钻孔上升,从护筒顶部排浆孔排出流至沉淀池,钻渣在此沉淀而泥浆仍进入泥浆池循环使用。

反循环与正循环程序相反,将泥浆用泥浆泵送至钻孔内,然后从钻杆下的钻头吸进,通过钻杆和砂石泵排到沉淀池,泥浆沉淀后再循环使用。反循环法吸泥有两种方式,即反循环泵方式和空气升液方式。反循环泵方式是钻管上端有软管与离心泵连接,吸泥时先用真空泵排出软管和钻管中的空气,再启动离心泵抽吸泥水。空气升液方式是钻管底端附近喷吹压缩空气,产生密度较小的空气和泥水混合物,形成管内外的密度差值,由此在管内产生向上的水流。

正循环旋转钻机多借用现有的转盘式水文地质钻机进行某种改造而成,如扩大底盘、增加移动装置等。灌注桩湿作业成孔施工工艺流程如图 7.6 所示。

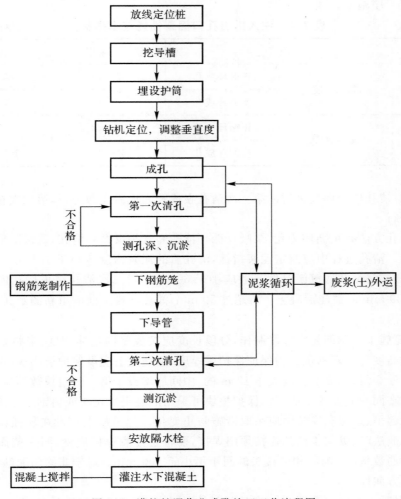

图 7.6　灌柱桩湿作业成孔施工工艺流程图

灌注桩湿作业成孔主要施工过程如下。

(1)成孔施工。成孔工艺应根据工程特点、地质条件和设计要求合理选择。成孔直径必须达到设计桩径,钻头应有保径装置。若采用锥形钻,其锥形夹角不得小于120°。钻头直径应根据施工工艺和设计桩径合理选定。在成孔施工过程中应经常检查核验钻头尺寸,必要时应进行修理。

在正式施工前应测试成孔,数量不得少于2个。核对地质资料,检验所选的设备、机具、施工工艺以及技术要求是否适宜。如孔径、垂直度、孔壁稳定和沉淤等检测指标不能满足设计要求时,应拟定补救技术措施或重新选择成孔工艺。

成孔施工应一次不间断地完成,成孔完毕至灌注混凝土的间隔时间不应大于24 h。

护壁泥浆可采用原土造浆或人工造浆。根据不同的成孔工艺和地质情况,可参考表7.4选用参数。

成孔至设计深度后,应对孔深、孔径、垂直度及泥浆密度等进行检查,确认符合要求后,方可进行下一道工序施工。

表7.4 注入排出孔口泥浆性能技术指标　　　　（单位:g/cm³）

项次	项目		注入泥浆指标	排出泥浆指标
1	泥浆密度	正循环成孔	≤1.15	≤1.30
		反循环成孔	≤1.10	≤1.15
2	漏斗黏度	正循环成孔	18″～22″	20″～26″
		反循环成孔	16″～18″	18″～22″

(2)清孔。清孔应分两次进行。第一次清孔在成孔完成后立即进行,第二次在下钢筋笼和安装导管后进行。

常用的清孔方法有正循环清孔、泵吸反循环清孔和气举反循环清孔,通常随成孔时采用的循环方式而定。清孔过程中应测定泥浆指标,清孔后的泥浆密度应小于1.15 g/cm³。清孔结束时应测定孔底沉淤,孔底沉淤厚度一般应小于30 cm。第二次清孔结束后孔内应保持水头高度,并应在30 min内灌注混凝土。若超过30 min,灌注混凝土前应重新测定孔底沉淤厚度,并满足规定要求。

(3)钢筋笼施工。钢筋笼宜分段制作,分段长度应按成笼的整体刚度、来料钢筋长度及起重设备的有效高度等因素确定。为保证保护层厚度,钢筋笼上应设保护层垫块,设置数量每节钢筋笼不应少于2组,钢筋笼长度大于12 m的,中间应增设1组。每组块数不应少于3块,且应匀称地分布在同一截面的主筋上。保护垫块可采用混凝土滑轮块或扁钢定位体。

钢筋笼在起吊、运输和安装中应采取措施防止变化。起吊吊点宜设在加强箍筋部位。钢筋笼用分段沉放法时,纵向主筋的连接须用焊接,要特别注意焊接质量,同一截面上的接头数量不得大于钢筋数量的50%,相邻接头的间距不小于500 mm。对于非均匀配筋的钢筋笼,在安装时应注意方向性。

(4)水下混凝土施工。混凝土配合比设计方法应按国家相关标准执行,正式拌制混凝土前,应进行试配。试配的混凝土强度比设计桩身强度提高15%～25%,坍落度为16～20 cm,含砂率为70%～75%,水泥用量不得少于380 kg/m³。混凝土应具有良好的和易性和流动度,坍落度损失应满足灌注要求。混凝土初凝时间应为正常灌注时间的2倍。

　　水下混凝土灌注是确保成桩质量的关键工序。灌注前应做好一切准备工作,保证混凝土灌注连续紧凑地进行。单桩混凝土灌注时间不宜超过 8 h。混凝土灌注的充盈系数不得小于 1,也不宜大于 1.3。

　　混凝土灌注用的导管内径应按桩径和每小时灌注量确定,一般为 φ200～250 mm,壁厚不小于 3 mm。导管第一节底管应大于 7 m,导管标准节长度以 3 m 为宜。浇灌水下混凝土所用的隔水塞可采用混凝土浇制,混凝土强度不低于 C20 级。外形应规则光滑并配有橡胶垫片。

　　浇灌混凝土时,导管应全部安装入孔,安装位置居中。导管底口距孔底高度以能放出隔水塞和混凝土为宜,一般控制在 50 cm 左右,隔水塞应用铁丝悬挂于导管内。混凝土灌入前应先在灌斗内灌入 0.1～0.2 m³ 的 1∶1.5 水泥砂浆,然后再灌入混凝土。等初灌混凝土足量后,方可截断隔水塞的系结铁丝,将混凝土灌至孔底。混凝土初灌量应能保证混凝土灌入后,导管埋入混凝土深度不小于 0.8～1.3 m,导管内混凝土柱和管外泥浆柱压力平衡。混凝土初灌量体积如图 7.7 所示,其计算方法是

$$V \geqslant \frac{1}{4}\pi h_1 d^2 + \frac{1}{4}\pi k D^2 h_2 \tag{7.1}$$

其中

$$h_1 = (h - h_2)\frac{\gamma_w}{\gamma_c} \tag{7.2}$$

式中　　V——混凝土初灌量体积,m³;

　　　　h_1——导管内混凝土柱与管外泥浆柱压力平衡所需高度,m;

　　　　h——桩孔深度,m;

　　　　h_2——初灌混凝土下灌后,导管外混凝土面高度,取 1.3～1.8 m;

　　　　γ_w——泥浆重度,11～12 kN/m³;

　　　　γ_c——混凝土重度,23～24 kN/m³;

　　　　d——导管内径,m;

　　　　k——混凝土充盈系数,取 1.3;

　　　　D——桩孔直径,m。

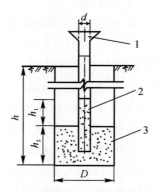

图 7.7　混凝土初灌量计算图

1—漏斗储料;2—导管;3—混凝土

　　在水下混凝土灌注中,导管埋入深浅对于灌注能否顺利进行从而保证成桩质量至关重要。导管埋入过浅,操作稍一疏忽会将导管拔出混凝土面,或因孔深压力差大,导管入浅可能发

生新灌入混凝土冲翻顶面,造成夹泥甚至断桩事故。导管埋入过深,会发生因顶升阻力大而产生局部涡流造成夹泥;或因混凝土出管上阻力大,上部混凝土长时间不动,流动度损失而造成灌注不畅或其他质量问题。因此,混凝土灌注过程中导管应始终埋在混凝土中,不能将其提出混凝土面。导管埋入混凝土面的深度以3～10 m为宜,最小埋入深度不得小于2 m。导管应勤提勤拆,每次提管拆管长度不得超过6 m。

混凝土灌注中应防止钢筋笼上拱。

混凝土实际灌注高度应比设计桩顶标高高出一定高度。高出的高度应根据桩长、地质条件和成孔工艺因素确定,其最小高度不宜小于桩长的5%,且应保证支护结构圈梁底标高处及以下的桩身混凝土强度满足设计要求。

当然,用灌注桩作为排桩支护,桩体排列应是一条直线,以便开挖后坑壁整齐。桩的施工一般应间隔两根,按桩号的次序先是1、4、7、10号,然后是2、5、8、11号,最后是3、6、9、12号桩施工。

7.3.5 挖孔桩的施工

挖孔桩作为基坑支护结构与钻孔灌注桩相似,是由多个桩组成桩墙而起挡土作用。挖孔桩可以使用简单机具进行开挖,不受设备和工作面限制。若干个孔可同时开挖,施工时无振动、无噪声、无泥浆,对周围环境不会产生污染;适合建筑物、构筑物拥挤的地区,对邻近结构和地下设施的影响小,场地干净,造价较经济。

挖孔桩适用于无水或少水的较密实的土类中,对流动性淤泥、流砂和地下水较丰富的地区不宜采用。桩的直径(或边长)不宜小于1.7 m,最大可达到5.0 m,孔深一般不宜超过20 m。

挖孔桩施工,必须在保证安全的基础上不间断地快速进行。每一桩孔开挖、提升出土、排水、支撑、立模板、吊装钢筋笼、灌注混凝土等作业都应事先准备好,紧密配合,及时完成。

人工挖孔桩是指桩孔采用人工挖掘方法进行成孔,随着桩孔的下挖,逐段浇捣钢筋混凝土护壁,直到所需深度,如图7.8所示。当土层较好时,也可不用护壁,一次挖至设计标高,最后在护壁内一次浇注混凝土。其主要施工程序如下。

(1)开挖桩孔。一般采用人工开挖,开挖之前应清除现场及山坡上的悬石、浮土,排除一切不安全因素,做好孔口四周临时围护和排水措施。孔口应采取措施防止土石掉入孔内,并安排好排土提升设备(卷扬机或木绞车等),布置好运土通道及弃土地点,必要时孔口应搭雨棚。挖孔过程中要随时检查桩孔尺寸和平面位置,防止误差。应注意施工安全,下孔人员必须佩戴安全帽和安全绳,提取土渣的机具必须定期检查。孔深超过10 m时,应经常检查孔内二氧化碳浓度,如超过0.3%应增加通风措施。孔内如用爆破施工应采取浅眼爆破法,且在炮眼附近要加强支护,以防止震坍孔壁。当桩孔较深时,应采用电引爆,爆破后应通风排烟,经检查孔内无毒后施工人员方可下孔。

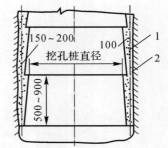

图7.8 人工挖孔桩(单位:mm)
1—混凝土护圈;
2—连接的直钢筋($\phi 8$～12 mm)

(2)护壁和支撑。在挖孔桩开挖过程中,开挖和护壁两个工序必须连续作业,以确保孔壁不坍。挖孔桩能否顺利施工,护壁起决定性作用,应根据地质、水文条件、材料来源等情况,因地制宜选择支撑及护壁方法。桩孔较深、土质较差、出水量较大或遇流砂等情况时,宜采用就地灌注混凝土护壁,每下挖 1~2 m 灌注一次,随挖随支。护壁厚度一般采用 0.15~0.20 m,混凝土强度等级为 C15~C20,必要时可配置少量的钢筋,也可采用下沉预制钢筋混凝土圆管护壁。如土质较松散而渗水量不大时,可考虑用木料作框架式支撑或在木框架后面铺架木板作支撑。

(3)排水。孔内渗水量不大时,可采用人工排水;渗水量较大时,可用高扬程抽水机或将抽水机吊入孔内抽水;遇到混凝土护壁坍塌或漏水时,用水泥干拌堵塞,效果较好。

(4)吊装钢筋骨架及灌注桩身混凝土。挖孔达到设计深度后,应检查和处理孔底、孔壁。清除孔壁和孔底浮土,孔底必须平整,符合设计条件及尺寸,以保证桩身混凝土与孔壁及孔底密贴,受力均匀。遇到地下水较难抽干,但可清孔干净时,可采用先铺砌条石、块石封底,或采用水下混凝土封底。浇灌桩身混凝土时应一次浇灌完毕,不留施工缝。

挖孔桩在挖孔过深(超过 15~20 m),或孔壁土质易于坍塌,或渗水量较大的情况下,都应慎重考虑。

7.4　土层锚杆施工

锚杆是一种特殊的支护类型,锚杆包括土层锚杆及岩石锚杆。基坑工程一般采用土层锚杆,锚杆支护的优点主要有:

(1)安全迅速地与岩土体结合在一起,承受很大的拉力,被广泛地应用于土层和围岩的早期支护,尤其适用于多变的地质条件、块裂岩体以及形状复杂的地下洞室。

(2)可采用高强钢材,并可施加预应力,能有效地控制建筑物的变形量。

(3)施工所需钻孔孔径小,不用大型机械。不占用作业空间,坑道的开挖断面比使用其他类型支护的小。

其缺点是:所提供的支护阻力较小,尤其不能防止小块塌落。土层锚杆一般可和金属网喷射混凝土联合使用,效果较好。

7.4.1　锚杆类型

土层锚杆一般由锚杆头部、自由段和锚固段三部分组成。其中,锚固段用水泥浆或水泥砂浆将杆体(预应力钢筋)与土体黏结在一起形成锚杆的锚固体。根据土体类型、工程特性与使用要求,土层锚杆的锚固体结构可设计为端部扩大头型、连续球体型或圆柱形三种,如图 7.9 至图 7.11 所示。

锚固于沙质土、硬黏土层并要求较高承载力的锚杆,宜采用连续球体型锚固体。土层锚杆的布置应符合以下规定:①锚杆上下间距不宜小于 2.5 m,锚杆水平方向间距不宜小于 1.5 m。②锚杆锚固体上覆土层厚度不应小于 7.5 m,锚杆锚固段不应小于 7.0 m。③倾斜锚杆的倾角不应小于 13°,并不大于 75°,以 15°~35° 为宜。

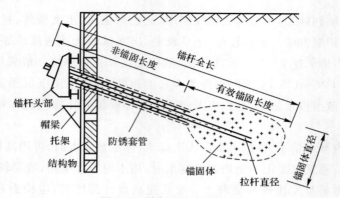

图 7.9 端部扩大头型锚杆

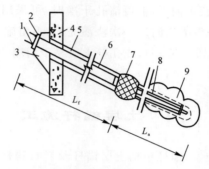

图 7.10 连续球体锚杆

1—锚具；2—承压板；3—台座；4—支挡结构；5—锚孔；6—二次注浆防腐处理；
7—膨胀止浆塞；8—预应钢筋；9—多球锚固体；L_f—自由段长度；L_a—锚固段长度

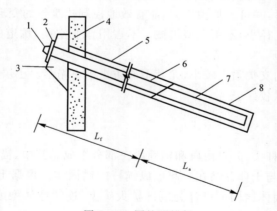

图 7.11 圆柱形锚杆

1—锚具；2—承压板；3—台座；4—支挡结构；5—锚孔；6—二次注浆防腐处理；
7—预应力钢筋；8—圆柱形锚固体；L_f—自由段长度；L_a—锚固段长度

7.4.2 锚杆支护体系的构造

锚杆支护体系由挡土构筑物、腰梁及托架、锚杆三部分所组成，以保证施工期间的基坑边坡的稳定。

7.4.2.1　挡土构筑物

挡土构筑物包括各种钢板桩、各种类型的钢筋混凝土预制板桩、灌注桩、旋喷桩、挖孔桩、地下连续墙和支护网等挡土护壁结构。

7.4.2.2　锚杆头部

锚杆头部是构筑物与拉杆的连接部分,为了牢固地将来自结构物的力得到传递,一方面必须保证构件本身的材料有足够的强度,相互的构件能紧密固定;另一方面又必须将集中力分散开,因此锚杆头部需由下列 3 部分组成。

(1)台座。构筑物与拉杆方向不垂直时,需要用台座作为拉杆受力调整的插座,并能固定拉杆,防止其产生横向滑动与有害的变位,台座用钢板或混凝土做成,如图 7.12 所示。

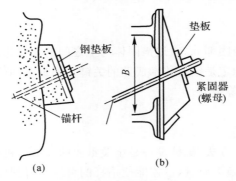

图 7.12　台座形式

(a)钢筋混凝土;(b)钢板

注:B 取决于钢模梁尺寸及锚杆倾角

(2)承压垫板。为使拉杆的集中力分散传递,并使紧固器与台座的接触面保持平顺,钢筋必须与承压板正交,承压垫板一般采用 20~70 mm 厚钢板。

(3)紧固器。拉杆通过紧固器的紧固作用将其与垫板、台座和构筑物贴紧并牢固联结。如拉杆采用粗钢筋,则用螺母或专用的连接器、焊结螺丝端杆等。当拉杆采用钢丝或钢绞线时,锚杆端部由锚盘及锚片组成,锚盘的锚孔根据设计钢绞线的多少而定,也可采用公锥及锚梢等零件,如图 7.13 所示。

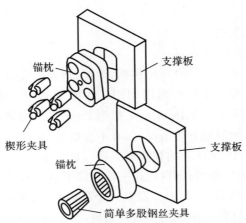

图 7.13　锚杆头处加固多股钢丝束锚索的方法

7.4.2.3 拉杆

拉杆是锚杆的中心受拉构件。从锚杆头部到锚固体尾端的全长即是拉杆的长度。拉杆的全长（L）实际上包括有效锚固长度（L_a）和非锚固长度（L_f）两部分。有效锚固长度（即锚固体长度）主要根据每根锚杆承受的抗拔力来决定,非锚固长度（亦称自由长度）应按构筑物与稳定地层之间的实际距离确定。

根据设计所需锚固力的大小,拉杆可选用普通钢筋（以螺纹钢为宜）,直径采用 $\phi22\sim32\text{ mm}$,单根或 $2\sim3$ 根点焊成束,亦可采用高强钢筋、高强钢丝或钢绞线等。

为了保证钢筋周围有足够的砂浆保护层,沿钢筋长度每隔 $1.5\sim2.0\text{ m}$ 焊一个支架。钢拉杆插入钻孔时,一般需将灌浆管同时插入,因此钻孔的直径必须大于灌浆管与钢筋及支架高度的总和。

7.4.2.4 锚固体

锚固体是锚杆尾端的锚固部分,通过锚固体与土之间的相互作用,将力传递给地层。锚固力能否保证构筑物的足够稳定是锚杆技术成败的关键。根据不同的施工工艺,锚固体有简易灌浆、预压灌浆和化学灌浆等类型。

7.4.3 锚杆施工工艺

锚杆施工所选用的施工方法、机械设备是至关重要的环节。机械设备选用得合适,施工工艺采用得当,才能有良好的施工质量,也才能使锚杆的可靠性得到保证。

7.4.3.1 施工准备

锚杆施工的准备工作包括以下内容。

(1)根据地质勘察报告,摸清工程区域地质、水文情况,同时查明锚杆设计位置的地下障碍物情况,以及钻孔、排水对邻近建（构）筑物的影响,然后按设计要求选定施工方法、施工机械和材料。

(2)制订施工方案或施工组织设计。根据设计要求和施工现场的实际情况制定施工方法、技术措施、质量保证体系和公害防治措施等,以及施工工期、现场机械、临时用电、水平面布置、材料的准备与堆放等。

(3)将使用的水泥、砂按设计规定配合比,做砂浆强度试验;锚杆对焊应做焊接强度试验,验证能否满足设计要求。

7.4.3.2 锚杆的施工工艺

锚杆施工工艺流程如图 7.14 所示。

(1)锚拉杆的制作与要求。锚拉杆可用钢筋、钢管、钢丝束或钢绞线,多用钢筋。当锚杆采用钢筋时,有单杆和多杆两种。单杆多选用 HRB335 或 HRB700 级的热轧螺纹钢筋,一般直径为 25 mm 或 28 mm;多杆直径为 16 mm,一般为 $2\sim7$ 根。钢筋、钢绞线使用前要检查各项性能,检查有无油污、锈蚀、缺股断丝等情况,如有不合格的,应进行更换或处理;钢筋的接头应采用焊接接头,搭接长度为 $10\,d$（d 为锚杆钢筋直径）,且不小于 50 mm。

当采用钢绞线或高强钢丝作锚杆时,应按一定规律平直排列,下料时应留有足够的张拉夹持长度;沿杆体轴线方向每隔 $1.0\sim1.5\text{ m}$ 设置一个隔离架,杆体的保护层不宜小于 2.0 cm,导气管应与杆体绑扎牢固;杆体自由段用塑料管包裹,与锚固段相交处的塑料管管口应密封并用铅丝绑紧;杆体前端应设置导向装置。

拉杆应由专人制作,要求顺直。钻孔完毕应尽快地安设拉杆,以防塌孔。拉杆使用前要除锈,钢绞线要清除油脂。孔附近拉杆钢筋应涂防腐漆。为将拉杆安置于钻孔的中心,在拉杆上应安设定位器,每隔 1.0~2.0 m 设一个。为保证非锚固段拉杆可以自由伸长,可采取在锚固段与非锚固段之间设置堵浆器,或在非锚固段的拉杆上涂润滑油脂,以保证在该段能自由变形。

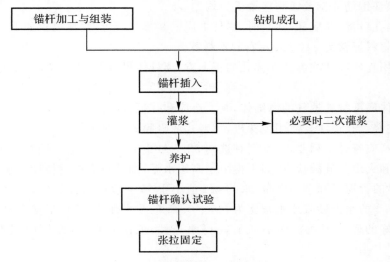

图 7.14　锚杆施工工艺流程

(2)钻机成孔。锚杆钻孔机械有许多类型,如螺旋式钻孔机、旋转冲击式钻孔机或 YQ - 100 型潜水钻机。亦可采用普通地质钻孔改装的 HGY100 型或 ZT100 型钻机,并带套管和钻头等。

锚杆钻孔时,钻机一般是向下倾斜的,而且往往要通过松软的覆盖层才能达到稳定的土层中。在复杂的地质条件如涌水的松散层中钻孔时,由于容易塌孔或缩颈,可采用长螺旋一次成孔的施工法。当地层为砂砾石、卵石层及涌水地基,钻孔施工可采用旋转冲击钻机。此种钻机可根据地层情况分别旋转、冲击;旋转中,前端打击向前走并打入套管,钻孔速度快。

钻孔要保证位置正确,要随时注意调整好锚孔位置(上下、左右及角度),防止高低参差不齐和相互交错。钻进后要反复提插孔内钻杆,并用水冲洗孔底沉渣直至出清水,再接下节钻杆;遇有粗砂、砂卵石土层;在钻杆钻至最后一节时,应比要求深度多 10~20 cm,以防粗砂、碎卵石堵塞管子。

(3)锚孔造好后,应尽快安放制作好的锚杆,安放锚杆的要求如下。

1)锚杆放入锚孔前,应认真检查锚杆的质量,确保锚杆组装满足设计要求。

2)安放锚杆时,应防止杆体扭曲变形,无对中支架的一面朝上放好,应检查排气管是否通气,否则抽出重做。

3)若采用底部注浆,注浆管应随锚杆一同放入锚孔,注浆管头部距孔底应有一定距离,一般为 5~10 cm。

4)锚杆体放入孔内深度不应小于锚杆长度的 95%,杆体安放后不得随意敲击、悬挂重物。

(4)张拉锚杆。锚杆安放后,在锚杆头部焊接紧锁装置或安装张拉夹具,以备张拉。张拉前要校核千斤顶,检验锚具硬度,清理孔内油污、泥沙。张拉力要根据实际所需的有效张拉力和张拉力的可能松弛程度而定,一般按设计轴向力的 75%~85% 进行控制。

锚杆张拉时,分别在拉杆上、下部位安设两道工字钢或槽钢横梁,与护坡墙(桩)紧贴。张拉用穿心式千斤顶,当张拉到设计载荷时,拧紧螺母,完成锚定工作。张拉时宜先用小吨位千斤顶拉,使横梁与托架贴紧,然后再换大千斤顶进行整排锚杆的正式张拉。宜采用跳拉法或往复式拉法,以保证钢筋或钢绞线与横梁受力均匀。

(5)采用锚孔口部(非底部)注浆时,锚杆上应安装排气装置,具体要求如下。

1)排气管材料通常为 $\phi 10\ cm$ 左右的塑料管。

2)排气管用扎丝或塑线绑扎在锚孔的正上方,离杆体里端 5~10 cm,其外端比锚杆长 1 m 左右。

3)在锚杆体底部绑扎透气的海绵体,其大小应和孔径相同。

(6)孔道注浆。孔道注浆需用搅拌机、活塞式或隔膜式压浆泵等。

注浆用材料应符合下列要求:水泥宜选用 32.5 号或 72.5 号普通硅酸盐水泥,不宜选用矿渣硅酸盐水泥和火山灰硅酸盐水泥,不得采用高铝水泥;细骨料应选用粒径小于 2 mm 的中细砂,严格控制砂的含泥量和杂质含量;水的 pH 值小于 7;一般选用灰浆比为 1:1 或 1:0.5、水灰比 0.7~0.5 的水泥砂浆或水灰比为 0.7~0.75 的纯水泥浆,还可根据需要加入一定的外加剂。拌和良好的砂浆或水泥浆需具有高可泵送性、低泌浆性,且凝固时只有少量或没有膨胀。

水泥浆液的抗压强度应大于 25 MPa,塑性流动时间应在 22 s 以下,可用时间应为 30~60 min。整个浇筑过程须在 7 min 内结束。在注浆作业开始和中途停止较长时间再作业时,宜用水或稀水泥浆润滑注浆泵及注浆管路。

当采用自孔底向外灌注方法时,随着砂浆的灌入,应逐步地将灌浆管向外拔出直至孔口,但灌浆管管口必须低于浆液面。此种方法可将孔内的水和空气挤出孔外,以保证灌浆质量;当采用孔口灌浆时,排气管停止排气且注浆压力达到设计要求时,或孔口溢出浆液时,方可停止注浆。

灌浆完成后,应将灌浆管、压浆泵和搅拌机等用清水洗净。

思 考 题

1. 叙述土质边坡自然放坡的坡率要求。
2. 叙述基坑施工中的围护结构的种类及特点。
3. 叙述土层锚杆施工的工艺流程。

参 考 文 献

[1] 刘丽萍.基础工程[M].北京:中国电力出版社,2007.
[2] 陈忠汉,程丽萍.深基坑工程[M].北京:机械工业出版社,1999.
[3] 周传波,陈建平,罗学东,等.地下建筑工程施工技术[M].北京:人民交通出版社,2008.
[4] 朱琦,李帅,魏东旭,等.基坑支护结构的综合选型及受力与变形特性[J].科学技术与工程,2020,20(32):13369-13378.

第8章 地下连续墙施工技术

本章主要介绍地下连续墙的分类、特点和应用,地下连续墙施工设计以及地下连续墙施工工艺等内容。

8.1 地下连续墙施工技术概述

利用一定的设备和机具,借助于泥浆的护壁作用,在地下挖出窄而深的沟槽,并在其内浇注适当的材料而形成的一道具有防渗、挡土墙承重功能的连续的地下墙体,称为地下连续墙。

地下连续墙,可以具有不同深度、宽度、形状、长度和强度。地下连续墙的施工内容包括准备工作与墙体施工。现场浇筑钢筋混凝土地下连续墙的施工程序如图 8.1 所示。

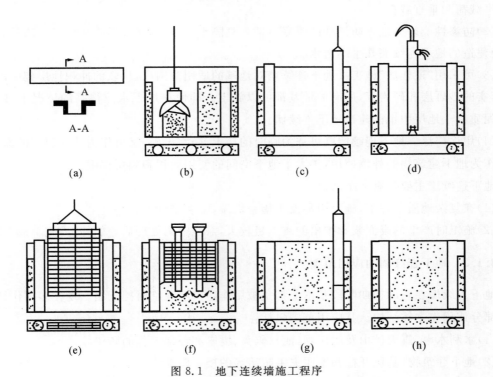

图 8.1 地下连续墙施工程序

(a)挖导槽筑导墙;(b)单元槽段钻挖;(c)安装接头管;(d)清除槽底沉渣;

(e)吊放钢筋笼;(f)灌注混凝土;(g)拔出接头管;(h)单元槽段结束,钻挖下一槽段

8.1.1 地下连续墙的分类

地下连续墙的分类目前尚未统一,常用分类如下:

(1)地下连续墙按其成墙方式,可分为桩排式、槽板式、桩槽组合式3种。桩排式地下连续墙实际上就是钻孔灌注桩并排连接所形成的地下连续墙其设计与施工归类于钻孔灌注桩;槽板式地下连续墙是采用专用设备,利用泥浆护壁在地下开挖深槽,水下浇筑混凝土,形成地下连续墙,桩槽组合式地下连续墙是将桩排式和槽板式地下连续墙组合起来的地下连续墙。

(2)地下连续墙按挖槽方式可分为回转式、冲击式、抓斗和铣轮式。

(3)地下连续墙按其用途可分为防渗墙、挡土墙、承载墙。

(4)地下连续墙按其填筑材料可分为土质墙、混凝土墙、钢铸墙、钢筋凝土墙(现浇和预制)和组合墙(预制钢筋混凝土墙板和现浇混凝土的组合,或与预制钢筋混凝土墙板和自凝水泥膨润土泥浆的组合)。

8.1.2 地下连续墙的特点

地下连续墙主要具有以下4个优点:

(1)墙体刚度大。地下连续墙的厚度可达$0.4\sim2.5$ m,结构刚度大,强度高,能承载较大的水平载荷和垂直载荷。

(2)防渗性能好。地下防渗墙的墙底可伸入到隔水层,墙体接头形式和施工方法具有多样化,使建造的地下连续墙几乎不透水。

(3)可采用"逆作法"施工。地下连续墙对地基的适用范围广,从软的冲积地层到中硬的地层、密实的砂砾层和硬岩等,所有的地基都可以施工。即使在地下水位很高的情况下,以及软的淤泥质黏土地层中也能建造地下连续墙。

(4)用途广泛。地下连续墙既可作为临时的挡土、防水设施,又可作为地面建筑的深基础,还可作为地下建筑物的外墙使用,扩大了地下空间的使用面积和利用深度。

地下连续墙主要具有2个缺点:

(1)在复杂地质条件下,施工中易发生槽壁坍塌,施工难度大。

(2)施工时产生的废泥浆和挖出的渣土量较大,需经分离处理后才能外运,施工成本增大。

8.1.3 地下连续墙的应用范围

地下连续墙在它的初期阶段基本上都是被用作防渗墙或临时挡土墙。现在多用作结构物的一部分或用作主体结构。其应用范围包括:

(1)水利水电、露天矿山及尾矿坝(池)、码头、堤岸和环保工程的防渗墙。

(2)地下建筑物、基坑开挖和地质灾害防治等的挡土防渗墙。

(3)建筑物的深基础承载墙。

(4)地下油库和仓库的防渗承载墙。

(5)地下隔振墙。

8.2　地下连续墙施工设计

建造地下连续墙是一项施工工序多、质量要求高,且须在短时间内连续完成一节墙段的地下隐蔽工程。因此,施工必须认真按程序进行,备齐技术资料,认真编写施工设计,做好施工前的准备工作,以确保施工顺利安全进行。

8.2.1　施工方案的确定

地下连续墙施工方案主要包括挖槽方法的选择、泥浆制备及循环方案、钢筋笼的制作与吊放方法、槽段的接头形式、混凝土的浇筑方法以及接头管的拨出方式等施工设计。

确定地下连续墙施工方案的主要依据是:

(1)工程的用途。

(2)工程地质条件。

(3)工程规模。

(4)施工场地的作业条件及其周围的环境条件。

(5)施工队伍的技术水平及施工设备情况。

(6)施工经济效益。

8.2.2　施工组织设计

地下连续墙作为隐蔽工程,为保证施工的质量,在工程施工之前应制定详细的施工组织设计。地下连续墙的施工组织设计的主要内容有:

(1)工程规模及其特点、工程地质及水文地质条件、周围环境以及其他与施工有关的条件及工期要求等。

(2)挖掘机械等施工设备型号的选择。

(3)施工场地的平面布置。其包括挖槽机运行道路的布置,混凝土输送和混凝土灌注架的布置,接头管、灌注导管等器材堆放的场地以及钢筋笼制作平台场地和放置场地的布置,挖掘出的土的运输路线和排土的场地的布置,泥浆搅拌站及原料堆放场地和循环系统以及现场的水电供应的布置。

(4)单元槽段长度的划分及其施工顺序。

(5)导墙的施工设计。

(6)护壁泥浆的配方设计、泥浆循环管路布置、废泥浆处理方法、土渣处理方案。

(7)钢筋笼的制作、运输、吊放及其所用设备和方法。

(8)墙段接头的连接设计和施工详图设计。

(9)混凝土配合比设计,混凝土供应和浇筑的方法。

(10)质量控制、安全保障和劳动组织等规章制度的限定。

8.2.3　单元槽段的划分

一个槽段是指地下连续墙在沿长度方向的一次混凝土灌注单元。槽段单元长度的确定,从理论上讲,除去小于钻挖机具长度的尺寸外,各种长度均可施工,而且越长越好。这样,能减少地下连续墙的接头数量,提高地下连续墙的防水性能和整体性。但是,槽段长度越长,槽壁坍塌危险性就越大。槽段的实际长度需要综合下列因素确定:

(1)地下连续墙所处的地层情况和地下水位对槽段稳定性的影响。

(2)地下连续墙的厚度、深度、构造(柱及主体结构等的关系)和形状(拐角和端头等)。

(3)地下连续墙对相邻结构物的影响。

(4)工地所具备的起重机能力和钢筋笼的重量及尺寸。

(5)单位实际供应混凝土的能力。

(6)泥浆池的容积(一般规定,泥浆池的容积应是每一槽段容积的2倍)。

(7)工地所能占用的场地面积以及可以连续作业的时间。

(8)挖槽机的型号及其最小挖槽长度。

图8.2给出了单元槽段划分的3种基本情况:

(1)以挖槽机的最小挖掘长度作为一个单元槽段的长度。其适用于减少对相邻结构物的影响,或必须在较短的作业时间内完成一个单元槽段,或必须特别注意槽壁的稳定性等情况。

(2)较长单元槽段,一个单元槽段的挖掘分几次完成。在该槽内不得产生弯曲现象。为此,通常是先挖该单元槽段的两端,或进行跳跃式挖掘。

(3)多边形、圆形或曲线形状的地下连续墙。若用冲击钻法挖槽,可按曲线形状施工;若用其他方法挖槽,可使短的直线边连接成多边形。

表8.1给出了常见的挖槽机最小挖掘长度。

表 8.1　常见的挖槽机最小挖掘长度

挖槽方式	机械名称	最小挖槽长度/mm
蚌式抓斗	ICOS	因墙厚而异:1 500～1 700
	FEW(地墙法)	墙厚500～600时:2 500 墙厚800～1 000时:2 800
	OWS	1 500
	凯里法(导杆液压抓斗)	墙厚500～1 000时:1 800～2 000 墙厚1 200～1 500时:2 200
	"高个子"抓斗	2 500
冲击钻	ICOS	墙厚的两倍
	Soletanche	与墙厚相同
多头钻	BW SSS	墙厚400～550时:2 100 墙厚800～1 200时:2 800
滚刀钻	TBW	TBW-Ⅰ型:1 500 TBW-Ⅱ型:1 900
抓斗	EISE	3 800
重锤凿	TM	导向立柱用的竖孔宽度:1 500

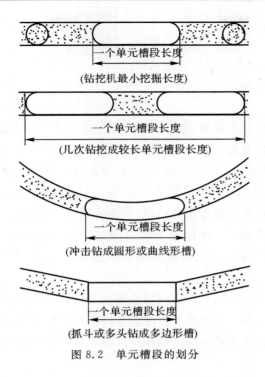

图 8.2　单元槽段的划分

　　在确定单元槽段的过程中,槽壁的稳定性是首先要考虑的因素。当施工条件受限时,单元槽段的长度就要受到限制。一般来说,单元槽段的长度采用挖槽机的最小挖掘长度(一个挖掘单元的长度)或接近这个尺寸的长度(2～3 m)。当施工不受条件限制且作业场地宽阔、混凝土供应及土渣处理方便时,可增大单元槽段的长度。一般以 5～8 m 为多,也有取 10 m 或更大一些的情况。

　　标准单元槽段长度计算式为

$$L = nW + nD \tag{8.1}$$

　　若需根据结构尺寸调整单元槽段长度时,其计算式为

$$L = nW \pm nD \tag{8.2}$$

式中　　L——单元槽段长度;

　　　　W——抓斗开口宽度;

　　　　D——导孔直径;

　　　　n——单元槽段挖掘次数。

8.3　地下连续墙施工工艺

　　地下连续墙的施工方法分为桩排式和槽段式两种。桩排式是采用钻孔灌注桩或预制桩来代替挡土板或板桩的造墙方法;槽段式是利用泥浆作为稳定液,以钻挖方式先造壁板墙,然后将壁板墙连接成整体墙的造墙方法。桩排式和槽段式施工方法都需要先建立导墙,然后再继续施工。

8.3.1 导墙的修筑

导墙是建造地下连续墙必不可少的构筑物,必须认真设计与施工。成槽施工之前,必须沿设计轴线开挖导沟,构筑导墙。

1. 导墙的主要作用

(1)导墙是控制地下连续墙各项指标的基准,也是地下连续墙的地面标志。导墙和地下连续墙中心线应一致,导墙的宽度一般是地下连续墙的宽度再另加 3~5 cm,导墙的宽度将直接影响地下连续墙的墙体厚度,导墙竖向面的垂直精度是决定地下连续墙能否保持垂直的首要条件。

(2)挡土作用。导墙可防止槽壁顶部坍塌,由于地表土质较深层土质差,而且常受到邻近地面超载的影响,为了保持地面土体稳定,经常在导墙之间每隔 1~3 m 添加临时木支撑。

(3)支撑台的作用。在施工期间,导墙常承受钢筋笼、灌注混凝土用的导管、钻机等的静、动载荷的作用。

(4)维持泥浆液面稳定的作用。导墙内的空间也是储容泥浆的储备循环槽,为了维持槽壁面地层的稳定,需要有一个较小变化的泥浆液面。特别是在地下水位很高的地段,为了维持泥浆液面的稳定,至少要高出地下水位的一定高度。导墙顶部有时会高出地面。

2. 导墙的形式

导墙的形式与所选用的材料有关,最常用的是钢筋混凝土导墙,其配筋率一般较低。导墙的基本断面形式有板墙形、Γ形、L形和匚字形几种,在特殊情况下则需要在基本形式基础上设计出特殊形式的导墙,如图 8.3 所示。图 8.3(a)为最简单的断面形状,适用于表层地基土良好(如致密的黏性土等)且作用在导墙上的载荷不大的情况。图 8.3(b)适用于作用在导墙上的载荷较大的情况,可根据载荷的程度增减其伸出部分的大小。图 8.3(c)适用于表层地基土强度不够,特别是易坍塌的砂土或回填土地基。图 8.3(d)适用于地基土强度不足,且施工期临槽设备负荷大。图 8.3(e)适用于作业面在路面以下的情况,导墙外侧的伸出部分作为先施工的临时挡土结构,此时导墙内侧的横撑可用千斤顶代替。图 8.3(f)适用于需要保护相邻结构物的情况和要考虑地下室的深度等。图 8.3(g)适用于地下水位高,导墙内泥浆液面需要高出地面一定距离的情况。

3. 导墙的施工

导墙施工有现浇钢筋混凝土、预制钢筋混凝土或钢材制作的工具式导墙等 3 种施工形式。导墙厚度一般为 0.15~0.20 m,深度为 1.5 m 左右。导墙一般采用 C20 混凝土浇筑,配筋多为 $\phi 20 \sim 200$ mm,水平钢筋必须连接起来使导墙成为整体。导墙施工接头位置与地下连续墙施工接头位置要错开。

导墙面应高于地面约 10 cm,以防止地面水流入槽内污染泥浆。导墙的内墙面应平行于地下连续墙轴线,对轴线距离的最大允许偏差为 ±10 mm;内外导墙面的净距离应为地下连续墙墙厚加 5 cm 左右,墙面应垂直;导墙顶面应水平,全长范围内的高差应小于 10 mm,局部高差应小于 5 mm;导墙的基底应和土面密贴,以防槽内泥浆渗入导墙后面。若场地土质较好,外侧土壁可作为现浇导墙的侧模;若土质较差,则应在开挖的导墙基坑两面竖立模板,才能现浇混凝土,待到一定强度后拆去模板,然后用黏土或其他力学性能较好的材料回填,并分层夯实,以防泥浆渗入墙后土体中,引起滑动坍塌。现浇钢筋混凝土导墙拆模以后,应沿纵向每隔 1 m 左右设上、下两道木支撑,将导墙支撑起来,在导墙的混凝土达到设计强度之前,禁止任何重型机械和运输设备在旁边行驶,以防导墙受压而发生变形。

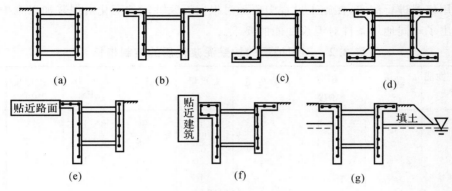

图 8.3　导墙的各种断面形式

(a)板墙形；(b)Γ形；(c)L形；(d)匚字形；(e)贴近路面；
(f)临近建筑物；(g)地下水位较高

　　为保证地下连续墙转角处的质量和成槽设备的移动定位方向,导墙在纵墙交接处应做成"T"字形,常见的四种形式如图 8.4 所示。

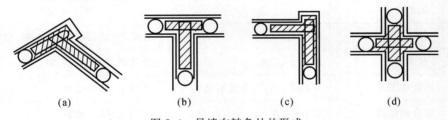

图 8.4　导墙在转角处的形式

(a)形式一；(b)形式二；(c)形式三；(d)形式四

　　常见的现浇钢筋混凝土导墙施工顺序是:平整场地→测量定位→挖槽及处理弃土→绑扎钢筋→支模板→浇筑混凝土→拆模并设置横撑→导墙外侧回填土。

8.3.2　泥浆的配制与废泥浆处理

8.3.2.1　泥浆的配制

　　槽段式地下连续墙施工时,利用泥浆维持槽壁稳定进行钻挖成槽,泥浆技术是整个施工最重要的一个环节,它直接关系到施工能否顺利进行。

　　1. 泥浆的作用

　　泥浆护壁的作用是保证在土中开挖深沟直到灌注混凝土之前都不发生坍塌。泥浆具有一定的密度,在槽内对槽壁产生一定的液柱压强,相当于一种液体支撑。泥浆中的自由水能渗入地层,并在槽壁形成一层弱透水的泥皮。泥皮具有一定结构强度和阻止泥浆中自由水继续渗入的作用,有助于维护槽壁的稳定性。槽内泥浆面应高出地下水位 1 m 以上,这样才能有较好的防止槽壁坍塌的效果。

2. 泥浆性能的要求

泥浆性能指标有黏度、相对密度、含砂量、失水量、胶体率、pH 值和泥皮性质,泥浆的性能指标由专用仪器进行测定,在施工过程中要随时根据泥浆性能的变化对泥浆加以维护和调整。表 8.2 给出了不同地层条件对泥浆性能的要求。

表 8.2　不同地层的护壁泥浆性质的控制指标

泥浆性能 地层	黏度 s	相对密度	含砂量 %	失水量 %	胶体率 %	静切力 kPa	泥皮厚度 mm	pH 值
黏土层	18～20	1.15～1.25	<4	<10	>96	3～10	<3	7～10
砂砾石层	20～25	1.20～1.30	<4	<20	>96	4～12	<2	7～9
漂卵石层	25～30	1.10～1.20	<4	<30	>96	6～12	<4	7～9
碾压土层	20～22	1.15～1.20	<4	<10	>96		<3	7～8
漏失土层	25～40	1.10～1.25	<15	<30	>97			

护壁泥浆除通常使用的膨润土泥浆外,还有盐水泥浆、钙处理泥浆、集合物泥浆和植物胶泥浆等。其主要成分和常用外加剂见表 8.3。

表 8.3　护壁泥浆的种类及其主要成分和常用外加剂

泥浆种类	主要成分	常用外加剂
普通泥浆	膨润土、水	分散剂、增黏剂、降失水剂、防漏剂
盐水泥浆	膨润土、盐水	分散剂、降失水剂、加重剂
钙处理泥浆	膨润土、水、石灰或氧化钙	分散剂、降失水剂
聚合物泥浆	聚合物、水	膨润土、降失水剂
植物胶泥浆	植物胶、水	膨润土、分散剂

3. 泥浆制备

在确定泥浆配合比时,首先根据为保持槽壁稳定所需的密度来确定膨润土等成分的掺量,再根据膨润土和泥浆性能要求分别确定分散剂、增黏剂、降失水剂等的掺量。

在配制泥浆时,根据初步确定的配合比进行试配制,若试配制出的泥浆符合规定的要求,则可投入使用,否则须修改配合比。

在制备膨润土泥浆时,应对膨润土进行预水处理。配制时搅拌要充分,外加剂加入的先后顺序对泥浆性能影响很大,每加入一种外加剂应充分搅拌后再加入第二种。配制好的泥浆,在一般情况下应储存 3 h 以上,待泥浆中的成分充分溶胀之后再使用。

8.3.2.2　废泥浆的处理

在施工过程中,钻挖的渣土和灌注的混凝土会不同程度地混入泥浆中,致使泥浆受到污染。被污染的泥浆经处理后仍可重复使用,但污染严重或施工结束后的大量废泥浆则应舍弃。

为满足环保要求,废弃的泥浆不能就地排放,需经特别处理使泥浆中的水达到排放标准后排放,再将泥浆中的固相物质外运。常用的泥浆处理方法有土渣分离处理和污染泥浆的化学处理。

分离土渣可用机械处理和重力沉降处理,两种方法共同作用效果更好。

1. 机械处理

机械处理是利用专门的泥水分离设备对泥浆进行分离处理的方法。这类泥水分离设备有机械振动筛、旋流除砂器、真空式过滤机械、滚筒式或带式碾压机及大型沉淀箱等。使用时,通常将上述几种机械组成一套泥浆处理系统,进行泥水分离联合处理(见图 8.5),形成含水量一般不超过 50% 的湿土和符合标准的泥水,最后湿土装车运走,泥水经过再生处理制定成可重复使用的泥浆。这种处理方法占用场地大,动力消耗大,处理量一般不超过 15 m³/h,不能适应大量泥浆的及时处理。

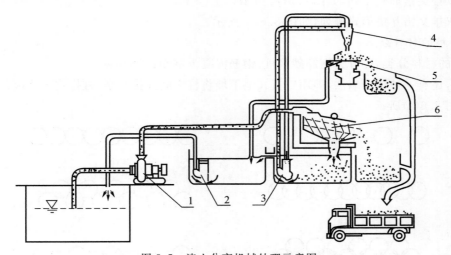

图 8.5　渣土分离机械处理示意图
1—吸泥泵;2—回流泵;3—旋流器供给泵;4—旋流器;5—脱水机;6—振动筛

2. 重力沉降处理

重力沉降处理是利用泥浆与土渣的相对密度差使土渣产生沉淀以排除土渣的方法。沉淀池容积越大,泥浆在沉淀池中停留的时间越长,土渣沉淀分离的效果越好。因此,如果现场条件允许,应设置大容积的沉淀池。考虑到土渣沉淀会减少沉淀池的有效容积,沉淀池的容积一般为一个单元槽段挖土量的 1.5~2 倍,需要考虑到泥浆循环、再生、舍弃等工艺要求,一般分隔成几个沉淀池,各个沉淀池之间可采取埋管或开槽口连通。

3. 化学处理

对恶化了的泥浆要进行化学处理,首先需要使用化学絮凝剂沉淀,使土渣分离,然后清出沉淀的泥渣。由于这类絮凝剂的价格较高,而使用量往往又比较大,因此处理费用也较高。另外,为了防止化学絮凝剂对环境的污染,对使用化学絮凝剂有严格的限制,故在施工中单独使用化学方法泥浆的处理也比较少。

4. 机械化学联合处理

首先用振动筛将泥浆中的大颗粒土渣筛出,再加入高效的高分子絮凝剂对细小土渣进行絮凝沉淀,然后送到压滤机或真空过滤机进行泥土分离。

8.3.3 桩排式地下连续墙的施工

8.3.3.1 桩排式(桩列式)地下连续墙的分类

根据构造墙体的种类不同,桩排式地下连续墙的施工方法可分为灌注桩式和预制桩式两种。

1. 按桩孔的排列方式分类

(1)间隔形式排列,如图 8.6(a)所示。

(2)切线形式排列,如图 8.6(b)所示。

(3)直线互搭形式排列,如图 8.6(c)所示。

(4)双排交错形式排列,如图 8.6(d)所示。

(5)双排交错互搭形式排列,如图 8.6(e)所示。

2. 按桩的材料分类

按桩的材料分类,可分为钢筋砂浆桩、钢筋混凝土桩和钢管桩等。

另外,还有一种组合墙法,即用壁板式地下墙将桩之间连接起来(桩排式+壁板式)的施工方式,如图 8.6(f)所示。

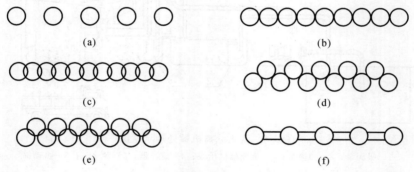

图 8.6 桩排式地下连续墙的排列方式

(a)间隔形式;(b)切线形式;(c)直线互搭形式;
(d)双排交错形式;(e)对排交错互搭形式;(f)组合墙形式

8.3.3.2 桩排式地下连续墙的施工程序

桩排式地下连续墙的施工方法,实质上是密集形式的单孔灌注桩或者灌注桩与注浆相结合。桩排式地下连续墙的施工程序是:①钻进成孔(根据钻孔排列形式以间隔跳打顺序进行);②清除孔底沉渣;③下入钢筋笼;④下入导管,灌注混凝土;⑤成桩;⑥桩与桩连接成墙。

8.3.3.3 桩排式地下连续墙的特点

1. 优点

(1)对地层的损坏较小,对相邻建筑物或地基不会产生不良影响。

(2)可根据要求自由调节桩的长度和直径,可用于软土地基中的大开挖施工。

(3)通过加压灌注,可使浆液或混凝土浸透到地层中去,提高地基的截水防渗效果。

(4)因为是单桩的重复施工,可多机组同时作业,所以在作业时间受到限制的条件下,易于进行施工作业时间调整。

2. 缺点

(1)桩与桩之间不可能完全密封相连,存有间隙,如果通地下水,间隙就会成为侵入通道,引起砂土流出等现象,造成重大事故。因此,为防止事故发生,必须在桩外采取注入固结浆液或泥浆等补充措施。

(2)在水平方向上,不能用钢筋使桩相互连接起来,故不宜作为主体结构物。

(3)由于施工技术水平的不同,在施工的质量、桩径和桩垂直度上会有很大的差别。

8.3.4　槽段式地下连续墙的施工

槽段式地下连续墙的成墙方法是开挖一定宽度、长度及深度的沟槽,在它的末端设置把墙段连接起来的节点,然后在沟槽里吊放钢筋笼,浇筑混凝土,再把墙段逐一连接起来,形成连续墙体。目前,地下连续墙的施工方法主要是槽段式成墙方法。

槽段式地下连续墙施工过程如图 8.7 所示,其中,修筑导墙、泥浆制备、深槽挖掘以及混凝土浇筑是地下连续墙施工的主要工序。

8.3.4.1　槽段式地下连续墙的成槽方法

槽段式地下连续墙的施工方法有多种,不同之处在于成槽方法和钻挖槽土以及排土方式。国内各种槽段式地下连续墙的施工方法,大致可分为以下三种。

1. 先钻导孔,再钻挖整修成槽形

先以一定间隔距离钻挖出直径与墙厚相同的钻孔,该钻孔称为先导孔,然后用抓斗将导孔间的土方挖去,形成槽段,如图 8.7 所示。

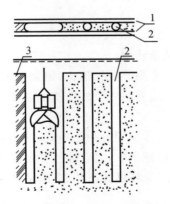

图 8.7　先钻导孔,再用抓斗挖掘成槽形
1—导墙;2—导孔;3—已完成的单元墙段

导孔相互间的距离是根据成槽机种类和墙厚以及地基的软硬而定的。用抓斗挖掘排土时,因沟槽内的残土和砂粒不能彻底排除,以及抓斗频繁地上下运动会碰撞槽面和影响垂直度,所以施工时必须注意沟槽内残留渣土的清除和避免抓斗在上下运动过程中碰撞槽壁。

2. 先钻导孔,再重复钻圆孔成槽形

先在墙段的两端钻导孔至设计深度,作为基孔,再将导孔间的土体采用连续重叠钻圆柱形孔的方式钻除导孔间的土体,如图 8.8 所示。后续的圆柱孔则分层作业,每层钻进 0.5～

0.8 m的深度，即当钻头钻挖0.5～0.8 m后就要提钻，将钻机横移一下，使孔位与前次的稍有重叠，再钻到规定的分层深度。这样的作业在槽内反复进行，直到完成槽段。其他槽段同法，一次逐步向前推。这种成槽方法的优点是可用回转钻进设备成槽，其缺点是钻机移位频繁，工序复杂，效率较低，目前已很少应用了。

3. 一次钻挖成槽形

根据单元槽段长度，一次或分次进行钻挖，从一开始就钻挖成长条形的沟槽直至规定的墙体深度（见图8.9）。这种施工方法作业单纯，施工效率高，目前应用较为广泛。

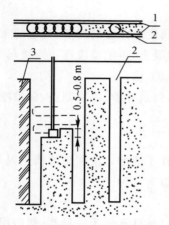

图8.8　先钻导孔，再重复钻圆孔成槽形
1—导墙；2—导孔；3—已完成的单元墙段

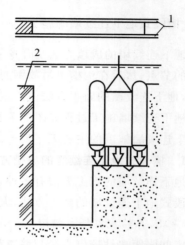

图8.9　一次钻孔挖成槽形
1—导墙；2—已完成的单元墙段

8.3.4.2　各种成槽设备的挖槽作业

地下连续墙成槽施工，通常只采用一种挖槽机，但是根据地质条件或施工条件，也有同时使用两种挖槽机配合作业的情况，或者除主要的挖槽机以外，再用其他不同种类的挖槽机作辅助施工。

国内外常用的挖槽机械按其工作原理分为抓斗式、冲击式、回转式和铣轮式四大类，而每类又分为多种。我国在地下连续墙施工中，尤以前三者为多，而铣轮式是国外一种新的铣槽机械，即应用最多的是钢索蚌式抓斗、导杆蚌式抓斗、多头钻和冲击式挖槽机。

1. 抓斗式挖槽机挖槽法

抓斗式挖槽机是以其斗齿切削土体，切削下的土体收容在斗体内，从沟槽内提出，在地面开斗卸土，然后又返回沟槽内挖土，如此重复地循环作业进行挖槽。

（1）钢索蚌式导板抓斗挖槽法。蚌式抓斗通常以钢索操纵斗体上下和开闭，故称为钢索蚌式抓斗。为了提高抓斗的切土能力，一般都要加大斗体质量；为了提高挖槽的垂直精度，要在抓斗的两个侧面安装导向板，因此亦称"导板抓斗"。钢索蚌式抓斗分中心提拉式导板抓斗[见图8.10（a）]和斗体推压式导板抓斗两类[见图8.10（b）]。为了防止抓斗前后左右产生摆动或回转，应装有特殊稳定装置。挖槽的垂直性以抓斗的自重来保持，但在挖掘砂砾层等坚硬地层时，则容易发生偏斜。解决偏斜的方法是在抓斗挖槽之前，先用钻机钻导孔（孔径与墙厚相同，孔距约 1.5 m），以导孔作为抓斗挖槽的导向，并保持垂直性。

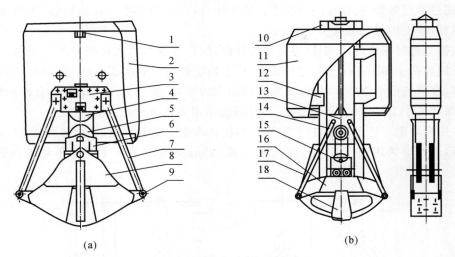

(a)　　　　　　　　　　　　(b)

图 8.10　钢索蚌式导板抓斗

1—导向块；2—导板；3—斗脑；4—上滑轮组；5—下滑轮组；
6—滑轮座；7—提杆；8—斗体；9—斗耳；10—导论支架；11—导板；12—导向架；
13—动滑轮座；14—提杆；15—定滑轮；16—斗体；17—弃土压板；18—斗齿

（2）导杆液压抓斗挖槽法。该挖槽机的蚌式抓斗安装在导杆的下端，通过液压装置开闭抓斗，挖槽时抓斗在导杆自重压力作用下吃入土层进行挖土（见图 8.11）。

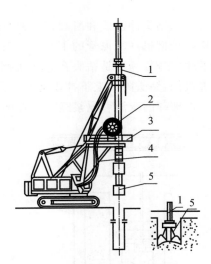

图 8.11　导杆液压抓斗挖槽法

1—导杆；2—液压管线回收轮；3—平台；4—液压油缸；5—液压抓斗

在该挖槽机的载运机械即附履起重机上，安装着导向滑槽，导杆就在滑槽内上下运动。因为导杆的方向就是掘进的方向，所以不需要钻导孔。

使用该方法挖槽，首先要将抓斗中心对准导墙上所标志的沟槽的中心位置，然后固定履带起重机的回转装置,慢慢将抓斗放入导沟内,待抓斗的斗齿在斗体和导杆的自重压力之下吃入土层后,通过液压装置,使抓斗闭合抓土。抓斗闭合以后,即将抓斗提出地面,排出斗内泥浆,旋转起重臂,将土排入土箱或卡车上。

蚌式抓斗进行挖槽时,一般以导孔作为导向,但在软地基内或在挖槽深度较浅的情况下,也可以不用导孔。如果不钻导孔进行成槽,由于地层软而挖槽速度较慢,或在软硬层两者间变换位置时,易造成槽壁弯曲。另外,随着挖槽深度的增加,垂直精度的误差也会越来越大。因此,对于深度大于 10 m 的地下墙施工,应尽可能采用先钻导孔的方法。

当采用抓斗而不是用导孔进行挖槽时,为使抓斗吃土阻力均衡,必须按图 8.12(a)所示的方式进行,而不能采用图 8.12(b)所示的方式,以避免因抓斗吃土阻力不均衡而造成槽孔弯曲。

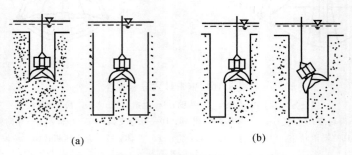

图 8.12　不钻导孔挖槽时抓斗吃土阻力状况
(a)抓斗吃土阻力均衡;(b)抓斗吃土阻力不均衡

2. 冲击式挖槽机挖槽法

冲击式挖槽机包括冲击回转式、钻头冲击式和凿刨式三种类型。

(1)冲击回转式挖槽法。这种挖槽机在吸泥管的下端安装有直径与墙厚相等的伸缩式钻头。在挖槽时,钻头的动作有两种方式:一种是钻头在卷扬机钢索的带动下仅作上下冲击运动;另一种是钻机带有强制给进机构,钻头除作上下冲击运动以外,还能在液压机构的垂直加压下进行回转运动。这样,可使被破碎的土渣和泥浆经吸泥管排出地面,如图 8.13 所示。

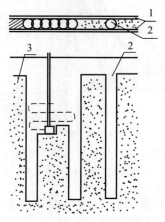

图 8.13　冲击回转式挖槽法
1—导墙;2—导孔;3—吸泥排渣管

（2）钻头冲击式挖槽法。该法是在导杆下端装有冲击钻头，通过卷扬机使之上下运动冲击岩土层进行挖掘。被钻头击碎的土渣，通过泥浆循环方式排出槽外。冲击钻机是依靠钻头的冲击力破碎地基土层的，因此不但对一般土层适用，而且对卵石、砾石、岩层等地层亦适用。

排土方式有泥浆正循环方式和泥浆反循环方式两种。当泥浆正循环时，泥浆作用在挖槽工作面上的压力较大，由于泥浆携带土渣的能力与其上升速度成正比，而泥浆的上升速度又与挖槽断面的面积成反比，因此泥浆正循环方式不宜用于断面大的挖槽施工。

当泥浆反循环时，由于钻杆断面的面积较小，其上升速度快，排渣能力强。泥浆反循环方式与挖槽断面的面积无关，土渣排出量和土渣的最大直径取决于排浆管的直径。但是，当挖槽断面的面积较小时，泥浆向下流动明显减小，作用在槽壁上的泥浆压力较泥浆正循环方式低，会减弱泥浆的护壁作用。

（3）凿刨式挖槽机挖槽法。凿刨式挖槽机也属于冲击式挖槽机一类，它是靠凿刨沿导杆上下运动以破碎土层，破碎的土渣由泥浆携带着从导杆下端被吸入经导杆排出槽外。施工时每凿刨一竖条土层，挖槽机就移动一定距离，如此反复进行挖槽。

冲击式挖槽机挖槽法的挖槽顺序是：先在槽段的两端钻导孔至设计深度，然后以导孔为基准，再钻挖去中间部分的土体。该挖槽方法可以建造圆周形等曲线形的地下墙。

冲击式挖槽机是以钻头的冲击为主破碎岩土层而进行挖槽的，因此适用于在硬质地基内施工。一般来说，对于软地基可采用导杆蚌式抓斗法，而对于坚硬地基则适宜采用此法，当然两者也可配合使用。

3. 多头钻挖槽机挖槽法

多头钻挖槽机是以回转的钻头切削土体而进行挖掘的，钻下的土渣随泥浆的循环排出地面。钻头回转方式与挖槽面的关系有直挖和平挖两种，钻头数目有单头钻和多头钻之分，单头钻主要用来钻导孔，多头钻用来挖槽。

多头钻机的悬吊方式有用钢索悬吊和用泥浆反循环钢管两种。钻出的土渣随泥浆以反循环方式通过排泥软管或钢管排出地面。

多头钻机的钻头利用两台潜水电钻带动减速机构和传动分配箱的齿轮，驱动钻头下部钻头等速对称旋转切割土体而进行挖槽。钻头中心排列在一条直线上，各个钻头的转动方向相反，钻头的钻进反力相互抵消，整个多头钻机不会因钻进反力而产生扭转。钻头工作平面分上、下两级，各钻头钻成的圆形孔断面相互重叠，钻头钻进时残留下的不平整壁面，由安装在钻机两侧作上下运动的侧刀削平修整，因此它一次钻成的平面为长圆形的槽段，而不是一个圆孔。钻机内安装有电子测斜自动纠偏装置，当测斜仪显示出多头钻已偏离设计位置时，可通过操作台上的阀门以高压气体操纵纠偏气缸推动纠偏导板，四片纠偏导板可以进行四种组合，自动纠正槽段的钻进偏差，从而提高成槽精度。

用多头钻机挖槽对槽壁的扰动少，完成的槽壁光滑，吊放钢筋笼顺利，混凝土超量少，无噪声，现场人员少，施工文明，适用于软黏土、砂性土及小粒径的砂砾层等地质条件。特别是在密集的建筑群内或邻近高层及重要建筑物处，皆能安全而高效率地进行施工。由于是用钻头钻进挖槽，从软地层到硬质地层均能适用。但因采用泥浆反循环方式排渣，所以对粒径大于150 mm的卵砾石层，可与抓斗方式配合使用。

多头钻机施工连续墙的工艺布置如图 8.14 所示。

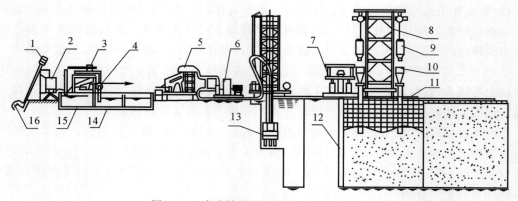

图 8.14　多头钻机施工连续墙的工艺布置

1—螺旋输送机；2—泥浆搅拌机；3—水力旋流器；4—补浆用输浆管；

5—振动筛；6—吸泥泵；7—接头管顶升架；8—混凝土浇灌机；

9—混凝土吊斗；10—混凝土灌注漏斗导管；11—轨道；12—接头管；

13—多头钻；14—泥浆沉淀池；15—泥浆池；16—膨润土

4. 铣轮式铣槽机挖槽法

铣轮式铣槽机采用铣轮切削土体形成沟槽。如双轮铣槽机，在机架的底端安装两个液压马达，由液压马达驱动两个铣轮旋转，进行切削岩土，并使切削下来的岩屑向吸渣管入口方向移动，然后由泥浆泵经排渣管送到地面振动筛，将岩土碎渣清除，经过净化处理后再次流向槽内形成循环（见图 8.15）。

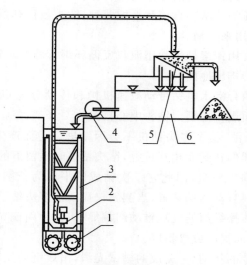

图 8.15　铣槽机工作原理示意图

1—铣轮；2—泥浆泵；3—机架；4—离心泵；5—振动筛；6—泥浆池

在铣槽机上还安装了电子测斜仪，用于在挖槽过程中测量铣槽机的垂直偏差。这种仪器可连续地显示铣槽机的中心位置和垂直偏差角度。如果铣槽机的方位偏离了垂直轴线，则可以通过操作液压导向台肩来调整铣槽机的方位，以保证沟槽具有较高的垂直度。

铣轮式铣槽机载土层中挖槽效率高,在较硬岩层中挖槽,可装配切削硬岩的特殊铣轮,切削工作能力可达 40 m³/h。

8.3.5　槽段清底

挖槽结束后,悬浮在泥浆中的土颗粒将逐渐沉淀到槽底。此外,在挖槽过程中未被排出而残留在槽内的土渣以及在吊放钢筋笼时从槽壁上刮落的泥皮等都会堆积在槽底,因此在挖槽结束后,必须清除槽底沉淀物,这项作业称为清底。

1. 清底的必要性

在槽底有沉渣的情况下插入钢筋笼和灌注混凝土,将会影响地下连续墙的质量和使用。因此,清除槽底的沉渣是地下连续墙施工中的一项重要工作。

(1)沉渣在槽底很难被灌注的混凝土置换出地面,它残留在槽底会成为墙底和持力层地基之间的夹杂物,降低地下墙的承载力,造成墙体沉降;同时,也会影响墙体底部的载水防渗能力,成为产生管涌的隐患。

(2)灌注混凝土过程中若沉渣混进混凝土,则不但会降低混凝土的强度,还会因混凝土的流动,使沉渣集中到单元槽段的接头处,严重影响接头部位的强度和防渗性。

(3)沉渣会降低混凝土的流动性,因而降低了混凝土的灌注速度,有时还会造成钢筋笼上浮。

(4)沉渣过多时,会影响钢筋笼插入到预定的位置。

对挖槽时残留在槽底的沉渣,在挖槽结束时进行清理则比较容易。悬浮在泥浆中的土渣逐渐沉降所产生的沉降物,数量相当多,沉渣的状况受泥浆性能的影响,即使在挖槽后已对槽底的沉渣进行了彻底清除,但在浇灌混凝土前的一段时间内,还会产生大量的沉淀物,由此对清底工作需有足够的认识。

2. 清底方法

常用的清底方法,一般分沉淀法和置换法两种。沉淀法是待土渣沉淀到槽底之后再将其清除;置换法是在挖槽结束之后,在土渣还没有完全沉淀之前就用新鲜泥浆把槽内悬浮有土渣的泥浆置换出槽外。具体清除沉渣的方式可分为以下几种:

(1)正循环置换法。

(2)循环置换法。

(3)砂石吸力泵排泥法。

(4)压缩空气升液排泥法。

(5)带搅动翼的潜水泥浆泵排泥法。

(6)水枪冲射排泥法。

(7)抓斗直接排泥法。

其中(3)、(4)、(5)应用较多,其工作原理如图 8.16 所示。

不同的清除沉渣方法所耗用的时间不同,对槽壁稳定性的影响度和清底效果亦不同。在选择清底方法时,应以槽壁完全为主,兼顾其他因素合理选择。

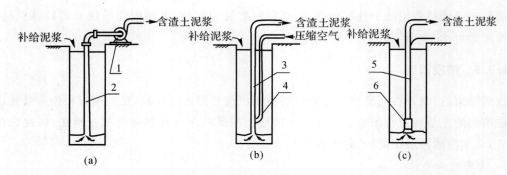

图 8.16　常用三种清底方法工作原理

(a)砂石吸泥泵排泥；(b)压缩空气升液排泥；(c)潜水泥浆泵排泥

1—砂石吸泥泵；2—吸渣管；3—排渣管；4—混合器；5—电缆；6—潜水砂石泵

8.3.6　槽段的连接

地下连续墙的接缝是采用在两相邻单元墙段之间建立一个可以使两相邻单元墙段连接起来的施工接头,利用施工接头,可在技术上使地下连续墙在可能范围内成为一个整体。

槽段间的接缝是地下连续墙的薄弱部分,故接缝数量越少越好。采用长槽段施工对提高地下连续墙质量是有利的。在过去的施工中,墙段的长度多数为 2~5 m。由于技术进步以及长期实践的结果,目前墙段长度很多是 7~8 m,很少超过 10 m。但是,长槽段施工不一定经济,因此应使单元槽段长度与经济的挖掘次数相符合。

1. 对纵向接头的连接要求

(1)不得妨碍下一单元槽段的开挖。混凝土不得从接头下端或接头构造物与槽壁之间的空隙流向背面,即使在土质条件(砾石或卵石层等)不好或泥浆管理不善而使槽壁坍塌,扩大了墙厚,也必须能够防止混凝土绕流。

(2)接头应能承受混凝土的侧向压力,而不发生弯曲和变形。根据结构的设计目的,能够传递单元墙段之间的应力,并起到伸缩接头的作用。

(3)接头表面不应黏附沉渣或变质泥浆的胶凝物,以免降低强度或漏水。

(4)根据沟槽深度或插入接头结构物作业的需要,若必须分段接长时,应采用施工适应性好、无弯曲,容易进行垂直连接的方式。

(5)在隐蔽而且难以进行测定的泥浆中,能够进行准确的施工。

(6)加工简单,拆装方便,成本便宜。

2. 对水平接头与结构物顶部接头的连接要求

对于地下连续墙与楼板、柱、梁等结构物的接头的连接,可通过预埋构件实现。其基本要求是便于连接、保证强度、利于混凝土灌注,同时还要注意不能因泥浆浮力而产生位移而损坏。

3. 接头形式及施工方法

为了保证地下槽段墙与槽段墙之间的连接具有良好的止水性和整体性,应根据建设地下连续墙的目的来选择适当的接头形式。

地下连续墙的接头形式很多,有接头管式、直接式、榫接式、翼板式、间隔钢板式、接头箱式和先做接头缝的形式等。一般是根据受力和防渗要求进行选择,在地下连续墙施工接缝的最

初阶段,常用平面式接合缝。但这种接头形式减弱了剪力的传递,同时也不利于防水。目前常用的接头形式有以下几种:

(1)接头管接头。接头管接头又称锁扣管接头,是当前地下连续墙施工中应用最多的一种接头形式。这种接头的方法是:在成槽、清底后,于槽段端部将接头管插入或用起重机起吊放入槽孔内;然后吊放钢筋笼并浇筑混凝土,待混凝土强度达到 0.05~0.2 MPa 时(一般在混凝土浇筑后 3~5 h,视气温而定),开始用吊车或液压顶升机提拔接头管,上拔速度应与混凝土强度增长速度相适应,一般为 2~4 m/h,应在混凝土浇筑结束后 8 h 以内将接头管全部拔出。接头管直径一般比墙的厚度小 50 mm,管身壁厚一般为 18~20 mm,每节管的长度一般为 5~10 m。若受到施工现场高度的限制,每节管的管长可适当缩短,使用时应根据需要分段接长。接头管的结构和连接方法如图 8.17 所示。当槽段宽度较小时,用单根接头管,见图 8.17(a)。当槽段宽度较大时,采用并联多根接头管,见图 8.17(b)。

施工宽度与深度都较大的地下连续墙,接头管的顶拔较困难,对此可采用"注砂钢管接头工艺"。这种工艺是在浇筑混凝土前插入一直径与槽宽基本相等的钢管,在浇筑混凝土时,在注砂钢管中注入粗砂,随着混凝土的浇筑,缓缓上拔钢管,这时便会在槽段接头处形成一个砂柱。该砂柱将起着侧模作用,如接头管一样。这样方法设备简单,上拔的摩擦助力小,上拔速度快,接头质量也好,只是要消耗一些砂子,至于如何回收利用尚需进一步研究。

为了便于接头管的起拔,管身外壁必须光滑,可在管身上涂抹黄油。

接头管拔出后,单元槽段的端部会形成半圆形,继续施工即形成相邻两单元槽段的接头,它可以增强墙体的整体性和防渗能力。施工工艺过程如图 8.18 所示。

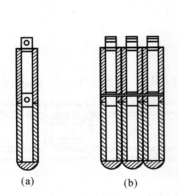

图 8.17 接头管的构造和连接方法
(a)单根接头管;(b)并联多根接头管

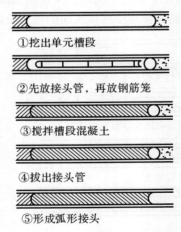

①挖出单元槽段

②先放接头管,再放钢筋笼

③搅拌槽段混凝土

④拔出接头管

⑤形成弧形接头

图 8.18 接头管接头的施工工序

(2)接头箱接头。这种接头形式基本类似接头管连接,不同之处是在接头管旁附设一个敞口接头箱,即可得连续钢筋笼的刚性连接。接头箱接头可以使地下连续墙形成整体接头,接头的刚度较好。

接头箱接头的施工方法与接头管接头相似,只是以接头箱代替接头管。一个单元槽段挖土结束后,吊放接头箱,再吊放钢筋笼。接头箱在浇筑混凝土的一方是开口的,因此钢筋笼端部的水平钢筋可插入接头箱内。浇筑混凝土时,接头箱的开口面被焊在钢筋笼端部的钢板封住,因而浇筑的混凝土不能进入接头箱,混凝土初凝后,与接头管一样逐步吊出接头箱,与后一个单元槽段的水平钢筋交错搭接,而形成整体接头。

接头箱接头有多种形式,其中充气式接头箱就是在钢板式接头箱基础上增设有锦纶塑料充气软管,下入接头箱后,对锦纶塑料软管充气,用来密封止浆,以防止新浇筑混凝土浸透绕流,如图8.19所示。

接头箱式接头的施工工艺过程如图8.20所示。其施工过程是:待单元槽段完成后,于一端吊放圆形接头管与敞口接头箱,再吊放带堵头钢板的钢筋笼,堵头钢板外伸出的钢筋进入敞口接头箱中;当灌注混凝土时,由于堵头钢板的阻挡,混凝土不会流入箱内,拔出接头箱后,就成了有外伸钢筋的接头,灌注下一单元槽段混凝土时,它就成为钢筋连续的刚性接头。

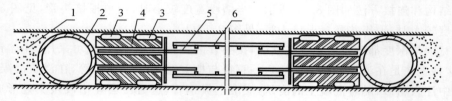

图8.19　充气式接头箱

1—填入砂砾;2—反力支撑管(箱);3—充气软管;

4—接头箱;5—接头钢板;6—钢筋笼

(3)隔板和预制接头。隔板接头是以钢板作为单元槽段浇筑混凝土的堵头,如图8.21所示。预制接头则是以预制混凝土构件作为单元槽段接头,如图8.22所示。预制接头的施工顺序是先施工接头部分,然后再施工两接头间的单元槽段。这种施工方式有助于提高槽壁稳定性。

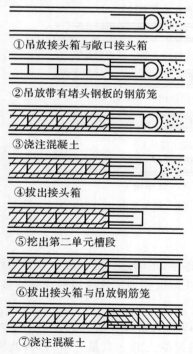

①吊放接头箱与敞口接头箱

②吊放带有堵头钢板的钢筋笼

③浇注混凝土

④拔出接头箱

⑤挖出第二单元槽段

⑥拔出接头箱与吊放钢筋笼

⑦浇注混凝土

图8.20　接头箱式接头的施工顺序

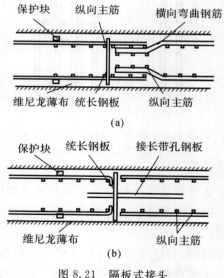

(a)

(b)

图8.21　隔板式接头

(a)钢筋连接法;(b)钢板连接式

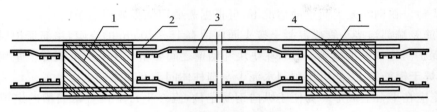

图 8.22　钢筋混凝土预制接头
1—混凝土预制接头;2—钢板;3—钢筋笼;4—罩布

8.3.7　钢筋笼的制作与吊放

钢筋笼通常是在现场加工制作的。但当现场作业场地狭窄、加工困难时,也可在其他适当场所加工。其制作程序如下。

(1)纵向钢筋的切断、焊接或者压接,水平钢筋、斜拉补强钢筋、剪力连接钢筋等的切断加工。

(2)钢筋的架立,为便于配筋,可用角钢等在制作平台上设置靠模。

(3)设置保护层垫块。

(4)安装钢板箱(或泡沫苯乙烯等),用以保护后浇板或柱的连接钢筋。

(5)根据横向接头的结构(单元墙段之间的接头),安装连接钢板或其他预埋件。

(6)装贴罩布及其他作业。

8.3.7.1　钢筋笼的制作

在制作钢筋笼时,应根据地下连续墙墙体钢筋设计尺寸和单元槽段的划分来制作。钢筋笼最好是按单元槽段组成一个整体(一般不超过 10 m)。如果需要分段接长,接头用绑条焊接,纵向受力钢筋的搭接长度应采用 60 倍的钢筋直径长度。钢筋笼的制作应满足以下要求。

1.钢筋的加工

(1)纵向钢筋接头采用气压焊接、双面焊搭接和单面焊搭接。

(2)纵向钢筋底端距槽底的距离应有 100～200 mm 以上。当采用接头管的接头形式时,水平钢筋的端部至混凝土表面应留有 50～150 mm 的间隙。

(3)在加工钢筋时,要考虑斜拉补强钢筋的保护层厚度和纵向钢筋及水平钢筋的直径。

(4)根据设计图纸要求的数量和尺寸,进行斜拉补强钢筋、剪力连接钢筋、连接钢筋(把墙体内外侧的纵向钢筋连接起来使其固定)以及起吊用附加钢筋等的切断和加工。

2.钢筋笼的加工

(1)配筋加工后,应按设计图纸要求制作钢筋笼。要确保钢筋的正确位置、根数及间距,并牢固固定,不允许在起吊或吊入时产生变形。

(2)纵向钢筋的连接,按设计要求可采用焊接或用直径为 0.8 mm 的退火铁丝绑扎。

(3)水平钢筋的设置不得妨碍灌注导管的下入,最好将纵向钢筋布置在水平钢筋的内侧。

(4)在钢筋重叠处要有确保混凝土流动所必需的间隙,并注意不要影响设计要求的保护层尺寸。

(5)起吊或吊入钢筋笼时的起吊用钢材,因为设计的水平钢筋太细、强度不够,必须使用大直径钢筋代替。在钢筋笼大而重的情况下,可根据需要用钢板或型钢予以安装。

(6)钢筋笼端部与接头管或混凝土接头面应留有15～20 cm的空隙,主筋保护层厚度应为5～8 cm,保护层垫块厚度应为5 cm,在垫块和墙壁之间要留有2～3 cm间隙。垫块一般用薄钢板制作,焊于钢筋笼上,亦可用预制水泥中空圆柱体间隙套在主筋上。

钢筋笼应在平台上成形。为便于纵向钢筋定位,宜在平台上设置带凹槽的定位工装。钢筋笼除四周两道钢筋的交点需要全部焊接外,其余的采用50%交错焊。成形用的临时扎结铁丝焊后应全部拆除。

8.3.7.2　钢筋笼的吊放

钢筋笼的起吊、运输和吊放应周密地制定施工方案,不允许在此过程中产生不能恢复的变形。钢筋笼起吊前,要仔细检查起吊架的钢索长度,使之能够水平地吊起再转成垂直状态。起吊用的吊架有双索吊架和四索吊架两种。在钢筋笼的头部及中间部两处同时起吊,钢筋笼的下端不得在地面拖引或碰撞其他物体,以防止造成下端钢筋笼弯曲变形,如图8.23所示。为了防止钢筋笼吊起后在空中摆动,应在钢筋笼下端系上防摆动绳索,由人力操作使钢筋笼平稳。

在插入钢筋笼时,最重要的是使钢筋对准单元槽段的中心,垂直而又准确地插入槽内。钢筋笼插入槽内时,吊点中心必须对准槽段中心,然后缓缓下降。此时,必须注意不要因起重臂摆动而使钢筋笼产生横向摆动,造成槽壁坍塌。

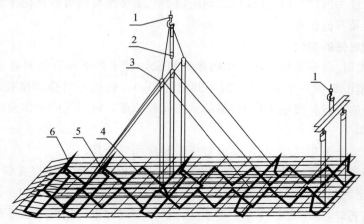

图8.23　钢筋笼的构造与起吊方法
1—吊钩;2—单门葫芦;3—双门葫芦;4—纵向桁架;5—卸甲;6—横向桁架

钢筋笼插入槽内后,检查其顶端高度是否符合设计要求,然后将其搁在导墙上。

如果钢筋笼是分段制作的,吊放时需要接长,下段钢筋笼应垂直悬挂在导墙上,然后将上段钢筋笼垂直吊起,上、下两端钢筋笼成垂直连接。

对于地下连续墙钢筋笼来说,尽量不要将其分段。然而,在作业空间小而低、槽段又深的情况下不得已要将钢筋笼分割成几段吊入。钢筋笼的纵向连接,普遍采用竖筋搭接的方式。在这种情况下,要把纵向多段连接的、很长的钢筋笼垂直插入槽内,就必须谨慎小心,因此吊入此种钢筋笼,需要耗费很长的时间和很多的劳动力。为了改进这一施工状况,目前采用了新的连接方法,如图8.24所示。该方法就是事先制作连接钢板,在钢筋笼加工平台上将纵向钢筋正确地焊接在连接钢板上,用夹板和高强度螺栓将上、下端连接起来。

采用这种方法无需将钢筋笼搭接也可以制成有足够长度的钢筋笼,虽然必须用连接钢板及夹板等,但由于施工时间缩短,并减少了钢筋搭接长度,仍可降低总的造价,并提高施工质量。

如果钢筋笼不能顺利插入槽内,应该重新吊出,查明原因后加以解决,不能强行插放,否则会引起钢筋笼变形或使槽壁坍塌,产生大量沉渣。如果需要修槽,可采用如图 8.25 所示的修整方式加以修整,在修槽之后再吊放钢筋笼。

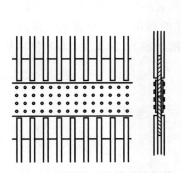
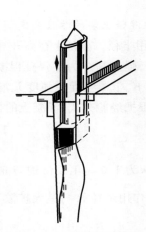

图 8.24　用螺栓连接器连接钢筋　　　　图 8.25　槽段歪斜修整

8.3.8　混凝土的灌注

地下连续墙混凝土灌注方法与钻孔灌注柱混凝土灌注方法基本相同,只是灌注量大,一般采用多根导管同时灌注。地下连续墙混凝土灌注方法如图 8.26 所示。

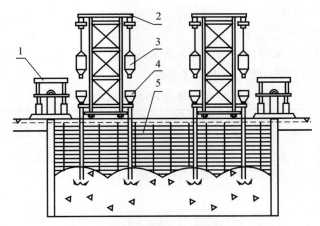

图 8.26　混凝土灌注设备及灌注过程
1—接头管顶升架;2—灌注机架;3—混凝土给料斗;4—灌注漏斗导管;5—钢筋笼

1. 混凝土配比及性能要求

(1)混凝土的实际配制强度等级应比设计强度等级提高一级,或实际配比强度比设计强度提高 5 MPa。

(2)当采用 P. O42.5$^\#$ 以下普通水泥时,水泥用量不少于 370 kg/m³,水灰比不大于 0.6。

(3)砂子宜用中砂,含砂率一般为 35%～45%;石子用卵石时粒径小于 40 mm,用碎石时粒径小于 20 mm。

(4)混凝土的坍落度,一般控制在 16～20 cm,配制的混凝土要有良好的和易性且不发生离析。

2. 导管灌注混凝土法的参数确定

(1)导管作用半径。混凝土在离开导管后向四周扩散,接近管口的混凝土比远离管口的混凝土质地均匀、强度高。为了保证混凝土的质量,应考虑作用半径问题。混凝土扩散半径 $R_{\max}$ 与流动系数 K、混凝土灌注强度 I、混凝土柱的超压力 p、导管插入深度以及混凝土面坡度 i 等因素有关。根据经验公式,混凝土的最大扩散半径 $R_{\max}$（以 m 为单位）为

$$R_{\max} = \frac{KI}{i} \qquad (8.3)$$

式中,当导管埋深为 $1.0 \sim 1.5$ m 时,i 值取 $\frac{1}{7}$,单位为 m³/m²·h。

导管的有效作用半径 R 与最大扩散半径的关系为

$$R = 0.85\, R_{\max} = 0.85\,\frac{KI}{i} = 0.85\,\frac{KI}{\frac{1}{7}} = 5.95KI$$

当槽段基底不平以及情况复杂时,作用半径应缩小,一般最大亦不得超过 3.5 m。

(2)导管出水高度(最小出水高度)。导管作用半径取决于导管的出水高度,根据力平衡,有

$$p = \gamma_1 h_1 + (\gamma_1 - \gamma_2)h_2 \qquad (8.4)$$

式中　p——管底超压力(p 值通常按表 8.4 取值);

　　　γ_1——混凝土重度;

　　　γ_2——泥浆重度;

　　　h_1——导管(包括漏斗内混凝土面)出水高度;

　　　h_2——槽孔内混凝土面至槽内泥浆高度。

表 8.4　超压力 p 的最小值

导管作用半径 R/m	最小超压力 /kPa
4.0	250
3.5	150
3.0	100
小于 2.5	75

(3)导管插入深度(埋深)。导管插入深度与混凝土表面坡度和作用半径有关。插入深度

小,则表面坡度变大,作用半径减小,混凝土扩散不均匀,易分层离析。导管插入深度与混凝土灌注强度、流动系数、灌注深度等因素有关,其计算公式为

$$h = 2KI \qquad (8.5)$$

若以 $I = \dfrac{R}{6K}$ 代入,则 $h = \dfrac{R}{3}$。

(4) 导管的布置。根据导管作用半径和单元槽段长度,可求出需要设置的导管数(n),即

$$n = \frac{单元槽段长度}{2 \times 导管作用半径\ R} \qquad (8.6)$$

把计算值取整,然后根据此值在单元槽段内设置灌浆导管。在灌注时,若槽孔为阶梯形或有大于 1/5 的坡度时,则应从槽底最深处开始灌注;若为平底时,各导管间标高应基本一致,各导管的灌注量和提升高度都应同步,以使槽内混凝土均匀摊展、顶升。

3. 灌注混凝土要注意的问题

(1)灌注混凝土采用的导管根数,应根据灌注量的大小和槽段长度确定。对超过 3 m 的槽段,必须增加导管的根数,导管的间距一般不应大于 3 m。在槽段端部,接头处的水密性较差,因此导管的设置要靠近接头部位,其间距不宜大于 1.5 m,各导管处混凝土表面的高度差不宜大于 0.3 m。若导管间距太大,易造成槽段端部和导管间的中心部位混凝土面低下,使泥浆卷入。多根导管灌注混凝土时必须均衡、连续地进行,如果中断的时间过长,会造成导管堵塞。

(2)尽可能使用大直径灌注导管,导管直径过小,会增加管内壁的摩擦力,降低混凝土在导管底端落下的喷射力,致使向上的推力不足,容易把沉渣流在地下墙底部。同时,当灌注到地下墙顶部时,若导管内混凝土仍不易流出,或者由于过分地上下串动导管,会导致沉渣或泥浆卷入混凝土里,降低混凝土质量。

(3)在灌注混凝土之前,导管底端埋入混凝土的深度必须在 1.5 m 以上,否则混凝土流出时会把混凝土上升面附近的伏浆卷入混凝土内;但导管底端埋入深度也不宜过大,否则混凝土不易从导管内流出。因此,一般导管底端的埋深不应超过 6 m。为了解决灌注导管底端埋深过大使混凝土不易流出的问题,在导管的配置上,应事先安排几根短管,以便能及时拆管,减少埋深,便于灌注。

(4)混凝土搅拌好之后,应在 1.5 h 内灌注入槽。因为当混凝土开始初凝,坍落度降低之后,就很难从导管底端流出,从而造成导管堵塞,所以流动性差的混凝土绝对不能使用。在夏天,因混凝土凝结较快,所以必须在搅拌好后的 1 h 内尽快灌注完,否则应掺入适当的缓凝剂,以延长初凝时间。

8.3.9　接头管的最佳起拔时间

接头管的拔出,要在混凝土灌注结束后根据混凝土的硬化速度,依次适当地起拔,不得影响地下连续墙的强度和形状,以及接头的强度和形状。起拔接头管的时间不宜过早,否则会由于混凝土尚处于流动状态而坍塌;但也不宜过晚,否则会由于接头管在混凝土中放置时间过长,混凝土的黏附力增加,导致接头管的起拔阻力变大。接头管的起拔阻力包括混凝土对接头管表面的摩擦力、黏结力以及管子的自重。黏结力在初凝前很小,但一过初凝期会很快增大,使起拔阻力增大,因此应在混凝土初凝期一过立即起拔套管。根据实验研究及现场施工经验,

接头管的最佳起拔时间为 1.1t(t 为混凝土初凝时间)。

地下连续墙属地下隐蔽工程,每一个单元墙段的施工,都决定着整个地下连续墙的成败,要把挖槽技术、防止槽壁坍塌技术、良好的浇筑钢筋混凝土技术以及设置符合结构目的的接缝技术等有机地结合起来,在掌握上述几个特点的基础上进行施工、养护和验收。

思 考 题

1. 什么是地下连续墙?地下连续墙的特点是什么?
2. 简述地下连续墙的施工过程。
3. 简述地下连续墙施工工艺中泥浆的作用。
4. 简述桩排式与槽段式地下连续墙施工工艺。

参 考 文 献

[1] 丛蔼森.地下连续墙的设计施工与应用[M].北京:中国水利水电出版社,2000.
[2] 徐汇宾,张家安,杨化军,等.复杂工况环境下地下连续墙底部加固施工技术研究与应用 [J].建筑技术,2022,54(7):909-912.

第9章 顶管法施工技术

本章主要介绍顶管法施工技术的概念、基本原理和基本工程程序,顶管机及其选型,常用顶管施工技术,顶管工程计算以及顶管法施工若干关键技术问题等内容。

9.1 顶管法施工技术概述

地下空间工程正在向长距离、深埋、大规模的方向发展,需要研究新的施工方法,更合理地开发利用地下空间,确保施工安全,降低对周边环境的影响。顶管法是一种以非开挖形式构筑大型地下空间的暗挖施工技术,相对于明挖及盾构等施工方法,具有综合成本低、交通干扰小、环境友好等显著优势,尤其在穿越交通干线、水体、地上及地下构筑物密集区的市政工程领域发挥着不可替代的作用。

顶管技术发展至今已有 100 余年的历史。顶管的形式主要有圆形和矩形两种。国外最早应用顶管法的是 1896 年美国的北太平洋铁路铺设工程。我国最早进行顶管施工是 1953 年北京的市政工程。1984 年我国北京、上海、南京等地先后开始引进国外先进的机械顶管设备,随之也引进了顶管理论、顶管施工方法,诸如土压平衡理论、泥水平衡理论、气压平衡理论等,使我国的顶管技术又上了一个新的台阶。目前,顶管技术已经进入新的发展阶段。

9.2 顶管法施工的原理与程序

9.2.1 基本原理

顶管法是一种非开挖的敷设地下管道的施工方法,其基本原理就是借助于主顶千斤顶(油缸)及管道间中断间等的推力,把工具管或掘进机从工作坑内穿过土层一直推到接收坑内吊起。与此同时,也就把紧随工具管或掘进机后的管道埋设在两坑之间。顶管施工前要将地质和周围环境情况调查清楚,这也是保证顶管顺利施工的关键之一。

9.2.2 基本程序

在敷设管道前,在管线的一端事先建造一个工作坑(井),在坑内的顶进轴线后方布置后背墙、千斤顶,将敷设的管道放在千斤顶前面的导轨上,管道的最前端安装工具管。千斤顶顶进时,以工具管开路,顶推着前面的管道穿过坑壁上的穿孔墙管(孔),把管道压入土中。与此同时,进入工具管的泥土被不断挖掘、排出,管道不断向土中延伸。当坑内导轨上的管道几乎全部定入土中后,缩回千斤顶,吊去全部顶铁,将下一节管段吊下坑,安装在管段的后面,接着继续顶进,如此循环施工,直至顶完全程,如图9.1所示。

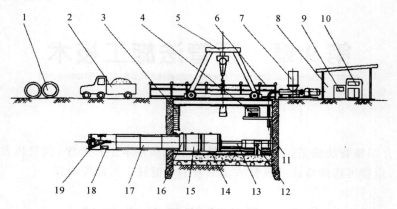

图 9.1 顶管法施工示意图

1—预制的混凝土管;2—运输车;3—扶梯;4—主顶油泵;5—门式起重机;
6—安全护栏;7—泣滑注浆系统;8—操纵房;9—配电系统;10—操纵系统;
11—后座;12—测量系统;13—主顶油缸;14—导轨;15—弧形顶铁;
16—环形顶铁;17—已顶入的混凝土管;18—运土车;19—机头

9.2.3 基本内容

顶管施工一般包括以下16部分内容。

(1)工作坑施工。顶管施工虽然不需要大范围开挖地面,但必须进行工作坑的开挖。工作坑的形状主要有圆形和矩形两种。圆形工作坑较深,一般采用沉井法施工。圆形井下沉顺利、筒壁受力好、占地面积小,但需另筑后背。沉井材料采用钢筋混凝土,竣工后沉井就成为管道的附属构筑物。最常用的工作坑形式还是矩形工作坑,短边和长边之比一般为2∶3,坑内空间能充分利用,覆土深浅都可采用,布置后背方便。若短边和长边之比较小,为条形工作坑,多用于顶进小口径钢管。根据顶管施工的需要有顶进和接收两种形式的工作坑。顶进工作坑是顶进的起点,也是顶管的操作基地,还是承受主顶油缸推力的反作用力的构筑物;接收工作坑则是顶进管道的终点,供顶管工具管进坑和拆卸用的接收井。

为了降低施工的费用,按时完工,在工作坑的选址上应尽量避开房屋、地下管线、河塘、架空电线等不利于顶管施工作业的场所。如果工作坑太靠近房屋和地下管线,在其施工过程中可能使它们损坏,给施工带来困难。有时,不得不采用一些特殊的施工方法或保护措施,以确保房屋或地下管线的安全,但这样会增加成本,延长施工的期限。

根据顶进方向,工作坑的顶进形式又可分为单向顶进、对头顶进、调头顶进和多向顶进。

(2)洞口止水圈施工。洞口止水圈是安装在顶进工作坑的出洞洞口和接收坑的进洞洞口,具有制止地下水和泥沙流到工作坑和接收坑的功能。在洞圈与管节间的建筑空隙,在顶管出洞过程中极易造成外部土体涌入工作井内的严重事故。为此,施工前在洞圈上采取安装环形帘布、橡胶板等措施,以密封洞圈,达到止水的功能。

(3)掘进机。掘进机是顶管用的机器,它安放在所顶管道的最前端,具有各种形式,是决定顶管成败的关键所在。在手掘式顶管施工中不用掘进机而只用一只工具管。不管哪种形式,掘进机的功能都是取土和确保管道顶进方向的正确性。

（4）主顶装置。主顶装置由主顶油缸、主顶油泵、操纵台和油管等 4 部分构成。主顶油缸是管子推进的动力，它多呈对称状布置在管壁周边。在大多数情况下都成双数，且左右对称。

主顶油缸的压力油由主顶油泵通过高压油管供给。常用的压力在 32～42 MPa 之间，高可达50 MPa。

主顶油缸的推进和回缩是通过操纵台控制的。操作方式有电动和手动两种，前者使用电伺服阀或电液阀，后者使用手动换向阀。

（5）顶铁。顶铁有环形顶铁、弧形或马蹄形顶铁之分。环形顶铁的主要作用是把主顶油缸的推力较均匀地分布在所顶管子的端面上。弧形或马蹄形顶铁是为了弥补主顶油缸行程与管节长度之间的不足。弧形顶铁用于手掘式、土压平衡式等方式的顶管中，它的开口是向上的，便于管道内出土。而马蹄形顶铁则是倒扣在基坑导轨上的，开口方向与弧形顶铁相反。它只用于泥水平衡式顶管中。

（6）基坑导轨。基坑导轨是由两根平行的箱形钢结构焊接在轨枕上制成的。它的作用主要有两点：一是使推进管在工作坑中有一个稳定的导向，并使推进管沿该导向进入土中；二是让环形、弧形顶铁工作时能有一个可靠的托架。

（7）后座墙。后座墙是把主顶油缸推力的反力传递到工作坑后部土体中去的墙体。它的构造会因工作坑的构筑方式不同而不同。在沉井工作坑中，后座墙一般就是工作井的后方井壁。在钢板桩工作坑中，必须在工作坑内的后方与钢板桩之间浇筑一座与工作坑宽度相等的，厚度为 0.5～1 m 的钢筋混凝土墙，目的是使推力的反力能比较均匀地作用到土体中去，尽可能地使主顶油缸的总推力的作用面积大些。

由于主顶油缸较细，对于后座墙的混凝土结构来讲只相当于作用于几个点的集中力，如果把主顶油缸直接抵在后座墙上，则后座墙极容易损坏。为了防止此类事情的发生，在后座墙与主顶油缸之间垫上一块厚度在 200～300 mm 的钢结构件，称之为后背墙。通过它把油缸的反力较均匀地传递到后座墙上，这样后座墙也就不太容易损坏。

（8）推进用管及接口。推进用管分为多管节和单一管节两大类。多管节的推进管大多为钢筋混凝土管，管节长度有 2～3 m 不等。这类管都必须采用可靠的管接口，该接口必须在施工时和施工完成以后的使用中都不渗漏。这种管接口形式有企口形、T 形和 F 形等多种形式。

单一管节是钢管，它的接口都是焊接成的，施工完工以后变成刚性较大管子。它的优点是焊接接口不易渗漏，缺点是只能用于直线顶管，而不能用于曲线顶管。

除此之外，有些 PVC 管也可用于顶管，但一般顶距都比较短。铸铁管在经过改造后也可用于顶管。

（9）输土装置。输土装置会因推进方式不同而不同：在手掘式顶管中，大多采用手推车出土；在土压平衡式顶管中，采用蓄电池拖车、土砂泵等方式出土；在泥水平衡式顶管中，都采用泥浆泵和管道输送泥水。

（10）地面起吊设备。最常用的是门式起重机，它操作简单、工作可靠，不同口径的管子应配不同吨位的起重机。它的缺点是转移过程中拆装比较困难。

汽车式起重机和履带式起重机也是常用的地面起吊设备，它们的优点是转移方便、灵活。

（11）测量装置。通常用的测量装置就是置于基坑后部的经纬仪和水准仪。使用经纬仪来测量管子的左右偏差，使用水准仪来测量管子的高低偏差。有时所顶管子的距离比较短，也可只用上述两种仪器的任何一种。在机械式顶管中，大多使用激光经纬仪。

(12)注浆系统。注浆系统由拌浆、注浆和管道三部分组成。拌浆是把注浆材料按比例兑水以后再搅拌成所需的浆液。注浆是通过注浆泵来进行的,它可以控制注浆的压力和注浆量。管道分为总管和支管,总管安装在顶管管道内的一侧。支管则把总管内压送过来的浆液输送到每个注浆孔去。

(13)中继站。中继站亦称中继间,它是长距离顶管中不可缺少的设备。中继站内均匀地安装有许多台油缸,这些油缸把它们前面的一段管子推进一定长度以后,然后再让它后面的中继站或主顶油缸把该中继站油缸缩回。这样一只连一只,一次连一次就可以把很长的一段管子分几段顶。最终依次把由前到后的中继站油缸拆除,一个个中继站合拢即可。

(14)辅助施工。顶管施工有时离不开一些辅助的施工方法,如手掘式顶管中常用的井点降水、注浆等。又如进出洞口加固时常用的高压旋喷桩施工和搅拌桩施工等。不同的顶管方式以及不同的土质条件应采用不同的辅助施工方法。顶管常用的辅助施工方法有井点降水、高压旋喷、注浆、搅拌桩和冻结法等多种,都要因地制宜地使用,才能达到事半功倍的效果。

(15)供电及照明。顶管施工中常用的供电方式有两种:一种是在距离较短和口径较小的顶管中,以及在用电量不大的手掘式顶管中,都采用直接供电。如动力电用 380 V,则由电缆直接把 380 V 电输送到掘进机的电源箱中。另一种是在口径比较大而且顶进距离又比较长的情况下,都是把高压电,如 1 000 V 的高压电,输送到掘进机后的管子中,然后由管子中的变压器进行降压,降至 380 V,再把 380 V 的电送到掘进机的电源箱中去。高压供电的好处是途中损耗少而且所用电缆可细些,但高压供电危险性大,要慎重,更要做好用电安全工作和采取各种有效的防触电、漏电措施。

照明通常也有低压和高压两种:手掘式顶管施工中的行灯应选用 12~24 V 低压电源。若管径大的,照明灯固定的可采用 220 V 电源,同时,也必须采取安全用电措施来加以保护。

(16)通风与换气。通风与换气是长距离顶管中不可或缺的一环,否则,可能发生缺氧或气体中毒现象,千万不能大意。

顶管中的换气应采用专用的抽风机或者鼓风机。通风管道一直通到掘进机内,把混浊的空气抽离工作井,然后让新鲜空气自然地补充。或者使用鼓风机,使工作井内的空气强制流通。

顶管施工的主要流程如图 9.2 所示。

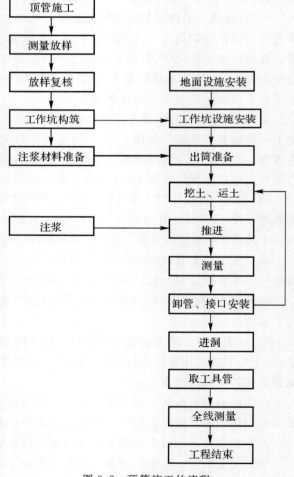

图 9.2 顶管施工的流程

9.2.4　施工组织的基本内容

施工组织的基本内容包括:施工现场平面布置图,顶进方法的选用和顶管段单元长度的确定,工作井位置的选择及结构类型的设计,顶管机头选型及各类设备的规格、型号及数量,顶力计算和后背设计,洞口的封门设计,测量、纠偏的方法,垂直运输和水平运输布置,下管、挖土、运土或泥水排除的方法,减阻措施,控制地面隆起、沉降措施,地下水排除方法,注浆加固措施,安全技术措施等。

9.3　顶管机及其选型

顶管可按多种方式进行分类,下面介绍几种最为常见的分类方法。

9.3.1　按管前挖土方式分类

以推进管前工具管或掘进机的作业形式来分,可分为人工顶管、挤压式顶管、水射流顶管、机械化顶管和半机械化顶管。

1.人工顶管

推进管前只有一个钢制的带刃的管子,具有挖土保护和纠偏功能,称为工具管。人在工具管内挖土、运土,随后利用安装在工作井内的千斤顶逐渐分段顶入,这种顶管称为手掘式或人工顶管。

由于人工挖土能及时针对顶进沿程工作面的土质变化情况采取不同的操作方法,因此对不同土层和地下水的变化适应性强是人工顶管最主要的特点。除了严重液化的土层外,在一般土层,甚至松散的沙砾石层内都能顶进。在顶进中能不断纠正偏差,很容易控制管道前进中的方位,施工时可随时排除障碍物。并且其设备简单,工作坑尺寸较小,造价较低,可以顶进方形或椭圆形的特殊管道。在长距离敷设管线中采用人工顶管法,掉头方便、安装用时短。

人工顶管法也有诸多缺点:劳动强度大,影响工人健康,施工安全性差,易造成地面下沉,涌水时需降低地下水位;一般顶入的管节内径不宜小于 800 mm,当管径超过 1 800 mm 时,必须采取一定的辅助施工措施,才能保证工作面土壁的稳定性。

2.挤压式顶管

如果工具管前端是环刃式挤压口,主压千斤顶在后面推挤,顶进时挤压刃口切土,土被挤入工具管,切入的土通过挤压口挤压,呈密实的土柱状,挤进一定长度后,用钢丝切断土柱,将土柱运到工作坑外,这就是挤压式顶管。通常条件下,采用挤压式顶管,不用任何辅助施工措施,且比人工挖掘提高效率 1~2 倍。挤压式顶管工具管如图 9.3 所示。

这种顶管适用于各种空隙较大,又具有可塑性的土质,如含水率较大的黏性土、各种软土、淤泥。在挤压时土在外力作用下形成很长的密实土柱,因此挤压后的土容重增加。但对孔隙比和黏聚力较小的土质,即使能挤压也需要很大的挤压力,因此不宜采用此法。

挤压式顶管法要求覆盖土深度较大,最少为顶入管道直径的 2.5 倍。如果覆土深度过浅,会使地面变形隆起。

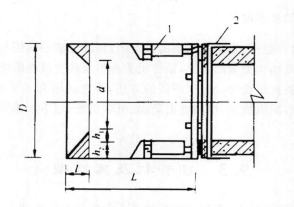

图 9.3　挤压式顶管工具管

1—纠偏千斤顶；2—法兰圈

L—工具管长度(1.6 m)；l—喇叭口长度；D—工具管外径；

d—喇叭口小口直径；h_1—土斗车轮高度；h_2—纠偏千斤顶高度

3. 水射流顶管

当管道穿越河流时，为了不影响河道通航和河道流量，可以采用水射流顶管法。所谓水射流技术，就是根据不同性能的土壤，采用不同的水压和水量，使用水枪喷嘴射流破碎土层，再用水力吸泥机将土块和水混合成的泥浆运出管外。图 9.4 所示为三段双铰型水力挖土式顶管工具管。

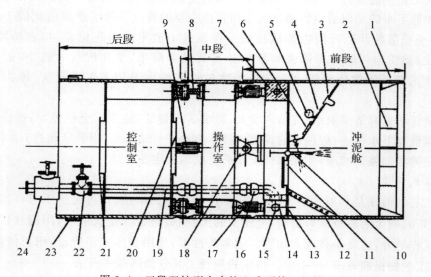

图 9.4　三段双铰型水力挖土式顶管工具管

1—刃脚；2—格栅；3—照明灯；4—胸板；5—真空压力表；6—观察窗；

7—高压水舱；8—垂直铰；9—左右纠偏油缸；10—水枪；11—小水密门；

12—吸口格栅；13—吸泥口；14—阴井；15—吸泥管进口；16—双球活接头；

17—上下纠偏油缸；18—水平铰；19—吸泥管；20—气闸门；21—大水密门；

22—吸泥管闸阀；23—泥浆环；24—清理阴井

应用水射流顶管法须具备以下条件：

（1）现场要有丰富的水源，以保证水力射流破土和水力运土。

（2）工作面要密闭。为了保证施工的可靠性、操作的安全性，机头除可调整方向、方便操作外，还应具有良好的防水功能和密闭性能，施工中密闭式机头的密封门不得任意开启。此外，管道接口应密封良好，以防止河水灌入管内。

（3）排水有道。从管内运出的泥浆要进行泥水分离处理，使泥浆浓度降低成低浓度的泥水排放到下水道或河道，或者作循环使用，并将沉淀出的泥渣运走弃掉。

4.机械化顶管

在推进管前端装上掘进机械，利用掘进机进行掘土、破碎和输送的顶管施工方法称为机械顶管。

根据机械挖土的形式又可细分为螺旋钻进式和全面挖掘式。螺旋钻进式就是采用螺旋式水平钻机水平钻进，边钻进，边出土，边顶入管节，施工人员在管外操作，适用于小口径顶管。全面挖掘式是将挖掘刀盘装于主轴上，刀盘旋转挖土，一次挖成土洞，边挖土，边顶进，该方法是很常见的机械顶进形式。

机械化顶管工作面采用机械挖土，方向准确，施工中不需降水，可长距离顶进，安全可靠，工效高，但对土质变化的适应性差，顶进过程中遇土质变化，容易给机械挖土带来困难。随着施工经验的积累、科技的不断进步，机械顶管向着能适应软硬土层的先进机械型发展。

根据掘进机的种类不同，机械顶管又可分为泥水平衡式、加压式、土压平衡式、岩石掘进式顶管。在这 4 种机械式顶管中，泥水平衡式和土压式顶管由于在许多条件下不需要采用辅助施工措施，因而适用的范围较广，掘进机的结构形式也多种多样。

9.3.2　根据工作面的稳定程度分类

1.开放式顶管

顶管工作面与后续的管道之间没有压力密封区，工作面土层稳定，可直接挖土，操作时不会出现塌方现象，称为开放式顶管。其优点是方便工作人员进入工作面，便于施工作业，但是要求工作面土层物理力学性能良好。

2.密闭式顶管

顶管机至少由两部分组成：一是切削工具管（顶管机前面部分）；二是盾尾。当工作面土层不稳定时，为了防止塌方，在顶管工作面与盾尾之间设一压力墙，并施以一定压力使工作面土层稳定，由于工作面密闭，所以叫密闭式顶管。

根据采用的平衡介质不同，密闭式顶管又分为如下三种顶管：

（1）气压平衡式。采用压缩空气加压，使工作面稳定。气压平衡分为全气压平衡和局部气压平衡。全气压平衡使用的最早，它是在所顶进的管道中及挖掘面上都充满一定压力的空气，以空气的压力来平衡地下水的压力。而局部气压平衡则往往只有掘进机的土仓内充以一定压力的空气，达到平衡地下水压力和疏干挖掘面土体中地下水的作用。

（2）泥水平衡式。以含有一定量黏土且具有一定相对密度的泥浆水充满掘进机的泥水舱，并对它施加一定的压力，以平衡地下水压力和土压力。泥浆水在挖掘面上能形成泥膜，以防止地下水的渗透，然后再加上一定的压力就可平衡地下水压力，同时，也可以平衡土压力。泥水平衡式机头示意图如图 9.5 所示。

（3）土压平衡式。用挖下来的土造成土压在工作面加压，来平衡掘进机所处土层的土压力和地下水压力，并靠土压力将土挤出。土压平衡式机头示意图如图 9.6 所示。

土压平衡式顶管具有设备简单、适用范围广的优点，且在施工过程中所排出的渣土要比泥水平衡掘进机所排出的泥浆容易处理，因此应用越来越广泛。

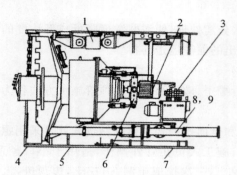
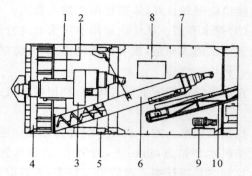

图 9.5　泥水平衡式机头示意图

1—纠偏油缸；2—驱动电动机；3—油压装置；
4—切削刀盘；5—前段；6—开口度调节装置；
7—后段；8—进泥管；9—排泥管

图 9.6　土压平衡式机头示意图

1—前段；2—隔板；3—刀盘驱动装置；
4—刀盘；5—纠偏油缸；6—螺旋输送机；
7—后段；8—操纵台；9—油压泵；10—传送带

9.3.3　按顶管口径大小和顶进距离分类

按顶管口径大小分类，可分为大口径、中口径、小口径和微型顶管等 4 种。

管内径大于 2 000 mm 的为大口径顶管。口径大，使人能够在管道中站立和自由行走，更方便于手工操作。但由于顶管设备比较庞大，管子自重也较大，使顶力增加，施工较复杂。

顶管中绝大多数是中口径顶管，其口径在 900～2 000 mm 之间，一般施工人员可在管内勉强行走。

小口径顶管，其内径小于 900 mm，人只能在管内爬行，甚至无法进入管子操作，一般顶进的距离较短，且易产生较大误差，使顶进的精确度较低。

微型顶管其口径更小，通常在 400 mm 以下，最小的只有 75 mm，且一般都埋得较浅。这么小的口径，人根本无法进入管子里，必须靠各种形式的机械，故机械化程度较高。

按顶进距离分类，可分为短距离顶管（小于 100 m）、中距离顶管（100～300 m）和长距离顶管（大于 300 m）3 类。所谓顶进距离是指工作坑和接收坑之间的距离，随顶管技术不断发展而发展的。过去把 100 m 左右的顶管就称为长距离顶管。而现在随着注浆减磨技术水平的提高和设备的不断改进，100 m 已不成为长距离了。现在通常把一次顶进 300 m 以上距离的顶管才称为长距离顶管。

9.3.4　以推进管的管材来分类

顶管按材料来分类，通常可分为钢筋混凝土管、钢管、铸铁管、玻璃钢管和复合管等。

钢筋混凝土管是顶管中使用得最多的一种管材。按其接口形式分为平接口、企口和 F 型接口三种。在钢筋混凝土管中，还有采用玻璃纤维或钢板进行加强的管子。

钢管也是顶管施工中较常用的管材。由于其具有管壁薄、强度高、相应管节重量轻、密闭性好等优点,被广泛用于自来水、煤气、天然气及发电厂的冷却水用管等的顶管。但是钢管刚度差易变形,且埋于地下极易被腐蚀,因此在设计和施工中要采取相应措施加以避免。顶管用管子有时需用钢管作外壳,里面再浇上钢筋混凝土,这种管子是一种特殊的加强管,可用于超长距离的顶进。

玻璃钢管是目前国内外逐渐推广应用的一种柔性复合材料管道。玻璃钢管比重仅是钢管或铸铁管的 1/4～1/5,便于运输和安装;管道内表面光滑,水力学性能优于钢管或铸铁管;顶管的表面光滑,能减小摩擦阻力和顶力,使管材顺利顶进不致损坏;耐腐蚀性能优异,寿命长,几乎不用维护,确保使用寿命达 50 年。

顶管除按上述方式分类外,还可按顶进轨迹分为直线顶管和曲线顶管两类。

9.4　常用顶管施工技术

目前常用的顶管工具管有手掘式、挤压式、泥水平衡式、土压平衡式等几种。

9.4.1　手掘式顶管施工技术

手掘式顶管,即非机械的开放式(或敞口式)顶管。在施工时,采用手工的方法来破碎工作面的土层。破碎辅助工具主要有镐、锹以及冲击锤等。该方法是最早发展起来的一种顶管施工的方式,由于它在特定的土质条件下和采用一定的辅助施工措施后便具有施工操作简便、设备少、施工成本低、施工进度快等一些优点,因此,至今仍被许多施工单位采用。不过,现在的手掘式顶管施工,无论是设备还是工艺都和原始的手掘式顶管有很大的不同。

9.4.1.1　手掘式工具管的结构

手掘式工具管大体由以下几个部分组成:壳体、纠偏油缸、液压阀、高压油管、测量装置及照明等。壳体有一段的,也有两段的。两段形式的壳体分为前、后两节,在前、后壳体之间安装有纠偏油缸,为防止泥水侵入,在前、后壳体活动的部分内装有密封圈。后壳体则与第一节要顶的混凝土管或钢管刚性连接。因此,如果顶钢管则把后壳体与第一节钢管的前端焊成一个整体。如果顶混凝土管,一般也把后壳体与第一节混凝土管之间用接拉杆螺栓固定牢。

9.4.1.2　手掘式工具管的施工工艺

图 9.7 所示为手掘式工具管的施工工艺流程图。其主要施工工序如下:

(1)安装管节。首先用主顶油缸把人工式工具管放在安装牢靠的基坑导轨上。下管前应先对管子进行外观检查。主要检查管子无破损及纵向裂缝;前端要平直;管壁无坑陷或鼓泡,管壁应光洁。检查合格后的管子方可用起重设备吊到工作坑的导轨上就位。第一节管作为工具管,它的顶进方向与高程的准确,是保证整段顶管质量的关键。

(2)管前挖土。管前挖土是控制管节顶进方向和高程、减少偏差的重要作业,是保证顶进质量及管上构筑物安装的关键。在不允许土下沉的顶进地段(如上面有重要建筑物或其他管道),管子周围一律不得超挖。在一般顶管地段,上面允许超挖 1.5 cm,但在下面 135° 范围内不得超挖,一定要保持管壁与土基表面吻合。

(3)顶进。用主顶油缸慢慢地把工具管切入土中。这时由于工具管尚未完全出洞,可以用水平尺在工具管的顶部检测一下工具管的水平状态是否与基坑导轨保持一致。通常,把出洞后的 5～10 m 以内的顶进,称为初始顶进。在初始顶进过程中,应特别要加强测量工作。如果发现误差,尽量采用挖土来校正。同时可以用多种方法来测量,把测得的数据综合起来加以分析。

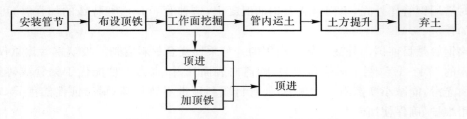

图9.7 手掘式工具管的施工工艺流程图

顶进时若发现有油路压力突然增高,应停止顶进,检查原因经过分析处理后方可继续顶进。回镐时油路压力不得过大,速度不得过快。

(4)管内运土。挖出的土方要及时外运,土方在管内可采用电瓶车运输,也可采用人力斗车进行运输。

管道与顶管设备的垂直运输采用简易龙门和卷扬机(电动葫芦),并搭设工字钢梁作为地面工作平台。下管采用汽车式起重机吊装。

(5)测量与校正。人工式顶管的纠偏油缸呈十字形布置,最大纠偏角度应不大于2.5°。由于人工式工具管纠偏油缸的行程

图9.8 手掘式的测量靶示意图
1—测量靶;2—混凝土管

很长,故无法保证管道入土位置正确。手掘式工具管的测量靶可采用倒T字形,如图9.8所示。

9.4.2 泥水平衡式顶管施工

通常把用水力切削泥土以及采用机械切削泥土而采用水力输送弃土,同时有的利用泥水压力来平衡工作面处的地下水压力和土压力的这一类顶管形式都称为泥水式顶管施工。这样,从有无平衡的角度出发,又可以把它们细分为具有泥水平衡功能的和不具有泥水平衡功能的两大类。现今生产的比较先进的这类顶管掘进机大多具有泥水平衡功能,泥水加压平衡顶管适用于各种黏性土和砂性土的土层中的 $\phi 800 \sim 1\ 200\ mm$ 的各种口径管道。所用管材可以是预制钢筋混凝土管,也可以是钢管。

9.4.2.1 泥水平衡式顶管基本原理

在泥水式顶管施工中,首先应了解泥水的性质。通过比较实验可以了解泥水与普通的清水(不含任何泥土成分的水)的性质有着很大的不同。

如图9.9(a)所示:一个方形玻璃容器中间用一块很薄的隔板将容器隔成左右两部分,在左边部分装上砂,右边部分装有 $\nu = 1.2$ 的泥水(ν 为相对密度)。等泥水稳定下来,轻轻地把容器中的隔板抽掉,就会发现砂和泥水都始终处于一种平衡状态,保持相对稳定。即使再过一段时间,右侧容器内的这种状态仍然不会有明显的改变。

相反,若将容器的右边装上清水,如图9.9(b)所示,待隔板去掉后,只需几秒钟的时间,就看到容器中的砂慢慢地往右边清水中下滑,如果再过 $40 \sim 60\ s$,砂就会按一定角度分布在整个容器中。

由实验可知:第一,在泥水式顶管施工中,要使挖掘面上保持稳定,就必须在泥水仓中充满

一定压力的泥水,而不能充清水;第二,因为泥水在挖掘面上可以形成一层不透水的泥膜,它可以阻止泥水向挖掘面里面渗透。同时,该泥水本身又有一定的压力,因此,它就可以用来平衡地下水压力和土压力。这就是泥水平衡式顶管基本原理。

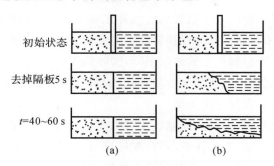

初始状态

去掉隔板5 s

$t=40\sim60$ s

(a)　　　　　　(b)

图 9.9　混浆和清水的实验

(a)混浆;(b)清水

9.4.2.2　泥水平衡式顶管组成

完整的泥水平衡顶管系统分为八大部分,如图 9.10 所示。第一部分是掘进机,它有各种形式,往往通过更换切削刀盘,适应于相应的土层。第二部分为泥水平衡(输送)系统,它有两大功能:一是通过加压的泥水来平衡开挖面的土体;二是将刀盘切削下来的土体在泥水舱中混合后,通过泵送到泥水管路再输送到地面。第三部分是泥水处理系统或通过泥水处理设备的处理后,将泥水的比重和黏度等指标调整到比较合适的值,或通过泵将其送到顶管机中使用,同时将排泥管堆放的泥水进行分离,将可重复利用的黏土颗粒送入调整槽中处理后加以利用,其余部分作弃土处理。第四部分是主顶系统,主要功能是完成管节的顶进,有主顶油缸、主顶油压机组和操纵台等组成。第五部分是测量、纠偏系统,主要由激光经纬仪、纠偏油缸、油泵、操纵阀和油管组成。第六部分是起吊系统。第七部分是供电系统。第八部分是洞口止水圈、基坑导轨等附属系统。如果是长距离顶进,还需要中继顶装置。

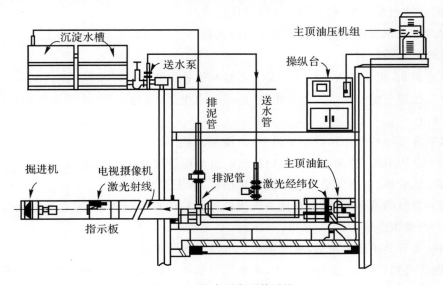

图 9.10　泥水平衡顶管系统

9.4.2.3　泥水平衡式顶管施工的特点

泥水平衡式顶管施工有以下优点：

(1)对土质的适应性强,如在地下水压力很高以及变化范围较大的条件下,它也能适用。

(2)采用泥水平衡式顶管施工引起的地面沉降比较小,因此穿越地表沉降要求高的地段,可节约大量环境保护费用。泥水平衡式顶管施工可有效地保持挖掘面的稳定,对所顶管子周围的土体扰动比较小,从而引起较小的地面沉降,实际施工中地表最大沉降量可小于 3 cm。

(3)顶进效果好,适宜于长距离顶管。与其他类型顶管比较,泥水顶管施工时所需的总推力比较小,尤其是在黏土层表现得更为突出。

(4)工作坑内的作业环境比较好,作业也比较安全。由于它采用地面遥控操作,用泥水管道输送弃土,操作人员可不必进入管子,不存在进行吊土、搬运土方等容易发生危险的作业。它可以在大气常压下作业,也不存在危及作业人员健康等问题。

(5)施工速度快,每昼夜顶进速度可达 20 m 以上。由于顶进效果好,泥水输送弃土的作业也是连续不断地进行的,因此它作业的速度比较快。

(6)管道轴线和标高的测量采用激光仪连续进行,能做到及时纠偏,顶进质量容易控制。

但是,泥水式(平衡)顶管也有它的缺点：

(1)所需的作业场地大,设备成本高。

(2)弃土的运输和存放都比较困难。如果采用泥浆式运输,则运输成本高,且用水量也会增加。如果采用二次处理方法把泥水分离,或让其自然沉淀、晾晒等,则处理起来不仅麻烦,而且处理周期也比较长。采用泥水处理设备往往噪声很大,对环境会造成污染。

(3)如果遇到覆土层过薄,或者遇上渗透系数特别大的沙砾、卵石层,作业就会因此受阻。因为在这样的土层中,泥水要么溢到地面上,要么很快渗透到地下水中去,致使泥水压力无法建立起来。

(4)由于泥水顶管施工的设备比较复杂,一旦有哪个部分出现了故障,就要全面停止施工作业。它的这种相互联系、相互制约的程度比较高。

9.4.2.4　泥水加压平衡顶管施工工艺与流程

(1)首先拆除洞口封门。

(2)推进机头,机头进入土体时开动大刀盘和进排泥浆。

(3)机头推进至能卸管节时停止推进,拆开动力电缆、进排泥管、控制电缆和摄像仪连线,缩回推进油缸。

(4)将事先安放好密封环的管节吊下,对准插入就位。

(5)接上动力电缆、控制电缆、摄像仪连线、进排泥管接通压浆管路。

(6)启动顶管机、进排泥泵、压浆泵、主顶油缸,推进管节。

(7)随着管节的推进,不断观察机关轴线位置和各种指示仪表,纠正管道轴线方法并根据土压力大小调整顶进速度。

(8)当一节管节推进结束后,重复第(2)～(7)步继续推进。

当顶进即将到位时,放慢顶进速度,准确测量出机头位置,在机头到达接收井洞口封门时停止顶进,此时在接收井内安放好接引导轨;在拆除接收井洞口封门后,将机头送入接收井(此时刀盘的近排泥泵均不运转),先拆除动力电缆、进排泥管、摄像仪及连线和压浆管路等,接着分离机头与管节,吊出机头;然后将管节顶到预定位置,按次序拆除中继环油缸并将管节靠拢;最后拆除主顶油缸、油泵、后座及导轨。

9.4.3 土压平衡式顶管施工

9.4.3.1 土压平衡式顶管施工特点

同泥水平衡式顶管相似,土压平衡式顶管是利用挖下来的土压在工作面加压,以此来平衡掘进机所处土层的土压力和地下水压力,土压平衡要同时满足两个条件:第一,顶管掘进机在顶进过程中与它所处土层的地下水压力和土压力处于一种平衡状态;第二,它的排土量与掘进机推进所占的土体积也处于一种平衡状态。

土压平衡顶管就是根据土压平衡的基本原理,利用顶管机的刀盘切削和支撑机内土压舱的正面土体,抵抗开挖面的水土压力以达到土体稳定的目的。以顶管机的顶速即切削量为常量,螺旋输送机转速即排放量为变量进行控制,待到土压舱内的水土压力与切削面的水土压力保持平衡,由此减少对正面土体的扰动,减小地表沉降和隆起。

土压平衡顶管适用于饱和含水地层中的淤泥质黏土、粉砂和砂性土等地层中施工,也适用于穿越建筑物密集闹市区、公路、铁路和河流特殊地段等地层位移限制要求较高的地区,特别适用于不宜大开挖的各类地下管线下进行矩形断面的施工。运送管径常为 $\phi1\ 650 \sim 2\ 400$mm。顶管管材一般采用钢筋混凝土,管节的接头形式可选用 T 型、F 型钢套环式和企口承插式等,也可以按工程的要求选用其他材质的管节和管口接头形式。

9.4.3.2 土压平衡式顶管施工原理

(1)利用带面板的刀盘切削及支撑土体,对土体的扰动比较小,使用土质范围较广,并且能有效地控制地表的沉降和隆起,可在闹市区或建筑密集地区进行管道施工,大大减少了地上、地下构筑物破坏而带来的损失。

(2)与泥水式顶管施工相比,最大的特点是排出的土或泥浆都不需要再进行泥水分离等二次处理。它利用干式排土,处理废弃泥土很方便,对环境的影响和污染均较小,施工后地面沉降较小。

(3)要求覆土深度小,最小覆土深度约相当于 0.8 倍管外径,这是任何形式顶管施工都无法做到的。

其缺点是在沙砾层和黏粒含量少的砂层中施工时,必须采用添加剂对土体进行改良。

9.4.3.3 施工工艺与流程

(1)首先做好施工准备。清理工作井,设置与安装地面顶进辅助设施、井口龙门吊车、主顶设备后靠背等,接着安装与调整主顶设备导向机架、主顶千斤顶,布置工作井内的工作平台,辅助设备、控制操作台,并做好井点降水、地基加固等出洞的辅助技术准备。

(2)顶管顶进施工流程:

1)安放管接口密封环,传力衬垫。

2)下吊管节,调整管口中心,连接就位。

3)电缆穿越管道,接通总电源、轨道注浆管及其他线管。

4)启动顶管机主机土压平衡控制器,地面注浆机头顶进、注水系统机头顶进。

5)启动螺旋输送机排土。

6)随着管节的推进,测量轴线偏差,调控顶进速度直至一节管节推进结束。

7)主顶千斤顶回缩就位后,主顶进装置停机,关闭所有顶进设备,拆除各种电缆和管线,清理现场。

8)重复以上步骤继续顶进。

(3)顶进到位。顶进到位后的施工流程与泥水加压平衡顶管相似。

9.5 顶管工程设计计算

9.5.1 顶力计算

顶管的总顶力分为两个部分,正面阻力和周围的摩擦阻力,即:

$$F = F_1 + F_2 \tag{9.1}$$

式中　F——总顶力,kN;

　　　F_1——工具管正面阻力,kN;

　　　F_2——管道摩阻力,kN,有

$$F_2 = f_2 L \tag{9.2}$$

其中　L——管道总长度,m;

　　　f_2——单位长度管道摩阻力,kN/m。

9.5.1.1 正面阻力

不同工具管的正面阻力各不相同。具体计算公式如下。

(1)挖掘式工具管(包括简易工具管、开敞挖掘式工具管):

$$F_1 = p(D - t)tR \tag{9.3}$$

当工具管顶部及两侧允许超挖时,$F_1 = 0$。

(2)挤压式工具管:

$$F_1 = pD^2(1 - e)R/4 \tag{9.4}$$

(3)网格挤压工具管:

$$F_1 = paD^2R/4 \tag{9.5}$$

(4)三段双铰型工具管:

$$F_1 = pD^2(aR + p_n)/4 \tag{9.6}$$

(5)土压平衡式工具管和泥水平衡式工具管:

$$F_1 = pD^2\gamma H/4 \tag{9.7}$$

式中　F_1——工具管正面阻力,kN;

　　　D——工具管外径,m;

　　　t——工具管刃脚厚度,m;

　　　p——土压强度,kN/m²;

　　　R——挤压阻力,kN/m²,取 $R = 300 \sim 500$ kN/m²;

a—— 网格截面参数，取 $a = 0.6 \sim 1.0$；

γ—— 土的重度，kN/m³；

H—— 管顶覆土高度，m；

e—— 开口率。

9.5.1.2　摩阻力计算

管道的摩阻力是指管壁与土之间的摩擦阻力。在正常情况下，管壁摩阻力可按以下公式计算（不包括曲线顶管，也不包括管轴线偏差超差的顶管）：

$$f_2 = pD\mu(p_1 + p_2)/2 + \mu W \tag{9.8}$$

式中　f_2—— 单位长度管壁摩阻力，kN/m；

p—— 土压强度，kN/m²；

D—— 工具管外径，m；

μ—— 摩擦因数，见表 9.1；

p_1—— 垂直土压力，kN/m²；

p_2—— 管道水平土压力，kN/m²；

W—— 单位长度管道自重，kN/m。

表 9.1　管壁与土的摩擦因数

土　类	摩擦因数 μ	
	湿	干
黏性土	$0.2 \sim 0.3$	$0.4 \sim 0.5$
砂性土	$0.3 \sim 0.4$	$0.5 \sim 0.6$

当无卸力拱时：

$$P_1 = \gamma H \tag{9.9}$$

$$P_2 = \gamma(H + D/2)\tan^2(45° - \varphi/2) \tag{9.10}$$

当有卸力拱时：

$$P_1 = \gamma h_0 \tag{9.11}$$

$$P_2 = \gamma(h_0 + D/2)\tan^2(45° - \varphi/2) \tag{9.12}$$

其中，判别形成卸力拱的两个必要条件如下：

（1）土的坚固系数 $f_{kp} \geqslant 0.8$；

（2）覆土深度 $H \geqslant 2.0 h_0$，其中

$$h_0 = \frac{D\left[1 + \tan\left(45° - \dfrac{\varphi}{2}\right)\right]}{2\tan\varphi} \tag{9.13}$$

式中　γ—— 土的重度，kN/m³；

H—— 管顶覆土高度，m；

h_0—— 管顶卸力拱高度，m；

D—— 工具管外径，m；

φ——土的内摩擦角,(°)。

影响顶力的因素很多,除了土质、管径、顶长、管材和地下水位等客观因素以外,还受到中途间歇时间、顶进偏差、减阻措施等多种主观因素的影响。实际确定顶力时应结合实际情况和经验来对理论计算的顶力进行修正和调整,也可以根据各地的经验公式来进行校验、确定。

当顶进距离较短时,顶力由主千斤顶承担,有下列情况之一,则需要考虑增加中继间:总顶力超过主千斤顶的最大顶力,总顶力超过了管道的允许顶力,总顶力超过了后背墙的最大允许顶力。

9.5.2 工作坑及后备墙的计算

9.5.2.1 工作坑位置的选择

工作坑的位置应该根据地形、管线设计和地面障碍物情况等因素确定。一般情况按下列条件进行选择:

(1)管道井室的位置。

(2)可利用坑壁土体作后背支撑。

(3)便于排水、出土和运输。

(4)对地上与地下建筑物、构筑物易于采取保护和安全措施。

(5)距电源和水源较近、交通方便。

(6)单向顶进时宜设在下游一侧。

9.5.2.2 工作坑的尺寸计算

(1)工作坑的尺寸要考虑管道下放,各种设备进出,人员上、下坑内操作等必要空间以及排弃土的位置等。其平面形状一般采用矩形,其底部应符合下列公式要求:

$$B = D_1 + S \tag{9.14}$$
$$L = L_1 + L_2 + L_3 + L_4 + L_5 \tag{9.15}$$

式中 B——矩形工作坑的底部宽度,m;

D_1——管道外径,m;

S——操作宽度,m,可取 $2.4 \sim 3.2$ m;

L——矩形工作坑的底部长度,m;

L_1——工具管长度,m,当采用第一节管道作为工具管时,钢筋混凝土管直径不宜小于 0.3 m,钢管不宜小于 0.6 m;

L_2——管节长度,m;

L_3——运土工作间长度,m;

L_4——千斤顶长度,m;

L_5——后背墙的厚度,m。

(2)工作坑的深度应符合下列公式要求:

$$H_1 = h_1 + h_2 + h_3 \tag{9.16}$$
$$H_2 = h_1 + h_3 \tag{9.17}$$

式中 H_1——顶进坑地面至坑底的深度,m;

H_2——接受坑地面至坑底的深度,m;

h_1—— 地面至管道底部外缘的深度,m;

h_2—— 管道外缘底部至导轨地面的高度,m;

h_3—— 基础及其垫层的厚度,不应小于该处井室的基础及垫层厚度,m。

9.5.2.3　后背墙与后背土体的计算

当后背土体土质较好时,后背挡土墙可以依靠原土加排方木修建。根据施工经验,当顶力小于 4 000 kN 时,后背墙后的原土厚度不小于 7.0 m,就不至于发生大位移现象(墙后开槽宽度不大于 3.0 m)。

当无原土作后背墙支撑时,应设计简单、稳定可靠、拆除方便、就地取材的人工后背墙,图 9.11 所示是其中的一种。也可以利用已顶进完毕的管道作后背墙。此时应使待顶管道的顶力小于已顶管道的顶力,同时在后背钢板与管口之间衬垫缓冲材料,保护已顶入管道的接口不受损伤。

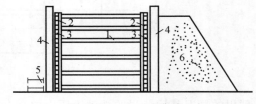

图 9.11　人工后背墙

1— 撑杠;2— 立柱;3— 后背方木;4— 立铁;5— 横铁;6— 填土

当土质条件差、顶距长、管径大时,可采用地下连续墙式后背挡土墙、沉井式后背墙和钢板桩式后背墙。

后背墙的构造见图 9.12,后背墙的强度和刚度应满足传递最大顶力的需要。其宽度、高度、厚度应根据顶力的大小、合力中心的位置、被动土压力的大小等来计算确定。

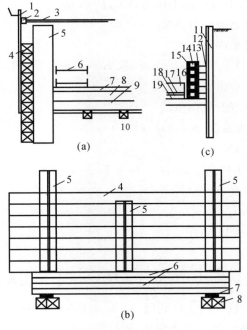

图 9.12　后背的构造

(a)方木后背侧视图;(b)方木后背正视图;(c)钢板桩后背

1— 撑板;2— 方木;3— 撑杠;4— 后背方木;5— 立铁;6— 横铁;7— 木板;8— 护木;9— 导轨;10— 轨枕;

11— 钢板桩;12— 工字钢;13— 钢板;14— 方木;15— 钢板;16— 千斤顶;17— 木板;18— 导轨;19— 混凝土基础

后背墙的计算简图见图9.13,顶力的反力 R 作用在后背墙上,R 的作用点相对于管中心偏低 e。

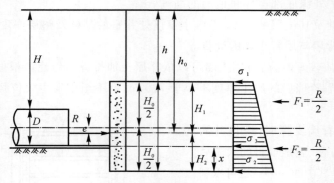

图 9.13   后背墙计算图式

  理想的情况是后背强的被动土压力的合力中心与顶力反力的合力中心在同一条线上。为了便于计算,设合力中心以上的后背墙承担一半反力,另一半反力由合理中心以下的后背墙承担。这样就可使被动土压力合力中心近似与顶力合力中心一致。

  已知管顶覆土高度、管道外径、设计顶力、顶力偏心距和后背墙宽度时,则可计算上部后背墙的高度。

$$F_1 = \frac{B}{K}(\frac{1}{2}\gamma H_1^2 K_P + 2cH_1\sqrt{K_P} + \gamma h H_1 K_P) \tag{9.18}$$

式中 F_1——上部后背墙上的被动土压力,kN,$F_1 = R/2$;

    R——设计允许顶力的反力,kN;

    B——后背墙的宽度,m;

    K——安全系数,当 $B/H_0 \leqslant 1.5$ 时,取 $K = 1.5$;当 $B/H_0 > 1.5$ 时,取 $K = 2.0$;

    γ——土的重度,kN/m^3;

    H_1——上部后背墙的高度,m;

    K_P——被动土压力系数,$K_P = tg^2(45° + \varphi/2)$;

    c——土的黏聚力,kN/m^2;

    h——后背墙顶的土柱高度,m,$h = H + D/2 + e - H_1$;

    H——管顶覆土高度,m;

    D——管道外径,m;

    e——顶力偏心距,m。

下部后背墙的高度:

$$F_2 = \frac{B}{K}(\frac{1}{2}\gamma H_2^2 K_P + 2cH_2\sqrt{K_P} + \gamma h H_2 K_P) \tag{9.19}$$

式中 h_0——下部后背墙以上的土柱高度,m,$h_0 = h + h_1$;

    F_2——下部后背墙后的被动土压力,kN,$F_2 = R/2$;

    H_2——下部后背墙的高度,m。

  解方程可得 H_2,则后背墙的高度为:

$$H_0 = H_1 + H_2 \tag{9.20}$$

式中　　H_0—— 后背墙的高度，m。

后背墙的厚度可根据主千斤顶的布置，通过结构计算决定，一般在 0.5～1.6 范围内。

9.6　顶管法施工若干技术问题

顶管法施工中的关键技术问题有：顶力问题、方向控制、承压壁的后靠结构及土体的稳定问题，穿墙出井及管壁外周摩擦阻力的处理等。

9.6.1　穿墙管与止水

穿墙止水是顶管施工最为重要的工序之一。穿墙后工具管方向的准确程度将会给管道轴线方向的控制以及管道的拼装、顶进带来很大的影响。

打开封门，将掘进机顶出工作井外，这一过程称为穿墙。穿墙是顶管施工中的一道重要工序，因为穿墙后掘进机方向的准确与否将会给以后管道的方向控制和井内管节的拼装工作带来影响。穿墙时，首先要防止井外的泥水大量涌入井内，严防塌方和流沙。其次要使管道不偏离轴线，顶进方向要准确。由于顶管出洞是制约顶管顶进的关键工序，一旦顶管出洞技术措施采取不当，就有可能造成顶管在顶进过程中停顿。而顶管在顶进途中的停顿将会引起一系列不良后果（如顶力增大、设备损坏等），严重影响顶管顶进的速度和质量，甚至造成施工失败。

穿墙管的构造要求有：满足结构的强度和刚度要求，管道穿墙施工方便快捷、止水可靠。穿墙止水主要由挡环、盘根、轧兰将盘根压紧后起止水、挡土作用（见图 9.14）。

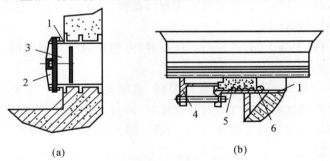

(a)　　　　　　　　　(b)

图 9.14　穿墙管
(a)穿墙管构造；(b)穿墙止水
1—穿墙管；2—闷板；3—黏土；4—轧兰；5—盘根；6—挡环

为避免地下水和泥土大量涌入工作井，一般应在穿墙管内事先填埋经夯实的黄土。打开穿墙管闷板后，应立即将工具管顶进。此时穿墙管内的黄黏土受挤压，堵住穿墙管与工具管之间的环缝，起临时止水作用。同时还必须注意将工作井周围的建筑垃圾等杂物清理干净，避免掘进机出洞时，钢筋等杂物将进入绞笼，损坏绞刀，致使顶管不能正常顶进。

9.6.2　测量与纠偏

在顶管施工时，在顶进前要求按设计的高程和方向精确地安装导轨、修筑后背墙及布置顶铁，目的是使管节按规定的方向前进。因此在顶进中必须不断地观测管节前进的轨迹。当发现前段管节前进方向或高程偏离原设计位置后，就要采取各种纠偏方法迫使管节回到原设计位置上。

9.6.2.1　测量

(1)初顶测量。在顶第一节管(工具管)时,应不断地对管节的高程、方向及转角进行测量,测量间隔应不超过 30 cm;当发现误差进行校正偏差时,测量间隔也不应超过 30 cm,保证管道入土的位置正确;在管道进入土层后的正常顶进时,每隔 60~80 mm 测量一次。

(2)中心测量。为观察首节管在顶进过程中与设计中心线的偏离度,并预计其发展趋势,应在首节管前后两端各设一固定点,以便检查首节管实际位置与设计位置的偏差。

顶进长度在 60 m 范围内,可采用垂球拉线的方法进行测量,如图 9.15 所示。一次顶进超过 60 m 时,应采用经纬仪或激光导向仪测量(即用激光束定位)。

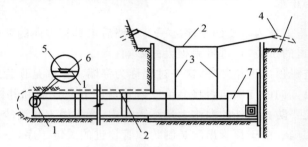

图 9.15　用小线球延长线法测量中心线

1—中心尺;2—小线;3—垂线;4—中心桩;5—水准仪;6—刻度;7—顶高

(3)高程测量。用水准仪及特制高程尺(比管节内径小的短标尺)根据工作井内设置的水准点标高(设两个),测量第一节管前端与后端管内高程,以掌握第一节管子的走向。测量后应与工作井内另一水准点闭合。

水准测量最远测距为数十米,而长距离顶距时,可用连通管观测两端水位刻度定高程,简单而方便。

(4)激光测量。如图 9.16 所示,激光测量时,将激光经纬仪(激光发射器)安装在工作井内,并按照管线设计的坡度和方向将发射器调整好,同时在管内装上接收靶(激光接收装置),靶上刻有尺度线,当顶进的管道与设计位置一致时,激光点即可射到靶心,说明顶进无偏差,否则根据偏差量进行校正。

(5)顶后测量。全段顶完后,应在每个管节接口处测量其中心位置和高程,有错口时,应测出错口的高差。

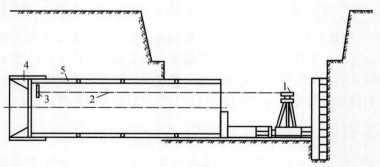

图 9.16　激光测量

1—激光经纬仪;2—激光束;3—激光接受靶;4—刃脚;5—管节

9.6.2.2 纠偏

当顶管偏差超过如表 9.2 所示的允许偏差时,应该进行纠偏处理,防止因偏心度过大而使管节接头压损或管节中出现环向裂缝。

表 9.2 顶管允许偏差

序号	项 目	允许偏差/mm		检验频率	检验方法
		距离<100 m	距离≥100 m	范围点数	
1	中线位移	50	100	每段 1 点	经纬仪测量
2	管内底高程<1 500 mm	+30 　−40	+60 　−80	每段 1 点	水准仪测量管
	管内底高程≥1 500 mm	+40 　−50	+80 　−100	每段 1 点	水准仪测量
3	相邻管节错口	≤15,无碎裂		每段 1 点	钢尺量
4	管内腰箍	不渗漏		每段 1 点	外观检查
5	橡胶止水圈	不脱出		每段 1 点	外观检查

顶管误差校正是逐步进行的,形成误差后不可立即将已顶好的管子校正到位,应缓慢进行,使管子逐渐复位。常用的方法有以下三种。

(1)超挖纠偏法。

这种纠偏法的效果较缓慢,当偏差为 1～2 cm 时,可采用此法。即在管子偏向的反侧适当超挖,而在偏向侧不超挖甚至留坎,形成阻力,使管节在顶进中顶阻力小的超挖侧偏向。例如管头误差为正值时,应在管底部位超挖土方(但不能过量),在管节继续顶进后借助管节本身重量而沉降,逐渐回到设计位置。

(2)顶木纠偏法。

偏差大于 2 cm 时,在超挖纠偏不起作用的情况下可用此法。用圆木或方木的一端顶在管子偏向的另一侧内管壁上,另一端斜撑在垫有钢板或木板的管前土壤上,支顶牢固后,即可顶进,在顶进中配合超挖纠偏法,边顶边支。利用顶进时斜支撑分力产生的阻力,使顶管向阻力小的一侧校正。

(3)千斤顶纠偏法。

当顶距较短时(在 15 m 范围内),可用此法。该方法基本同顶木纠偏法,只是在顶木上用小千斤顶强行将管节慢慢移位校正。

9.6.3 管段接口处理

在顶管工程中,需要不断地校正管节的高程和方向。管段不同的接口处理,使接口强度和性能不同,会直接影响施工进度和工程质量。管道接口按性能可分为刚性接口和柔性接口。一般刚性接口有钢管所采用的焊接口、铸铁管采用的承插口、钢筋混凝土管采用的外套环对接(F 型)接口,柔性接口如钢筋混凝土管所采用的平口和企口接口。按管道使用要求分为密闭性接口和非密闭性接口。在地下水位下顶进或需要灌注润滑材料时,要求管道接口具有良好的密闭性,因此要根据现场施工条件,管道使用要求等选择管道接口形式,以保证施工方便和竣工后管道的质量。

钢管在顶进施工中的连接,主要采用永久性焊接,并在顶进前在工作井内进行。焊接口的优点是接口强度大、节约金属和劳动力,但应防止焊接后管材产生变形。为减少焊接残余应力、残余变形及节约工时,应对焊缝进行合理地设计和施工,合理考虑焊接顺序、焊缝位置、选用合适的焊条。

平接口是钢筋混凝土管最常用的接口形式。平接口最常用的做法是:在两管的接口处加衬垫,一般是垫 25~30 mm 直径的麻辫或 3~4 层油毡,应将其在偏于管缝外侧放置,这样使顶紧后管的内缝有 1~2 cm 的深度,以便顶进完成后进行填缝。

9.6.4 触变泥浆减阻

在长距离、大直径管道的顶进过程中,有效降低顶进阻力是施工中必须解决的关键问题。顶进阻力主要由迎面阻力和管壁外周摩阻力两部分组成。在超长距离顶管工程中,迎面阻力占顶进总阻力的比例较小。对于一定的土层和管径,其迎面阻力为定值,而沿程摩阻力则随着顶进长度延长而增加。为了充分发挥顶力的作用,达到尽可能长的顶进距离,除了在中间设置若干个中继间外,更为重要的是尽可能降低顶进过程中的管壁外周摩阻力。顶管工程中主要采用触变泥浆改变管子与土间的界面性质。这种泥浆除起润滑作用外,静置一定时间后,泥浆便会固结、产生强度。在顶进时,通过工具管及混凝土管节上预留的注浆孔,向管道外壁压入一定量的减阻泥浆,在管道外围形成一个泥浆套,使管道在泥浆套中前进,能使管外壁和土层间摩阻力大大降低,从而预力值降低 50%~70%。

另外,在顶管顶进过程中,为使管壁外周形成的泥浆环始终起到支撑土体和减阻的作用,在中继间和管道的适当点位还必须进行跟踪补浆,以补充在顶进过程中的触变泥浆损失量。一般压浆量为管道外周环形空隙的 1.5~2.0 倍。泥浆在输送和灌注过程中具有流动性、可泵性。在施工过程中,泥浆主要从顶管前端进行灌注,顶进一定距离后,可从后端及中间进行补浆。

9.6.5 中继间

在长距离顶进中,应用中继间实施分段顶进是顶管施工采取的重要技术措施。中继间,也称中继站或中继环,是在顶进管段中间安装的接力顶进工作室,此工作室内部有中继千斤顶,从而把这段一次顶进的管道分成若干个推进区间。从工具管到工作井将中继间依次编序号。如图 9.17 所示,管道分成了 3 段,设置了两个中继间。工作时,首先启动 1 号中继间,其后面管段为顶推后座,顶进前面管节,当达到允许行程后停止 1 号中继环,启动 2 号中继间工作,直到最后启动工作井主千斤顶,使整个管段向前顶进了一段长度。如此循环作业,直到全部管节顶完为止。从图中可以看出,除了中继间以外,其他的均与普通顶管相同。当置于管道中继间的数量有 5 个,应用中继间自动控制程序,则 1 号的第二循环可与 4 号的第一循环同步进行,2 号的中继间的第二循环可与 5 号的第一循环同步进行,以此类推。只有前两个中继间的工作周期占用实际的顶进时间,其余中继间的动作不再影响顶管速度。

中继间必须具有足够的强度、刚度、良好的密闭性,而且要方便安装。因管体结构及中继间工作状态不同,中继间的构造也有所不同。图 9.18 是中继间的一种形式。它主要由前特殊管、后特殊管和壳体油缸、均压环等组成。在前特殊管的尾部,有一个与 T 型套环相类似的密封圈和接口。中继间壳体的前端与 T 型套环的一半相似,利用它把中继间壳体与混凝土管连接起来。中继间的后特殊管外侧设有两环止水密封圈,使壳体虽在其上来回抽动而不会产生渗漏。

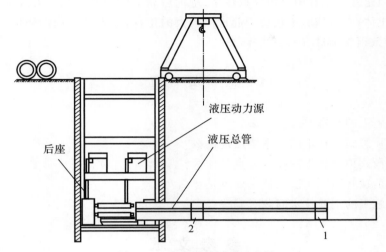

图 9.17　中继间的顶进示意图

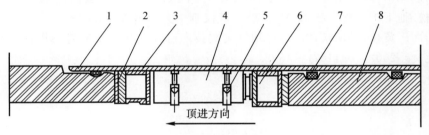

图 9.18　中继间的一种形式

1—中继管壳体;2—木垫环;3—均压钢环;4—中继间油缸;

5—油缸固定装置;6—均压钢环;7—止水圈;8—特殊管

9.6.6　方向控制

顶管施工要有一套能准确控制管道顶进方向的导向机构。管道能否按设计轴线顶进,是长距离顶管成败的关键因素之一。顶管方向失去控制会导致管道弯曲,顶力急剧增加,工程无法正常进行。高精度的方向控制也是保证中继间正常工作的必要条件。

9.6.7　顶推力

顶管的顶推力是随着顶进长度的增加而增大的,但因受到顶推力和管道强度的限制,顶推力不能无限度增大。尤其是在长距离顶管施工中,仅采用管尾推进方式,管道顶进距离必受限制。一般采用中继间接力技术加以解决。另外,顶力的偏心距控制也相当关键,能否保证顶推合力的方向与管道轴线方向一致是控制管道方向的关键。

9.6.8　承压壁的后靠结构及土体稳定

顶管工作井一般采用沉井结构或钢板桩支护结构,除需验算结构的强度和刚度外,还应确保后靠土体的稳定性。工程中可以采取注浆、增加后靠土体地面超载等方式限制后靠土体的滑动。若后靠土体产生滑动,不仅会引起地面较大的位移,严重影响周围环境,还会影响顶管的正常施工,导致顶管顶进方向失去控制。

思　考　题

1. 顶管法施工的基本原理是什么?
2. 手掘式顶管施工技术的技术要点是什么?
3. 泥水平衡式顶管施工的技术要点是什么?
4. 土压平衡顶管施工工法的技术要点是什么?
5. 顶管法施工的主要技术问题有哪些?

参 考 文 献

[1]　张彬,郝凤山.地下工程施工技术[M].徐州:中国矿业大学出版社,2009.
[2]　姜玉松.地下工程施工技术[M].武汉:武汉理工大学出版社,2008.
[3]　马鹏,岛田英树,马保松,等.矩形顶管关键技术研究现状及发展趋势探讨[J].隧道建设(中英文),2002(10):1677-1692.

第10章 沉管法施工技术

本章介绍沉管法施工的基本原理、结构形式、施工工艺及施工特点等内容。

10.1 基 本 原 理

沉管法修筑隧道,就是在水底预先挖好沟槽,把在陆地上(船台上或临时干坞内)预制的沉放管段,用拖轮运到沉放现场,待管段准确定位后,向管段水箱内灌水压载下沉,然后进行水下连接。处理好管段接头与基础,经覆土回填后,再进行内部设备的安装与装修,便筑成了隧道。沉管隧道如图10.1所示。

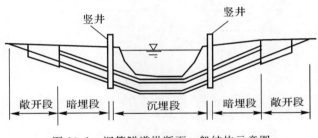

图10.1 沉管隧道纵断面一般结构示意图

10.2 沉管隧道结构

10.2.1 沉管隧道的结构分类

10.2.1.1 按施工方式分类

沉管隧道的施工方式,视现场条件、用途、断面大小等各异。总体上分为两种:①不需要修建特殊的船坞,用浮在水上的钢壳箱体作为模板制造管段的"钢壳方式";②在干船坞内制造箱体,而后浮运、沉放的"干船坞方式"。两种方式的利弊,如下所述。

1. 钢壳方式(船台型)

这种方式的优点是:

(1)断面是圆形的,主要承受轴力,而承受的弯矩一般较小,在受力上是有利的,特别在水深很大时很经济。

(2)底面积小,基础形成容易,回填土砂也容易进行。

（3）用造船厂的船台，无需专用的船坞，质量易于保证。

（4）可同时用于防水，无需另外的防水设施，同时对施工中或施工后的冲击也有一定的防护作用。

这种方式的缺点是：

（1）浮动状态条件下，灌注混凝土会产生复杂的应力，对此要进行加强，造成断面大，在经济方面会受到限制。

（2）需较多的现场焊接，为防止变形的发生，管段制作很麻烦，而且要求认真地检查。

（3）易腐蚀，需对钢壳做防腐处理。

（4）就隧道而言，断面上下有多余的空间，根据施工实际，实用的直径大约在 10 m 以下为宜。隧道内只能设两个车道，建造四车道隧道时，则须制作两管并列的管段。图 10.2 所示为圆形钢壳断面示例。

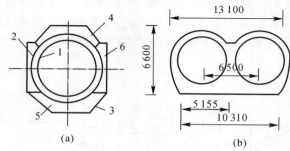

图 10.2　圆形钢壳断面示例

(a)双层钢壳管段典型断面；(b)香港地铁过海隧道

1—混凝土内环；2—钢壳；3—模板（外钢壳）；

4—覆盖混凝土；5—龙骨混凝土；6—水下导管浇注混凝土

2. 干船坞方式

干船坞方式须修建专用的船坞用以制造预制管段，主要应用于宽度较大公路、铁路、地下铁道等隧道，在欧洲采用较多，其优点有：

（1）管段在干船坞内制造，不需钢壳，钢材使用量小；

（2）断面大小不受限制。

这种施工方式的缺点是：

（1）必须找到合适的地点修建干船坞；

（2）需要设置防水层，并且对防水层要加以保护，以保证隧道的防水性；

（3）混凝土的质量要求相当重要，特别对混凝土的水密性的要求；

（4）因其基础底面积大，地层面和管体底面的基础处理比较烦琐。

图 10.3 所示是矩形钢筋混凝土沉管隧道的断面图例。

钢壳方式与干船坞方式的比较，见表 10.1。

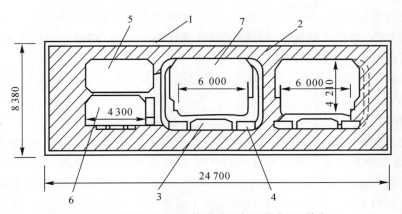

图 10.3　矩形钢筋混凝土沉管隧道的断面示意图(单位:mm)

1—钢板;2—钢筋混凝土;3—送风道;4—排风道;5—自行车道;6—步道;7—车道

表 10.1　两种施工方式的比较

项　目	钢壳方式	干船坞方式
用途	双车道公路、单线铁道、下水管道等管段在 10 m 以内的	多车道宽度达的公路(铁道、人行道并置的情况也在内)
断面形状	圆形、外廓为变形的八角形的	矩形
材料	钢壳及钢筋混凝土	钢筋混凝土
管段预制地点	船台等	临时干船坞
浮运沉放	干舷高度 30~50 cm,拖航;水上向管段投入砂和混凝土,沉放	干舷高度 10 cm 左右,拖航,用管段内的水平衡方法沉放
防水处理	钢壳	防水层,钢板(6~8 mm)、沥青、橡胶等
基础处理	一般平整机敷设砂砾	设临时承台,填充砂或砂浆
水中连接	水中混凝土或橡胶密封垫水压连接	橡胶密封垫水压连接

10.2.1.2　按沉管截面类型分类

沉管隧道结构按沉管截面类型分主要有圆形钢壳类与矩形混凝土类两种。它们的基本原理是相同的,但设计、施工及所用材料有所不同。

1. 圆形钢壳类

圆形钢壳类隧道的钢壳管段是钢壳和混凝土的组合结构,通常用内、外两层骨架制成。内壳是预制的短节,在船坞滑台上将它焊接成要求长度的短节,加上辅助的加强板,再安装外部钢壳并焊接好。外壳顶部设有以浇筑混凝土用的孔,在管段底部要灌注一定量的混凝土,以便在水下时起镇重和稳定作用。这种形式的隧道管段通常在船坞滑台上侧向下水,并要灌注较多的混凝土,一般是直接下沉到以充分准备好和破碎的砾石垫层上。它的另外一种形式是采用单层内钢壳与外层混凝土衬砌,或两者兼有。这种船台型管段的横断面,一般内层是圆形,外层形状为圆形、八角形或花篮形等。隧道内只能设两个车道,建造多车道隧道时,则须制作几排并列的管段。

因为圆形钢壳类结构是通过钢壳施工方式建造,其优点和缺点与前面所述的钢壳施工方式相同。

2. 矩形混凝土类

在干船坞中制作的矩形钢筋混凝土管段比在船台上制作的钢壳圆形、八角形或花篮形管段经济,且矩形断面更能充分利用隧道内的空间,可作为多车道、大宽度的公路隧道,因此现已成为沉管隧道的主流结构。图 10.4 所示为上海外环沉管隧道断面示意图。矩形混凝土类管段结构的主要材料是钢筋混凝土。管段在临时干船坞中制成后,在坞内灌水使之浮起并拖运至隧址沉没。因为每一管节是一个整体结构,所以更易控制混凝土的灌注和限制管节内的结构力。但从力学上看,对外压来说,弯矩是主要的,因此,断面要比圆形的厚些。因管段的宽度大,所以基底的处理要困难些。

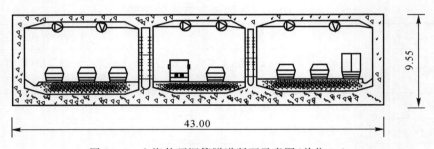

图 10.4　上海外环沉管隧道断面示意图(单位:m)

当隧道宽度较大,且土、水压力又较大时,采用预应力混凝土结构可获得较经济的效果。预应力的采用,可大大提高水密性、减少管段的开裂,并减小构件厚度和管段的重量。横断面上采用的预应力,分全预应力和部分预应力两种。与普通的钢筋混凝土沉管管段相比,预应力沉管管段的特点如下:

(1)耐久性明显提高。裂缝为钢筋混凝土结构不可避免的缺陷。并且,在沉管管段的长期载荷作用下,裂缝的发展也将是持续的。虽然裂缝一般不影响结构承载能力,但是可能引起结构的漏水,这会对结构及设备的使用带来一定的影响,而且对隧道的结构耐久性也有一定的影响。根据以往相关工程的运营情况,钢筋混凝土结构的裂缝问题是大型隧道结构工程建设的重要技术问题。而采用预应力混凝土结构的沉管管段,能大大提高结构的抗裂性能,满足结构耐久性的要求。

(2)总体功能适用性增强。普通钢筋混凝土管段,需要设计满足双向布置的 8 个车道是较为困难的。预应力混凝土管段,能够满足双向布置 6 个或 8 个车道的要求。在车道布置及使用功能上,有很大的优越性,在结构的总体尺寸上,管段的宽度也可以缩小较多。

(3)价格低。经测算,对相同交通要求的工程而言,采用预应力混凝土管段的工程造价略低于钢筋混凝土管段,也可用钢纤维或化学纤维混凝土。

10.2.2　沉管隧道的结构设计要点

沉管隧道设计涉及面广,设计内容多,设计质量直接影响隧道的施工和使用。因此设计必须考虑先进性、合理性、安全性及经济性(包括建设费和运营费)等。同时隧道的设计还必须考虑所用材料、施工设备、施工机械、施工技术和施工工艺等因素,对于不同地理位置的隧道,还要考虑周围环境的影响。

设计主要内容包括几何设计、结构设计、通风设计、照明设计、内装设计、给排水设计、供电设计、运营与安全设施设计等,对于兼有其他特殊要求的隧道,还要进行其他设计。

10.2.2.1　载荷分析

作用在沉管结构上的载荷主要有结构自重、水压力、土压力、浮力、施工载荷、波浪及水流压力、沉降摩擦力、车辆载荷、地基反力、温度应力、不均匀沉降影响和地震载荷等。实际情况载荷组合见表 10.2。

表 10.2　载荷组合表

阶段	载荷形式	具体内容
使用阶段	静载	结构自重、水压力、土压力、浮力、地基反力、温度应力及不均匀沉降产生的摩擦力
	活载	车辆载荷
	特殊载荷	落锚或沉船的荷重、内部爆炸、内部进水的影响等
施工阶段	静载	结构自重、水压力、土压力、浮力
	施工载荷	设备压重等
	特殊载荷	波浪冲击力等

10.2.2.2　一般管段结构设计

沉管段的结构设计,按横断面和纵断面分别进行。

1. 横断面结构设计

用干船坞制作的钢筋混凝土管段,在确定横断面时,要注意对浮力的平衡,一般把混凝土管段看成平面框架进行应力计算。由于载荷组合的种类较多,且各截面所处的位置与埋深均不同,其所受的水、土压力也不同,因此不能只按一个横截面分析的结果来决定整节或整条隧道的横向配筋。

钢壳要有充分的强度、刚度和防水性,以便能在混凝土衬砌的施工中作为外模与支撑。进行横截面设计时,其强度一般是由混凝土衬砌施工时的应力控制的,可将每一处的横柱作为独立的闭合框来处理。在使用阶段,横截面分析应考虑隧道在完全回填后所承受的各种载荷组合。通常这些载荷组合产生的弯矩在中心墙附近的顶部、底部以及外墙的中心部位外侧受拉,在其中的区域为内侧受拉。

2. 纵断面结构设计

施工阶段的钢筋混凝土管段纵向受力分析,主要计算浮运、沉放时施工载荷所引起的弯矩。在河海上浮运的管段,长度越大,所受的纵向弯矩就越大。在使用阶段,钢筋混凝土管段纵向受力分析,一般按弹性地基梁理论进行计算,通常纵向钢筋的配筋率为 0.02‰~0.30‰。

将钢壳作为一个整体梁进行分析,前提条件是在纵向发生变形而横截面方向无显著的变形,因此为了保证截面的刚度必须有足够的横柱或支柱进行加强,以防止扭曲或局部弯曲。

3. 预应力混凝土管段设计

当隧道跨度较大,并且土、水力较大时,采用预应力结构可改善管段结构的抗裂性能,并能获得较经济的效果。

管段的顶、底及隔墙的预应力设计,主要是根据对管段的横向受力要求,对结构的抗裂性要求;预应力钢束及普通钢筋共同作用满足结构承载能力要求等;结构的抗裂性由预应力保证。

管段的纵向预应力设计,主要是满足结构的抗裂性要求。管段的纵向设计,按现行规范及设计参考的资料,基本上是不考虑管段的纵向受力。但在施工过程中,由于大体积混凝土的浇筑以及浇筑混凝土的先后顺序问题,混凝土浇筑成形后由于水化作用产生的温差及收缩,均会产生裂缝。因此根据工程中经常出现的裂缝表明,管段的纵向受力是一个应该重视的问题。

10.3　沉管隧道施工工艺

10.3.1　前期调查工作

在沉管隧道施工之前,必须做好水利、地质、气象及地震等方面的调查,具体内容如下。

10.3.1.1　水力调查

(1)流速与流向。必须调查流速的分布规律及其随季节变化的情况,或者在有潮水影响的部分调查其随时间变化的情况。如果平时在相对速度1~1.5 m/s的地方进行沉放作业,因为沉放管段的存在会使流水面积缩小,所以会进一步增大流速,可能会使清槽不利。因此当流速到达 1.5 m/s 时,要将隧道管段长度限制为 140 m。

(2)水的密度差异。水的密度可能在一段时间内随地点、深度、沉积和温度的变化而变化,也会跟季节有关。一般情况下,在水面附近的水的密度接近于 1 g/cm³,随着水深的增加,水的密度也有增大的趋势。

(3)潮汐及水位变化的影响。潮汐对流速和水位的变化都可能会产生影响,因此会影响管段浇注场地的选择和设计,以及影响管段的浮运和沉效。

(4)海浪和波浪的影响。一般情况下,只须考虑在托运和沉放时越过隧道管段波浪的影响。当隧道在一些相对暴露条件下的海上浮运、沉放或停泊于一个受损的码头,海浪和波浪对隧道管段的冲击会对管段的受力有很大的影响。

(5)水质状况。特别当采用钢壳或钢板外皮作防水层时,必须对水进行化学分析,以免腐蚀材料。

10.3.1.2　地质调查

(1)地基承载力。对于引道部分一般为明挖作业,在现场建造,有必要作详细的地质调查;对于沉放部分,隧道沉放后,隧道内的压舱重加顶部覆土层,连同隧道本身自重,一般比开挖沟槽时被挖去的土砂重量还小,因此地基承载力问题不大。

(2)沉管及其他水下障碍物的探测。首先寻找和测量水下沉船等,以便在允许范围内确定出最经济的路线。

(3)浚挖技术。其是按规定范围和深度挖掘航道或港口水域的水底泥、沙石并加以处理的工程。要求对土的矿物成分、生物成分以及有机成分做出调查,根据浚挖技术,推断疏浚土方量。

10.3.1.3　气象调查

前期的调查工作还包括对风、温度、能见度等方面的气象调查。风和温度对水性能和作业均会产生较大的影响,且会影响能见度,而较差的能见度有可能影响定位系统。

10.3.1.4　地震调查

如果计划将沉管隧道修建在强烈的地震带,那么在调查无断层的同时还要收集以往的地震记录,同时了解堆积岩上土层的性质或成层状态,特别注意土的液化问题。

除以上介绍的几点前期调查内容外,还需对管段制作场地进行调查。只有充分进行前期调查,才能做出合理的沉管隧道规划。

10.3.2　临时干船坞的构造与施工

一般情况下在隧址附近的适当位置,需自己建造一个与工程规模相适应的临时干船坞,用于预制沉管管段的场地。它不同于船坞。船坞的周边有永久性的钢筋混凝土坞墙,而临时干船坞却没有。干船坞的构造没有统一的标准,要根据工程的实际,如地理环境、航道运输、管段尺寸及生产规模等具体而定。

10.3.2.1　临时干船坞的规模

临时干船坞制作场地的规模决定于管段的节数、每节宽度与长度,以及管段预制批量,同时还应考虑工期因素,因此应根据工程的具体条件比较论证。当沉放区间的长度达数千米时,有时需设数个干坞船制作场地,对于大断面的公路隧道,一般要求所建造的干船坞场地应尽量能同时制作出全部沉放管段。例如,日本东京港第一航道水地道路隧道(建成于 1976 年)所用临时干船坞,其坞底面积达 81 270 m²(宽 126 m、长 645 m),可容纳 9 节宽 37.4 m,长 115 m 的 6 车道管段同时制作。图 10.5 所示为某隧道的干船坞布置。

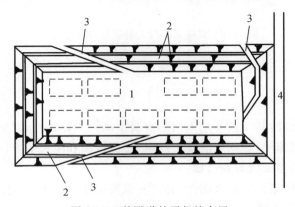

图 10.5　某隧道的干船坞布置

1—坞底;2—边坡(坞墙);3—运料道路;4—围堰

10.3.2.2 临时干船坞的深度

临时干船坞的深度，应能保证管段制作后能顺利地进行安装工作并浮运出坞。干船坞场地底面应设在确保有充足水深的标高上，需保证在管段制作完成、向场内注水后，能使管段浮起来，并能将它拖曳出干船坞。因此，干船坞底面应位于干船坞外水位以下相当的深度。同时也要防止干船坞在坞外强大的水压力作用下浸水的可能性。

10.3.2.3 坞底与边坡

临时干船坞的坞底，一种做法是铺一层 20～30 cm 厚无筋混凝土或钢筋混凝土，并要在管段底下铺设一层沙砾或碎石，以防管段起浮时被"吸住"。另一种做法不要混凝土层而仅铺一层 1～2.5 cm 厚的黄沙，另于黄沙层上再铺 20～30 cm 厚的一层沙砾或碎石，以防黄沙的横向移动，并保证坞室灌水时管段能顺利浮起。在确定坞边坡度时，要进行抗滑稳定性的详细验算。为保证边坡的稳定安全，一般多用防渗墙及井点系统。防渗墙可由钢板桩、塑料板或黑铁皮构成。在管段制造期间，干船坞由井点系统疏干。在分批浇制管段的中、小型干船坞中，更要特别注意坞室排水时的边坡稳定问题。

10.3.2.4 坞首和坞门

在把全部管段一次浇筑完成的大型干船坞中，一般不采用坞门，而仅用土围堰或钢板桩围堰作坞首。管段出坞时，局部拆除坞首围堰便可将管段逐一托运出坞。在分批浇制管段的中、小型干船坞中，常用钢板桩围堰坞首，而用一段单排钢板桩作坞门。每次托运管段出坞时，将此段钢板桩临时拔除，即可把管段拖出（见图 10.6）。亦有采用浮箱式坞门的，但这种形式的实例不多。

图 10.6　某隧道临时干船坞的坞首与坞门

1—坞首；2—坞门

10.3.3 管段制作

在干船坞中制作管段，其工艺与地面钢筋混凝土结构大体相同，但对防水、均质要求较高，除了从构造方面采取措施外，必须在混凝土选材、温度控制和模板等方面采取特殊措施。

10.3.3.1 管段的施工缝与变形缝

在管段制作中，为保证管段的水密性，必须注意混凝土的防裂问题，因此须慎重安排施工缝、变形缝。施工缝可分为两种：一种是横断面上的施工缝，也称横向施工缝，一半留设在管壁上，在管壁的上、下端各留一道，在施工过程中，往往因管段下地层的不均匀沉陷的影响和混凝土的收缩,造成纵向施工缝中产生应力集中的现象;另一种是沿管段长度方向分段施工时的留缝,也可称为纵向施工缝。在施工过程中,通常把横向施工缝做成大致以 15～20 cm 为间隔的变形缝(见图 10.7)。

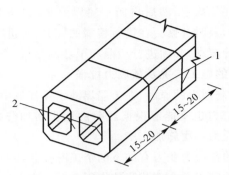

图 10.7　管段变形缝布置(单位:m)
1—横向施工缝;2—纵向施工缝

10.3.3.2　底板

在干船坞制作场地上,如果管段下的地层发生不均匀沉降,有可能引起管段裂缝。一般在船坞底的沙层上铺设一块 6 mm 厚的钢板,往往将它和底板混凝土直接浇在一起,这样不但能起到底板防水作用,而且在浮运、沉放过程中能防止外力对底板的破坏。也可使用 9～10 cm 的钢筋混凝土板来代替这种底部钢板。在它上面贴上防水膜,并将防水膜从侧墙一直延伸到底板上。这种代替方法其作用与钢板完全相同,但为了使它和混凝土底板能紧密结合,须用很多根锚杆或钢筋穿过防水膜埋到混凝土底板内。

10.3.3.3　侧墙与顶板

在侧墙的外周也可使用钢板,这时可将它当作外模板(也可作为外墙的侧防水),在施工时应确保焊接的质量。在侧墙的外周也有使用柔性防水膜的例子,此时为了避免在施工时对防水膜的破坏,需对防水膜进行保护。在混凝土顶板上面,通常是铺上柔性的防水膜,在其上浇捣 15～20 cm 厚的(钢筋)混凝土保护层,一直要包到侧墙的上部,并将它做成削角,以避免被船锚钩住。

10.3.3.4　临时隔墙

一旦管段的混凝土结构完成,就在离管段的两端 50～100 cm 处安装临时止水用的隔墙。临时隔墙应满足强度高和拆装方便的要求,因为在管段浮运与沉放时,临时隔墙端头将承受巨大的水压力,以及在管段水下连接后又要拆除隔墙。隔墙一般使用钢材和混凝土,还可用木材、钢材或混凝土制成。另外,在隔墙上还须设置排水阀、进气阀以及供人进入的孔。

10.3.3.5　压载设施

由于管段大多是自浮的,因此在安装临时隔墙的同时,须有压载设施以保证管段顺利下沉。现在多数采用加载水箱。在隔离墙 10～15 m 的地方,沿隧道轴线位置上至少对称地设置 4 个水箱。水箱应具有一定容量,在其充满时,不仅能够消除沉放管段的干舷,还应具有 1 000～3 000 kN 的沉降荷重。水箱的另一个作用是在相邻两管段连接后,成为临时隔墙间排出水的储水槽。

管段的制作还包括以下一些辅助工程:橡胶密封垫圈、临时舱板、拖拉设备、起吊环、通道竖井和测量塔等。

管段在制作完毕后须做一次检漏。如有渗漏,可在浮出坞之前早做处理。一般在干船坞灌水之前,先往压载水箱里注压载水,然后再向干船坞灌水,24～28 h后,工作人员进入管内对管壁进行检漏。若有渗漏,及时补修。在进行检漏的同时,应进行干舷调整。可通过调整压载水的重量,使干舷达到设计要求,必须进行检漏和干舷调整,符合要求的管段才能出坞。

10.3.3.6 预应力管段的施工工况及预应力拉张

由于施工控制及外界控制因素的原因,在干船坞灌水及江海中沉放过程中,不能进行预应力工艺的施工,管段施加预应力也不能够根据载荷的逐步增加分批进行,因此管段预制完成后,应在干船坞中将全部预应力一次施加完毕。

按一次张拉要求,管段的预应力受力有如下两个工况控制:一是干船坞中弹性地基上管段自重作用工况;二是管段覆盖完成后全部载荷的作用工况。在上述两个工况中,在预应力与载荷的共同作用下,保证控制截面上下缘均能满足抗裂的应力要求。干船坞灌水、管段江中沉放等中间过程,均是载荷逐步增加的过程,不控制预应力的设计。

预应力拉张顺序与步骤为:干坞内管段预制并达到设计强度→张拉顶、底板横向预应力钢束→拉张隔墙竖向预应力钢束→上述张拉锚端浇筑封锚混凝土并达到设计强度→张拉纵向预应力钢束→浇筑封锚混凝土并达到设计强度→进行下一步设计工序。

10.3.4 管段浮运

当管段制作完成后,开始向干船坞内注水。在这期间,需派检查人员从入口进入沉放管段的内部,经常不断地检查有无漏水情况,一旦发现漏水现象,须立即停止注水,查明原因并进行修补。当船坞内水位接近干舷(管顶露出水面的高度)量时,应向压载水箱内注水以防止管段上浮。当管段完全被水淹没后,派人从出入口进入沉放管段,排出压载水箱内的水,使管段上浮。管段在浮运时的干舷量一般取10～15 cm左右,在调整完各节沉放管段后,即可打开干船坞的坞门,将沉放管段曳出,有时直接利用拖船即可。

不论干船坞与隧址间距多少,一般应于沉设之日的清晨将船装完毕的沉管托运到隧址,以便进行沉设作业。托运时必须符合以下气象条件:在进行沉设作业之前12 h,应对水流与气象条件的预报资料做认真分析,如届时气象条件能符合风力小于5～6级,能见度大于1 000 m以及气温高于−3℃,则可决定进行沉设作业。但在进行沉设作业之前2 h,还应对以上条件进行复核。

10.3.5 沟槽浚挖

在沉管隧道施工中,沟槽对沉放管段和其他基础设施有特殊的用途。因此,水底浚挖所需费用在整个隧道工程总造价中所占的比例较小,通常只有5%～8%,但却是一个很重要的工程项目,是直接影响工程能否顺利、迅速开展的关键。沟槽底部应相对平坦,其误差一般为±15cm。沉管隧道的沟槽是用疏浚法开挖的,需要较高精度。

10.3.5.1 沟槽开挖的要求

沉管沟槽的断面,主要由三个基本尺度决定,即底宽、深度和(边坡)坡度,这些尺寸应视土质情况、沟槽搁置时间以及河道水流情况而定。

沉管基槽的底宽,一般应比管段底宽 4~10 cm,以免边坡坍塌后,影响管段沉设的顺利进行。沉管基槽的深度,应以覆盖层厚度、管段高度以及基础处理所需超挖深度三者之和确定,如图 10.8 所示。沉管基槽边坡的稳定坡度,与土层的物理力学性能有密切关系。因此应对不同的土层,分别采用不同的坡度。表 10.3 列出了不同的土层的稳定坡度概略数值,可供初步设计时参考。

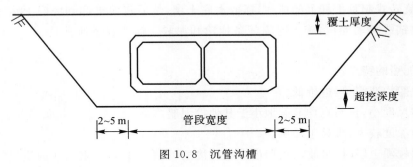

图 10.8 沉管沟槽

表 10.3 疏浚坡面坡度

土层种类	推荐坡度	土层种类	推荐坡度
硬土层	1∶0.5~1∶1	紧密的细砂、软弱的夹砂黏土	1∶2~1∶3
沙砾、紧密的砂夹土	1∶1~1∶1.5	软黏土、淤泥	1∶3~1∶5
砂、砂夹黏土、较硬黏土	1∶1.5~1∶2	极稠软的淤泥、粉砂	1∶8~1∶10

然而,除了土壤的物理力学性能之外,沟槽留置时间的长短、水流情况等,均对稳定坡度有很大影响,不可忽视。

10.3.5.2 沟槽浚挖

泥质沟槽开挖的挖泥工作分粗挖和精挖两个阶段。粗挖挖到离管底标高约 1 m 处。为避免淤泥沉积,精挖层应在临近管段陈放前再挖。在挖到沟槽底的标高后,应将槽底浮土和淤泥清除。

因为航道深度大多不超过 15 m,所以通常港务部门疏浚航道用的挖泥船,挖深都不超过 20 m。可是沉管沟槽的底深常在 22~23 m,有的工程达 27~30 m,个别工程达 40 m。因此,一般不能直接利用现有挖泥船进行沉管沟槽浚挖,需要根据设计要求、地质情况,进行一些必要的改装工作。

在浚挖作业中,常用的挖泥船有以下四种。

1. 吸扬式挖泥船

它有绞吸式和耙吸式两种。前者利用绞刀绞松水底土壤,通过泥泵作用,从吸泥口、吸泥管吸进泥浆,经过排泥管卸泥于水下或输送到陆地上去;后者则利用泥耙挖取水底土壤,通过泥泵作用,将泥浆装进船上的泥舱内,自航到深水抛泥区卸泥。

吸扬式挖泥船特点:

(1)浚挖一般土层时,生产率很高。

(2)浚挖成本低。

(3)不需泥驳配合工作。

(4)开挖面(槽底)平整度较高,一般为±(0.15～0.3)m。

2. 抓扬式挖泥船

它亦称抓斗挖泥船,平整度可达±(0.3～0.5)m,是沉管隧道中常用的一种挖泥船。挖泥时利用吊在旋转式起重把杆上的抓斗,抓取水底土壤,然后将泥土卸到泥驳上运走,一般不能自航,靠收放锚缆移动船位,施工时需配备拖轮和泥驳。抓斗容量通常是0.2～4.0 m³,也有10～13 m³。

抓斗挖泥船的特点:

(1)挖泥船构造简单,造价低。

(2)船体尺度小,长与宽均显著地小于其他挖泥船。

(3)浚挖深度较大,且易于加深。

(4)遇到较硬土层时,可改用重型齿斗进行浚挖(见表10.4)。重型斗的质量特别大,超过普通抓斗一倍左右。例如普通型1.1 m³抓斗,重达4.4 t。虽然浚挖硬土时效率低,一次投斗的挖深和实际生产率均明显降低,但是由于这种挖泥船比较简单,而且船体尺度较小,所以常在同一隧位上布置多艘这种抓斗挖泥船进行施工,实际速度并不慢。

表10.4　一次投斗的挖深　　　　单位:m

抓　斗	土　类			
	软黏土	黏土夹砂	硬黏土	砂、粉砂
重型抓斗			0.5～1.0	0.5～0.8
普通大型抓斗	1.5～2.5	1.0～1.5		

3. 链斗式挖泥船

这种挖泥船是用装在斗桥滚筒上、能连续运转的一串泥斗挖取水底土壤,通过卸泥槽排入泥驳。施工时需要泥驳和拖轮配合,一般泥斗容量为0.1～0.8 m³。这种挖泥船的特点是:

(1)生产率较高。

(2)浚挖成本较低。

(3)能浚挖硬土层。

(4)开挖面的平整度较高,可达±(0.15～0.2)m。

(5)定位锚缆较长,作业时水面占位较大。

4. 铲扬式挖泥船

它亦称铲斗挖泥船,开挖面的平整度相对差些。这种挖泥船是用悬挂在把杆钢缆上和连接斗柄上的铲斗,在回旋装置操纵下,推压斗柄,使铲斗切入水底土壤内进行挖掘,然后提升铲斗,将泥土卸入泥驳。这种挖泥船适用于硬土层,标准贯入度达$N=40～50$的硬土亦可直接挖掘,不需锚缆定位,水面占位小,但挖泥船的造价高,浚挖费用亦高。

一般都采用分层分段浚挖方式。在沟槽断面上,分为两层或三层,逐层浚挖。在平面上,沿隧道纵轴方向,划成若干分段,分段分批进行浚挖。

在断面上面的一(或二)层,厚度较大,土方量亦大,一般采用抓斗挖泥船,或链斗挖泥船进行粗挖。粗挖层的浚挖精度,要求比较低。最下一层为细挖层,厚度较薄,一般为 3 m 左右。在进行细挖时,如有条件,最好有吸扬式挖泥船施工,其平整度较高,速度快,并可争取再管段沉设前及时吸除回淤。

在浚挖施工时,要做到一边容许船舶通行,一边进行施工作业,所以在粗挖层施工时,应分段进行。挖到主航道时,还需组织夜间作业,以减少对航行的干扰。为了避免最后挖成的管段基槽敞露过久,以致沉积过多的回淤土而妨碍沉设施工,细挖层也必须分段进行。一般是挖一段,沉一节。早挖、多挖,往往是没有意义的。1969 年建成的比利时肯尼迪(J. F. Kennedy)水底道路隧道工例中,曾一口气把沉管基槽全部挖成,由于回淤量大而且快,最后不得不留一艘生产率为 100 m³/h 的大型吸扬式挖泥船来回吸除回淤。这项清除工作,实际上是一个连续作业的过程,直到管段沉设完毕。在这种回淤量大的情况下,更应采用分段分层浚挖方式。

对于岩石沟槽的开挖,首先清除岩石上的覆盖层,然后用水下爆破方法挖槽,最后清礁。水下炸礁采用钻孔爆破法,根据岩性及产状决定炮眼直径、排距与孔距。炮眼深度一般超过开挖面以下 0.5 m,用电爆网络连接起爆。水下爆破要注意冲击波对过往船只和水中人员的安全的影响,要保证其安全距离符合规定,同时加强水上交通管制,设置各种临时航标以引导船只通过。

10.3.6　管段沉放

管段沉放是整个沉管隧道施工中比较重要的环节,它不仅受天气、水路、自然条件的支配,还受航道条件的制约。

当管段运抵隧道位置现场后,须将其定位于挖好的基槽上方,管段的中线应与隧道的轴线基本重合,定位完毕后,可开始灌注压载水,管段即开始缓慢下沉。管道下沉的全过程通常需要 2～4 h。下沉作业一般分为初次下沉、靠拢下沉、着地下沉 3 个步骤。

(1)初次下沉。先灌注压载水使管段下沉力达到规定值的 50%,然后进行位置校正,待管段前后位置校正完毕后,再继续灌水直至下沉完全达到下沉的规定值,并使管段开始以 20～50 cm/min 的速度下沉,直到管底离设计标高 4～5 m 为止。

(2)靠拢下沉。先把管段向前面已沉放管段方向平移,直至已设管段 2～2.5 m 处,然后下沉管段至高于其最终标高的 0.5 m 处。管段的水平位置要随时测定并予校正。

(3)着地下沉。再次下沉管段,至离最终位置 20～50 m 处。接着,把管段拉向距前面已设管段约为 10 cm 处,再检查其水平位置。着地时,先将管段前段搁在已设管段的鼻式托座上,然后将其后端轻轻搁置到临时支座上。待管段位置校正后,即可卸去全部吊力。

管段沉放方法中最常用的是浮箱分吊法和方驳扛吊法。

(1)浮箱分吊法。浮箱分吊法是以大型浮箱代替起重船的分吊沉放法,其设备简单,适用于宽度特大的大型沉管。沉放时管段上方用 4 只 1 000～1 500 kN 的方形浮箱直接将管段吊起。4 只浮箱可分为前后两组,每组两只用钢桁架联系起来,并用 4 根锚索定位。起吊卷扬机和浮箱的定位卷扬机则安设在定位塔顶部,管段本身则另用 6 根锚索定位。

方驳扛吊法。方驳扛吊法又有 4 驳和双驳之分。4 驳扛吊法,利用两副"扛棒"来完成沉放作业。每副"扛棒"的两"肩"就是两艘方驳,共 4 艘方驳。左右两艘方驳的"扛棒",一般是型钢梁或钢板梁,在前后两组方驳之间可用钢桁架连接起来,成为一个整体的驳船组。驳船组用 6 根锚索定位,所用的定位卷扬机全部安置于驳船上,吊索的吊力通过"扛棒"传到方驳上。起吊卷扬机则安置在方驳上,也可以直接安放在"扛棒"钢梁上。在方驳扛吊法中,由于管段一般的下沉力只有 1 000 kN,每副"扛棒"上仅受力 500~2 000 kN 的小型方驳就够了。双驳扛吊法,采用两艘方驳,具体沉放方法同 4 驳扛吊法。

10.3.7 水下连接

管段的水下连接常用的有水下混凝土法和水力压接法。

10.3.7.1 水下混凝土法

在进行水下连接时,要先在管段的两端安装矩形堰板,在管段沉放就位、解封对准拼合、安放底部罩板后,在前、后两块平堰板的两侧,安置圆弧形堰板,然后把封闭模板插入堰板侧边,形成由堰板,封闭模板,上、下罩板所围成的空间,随后往这空间内灌注水下混凝土,从而形成水下混凝土的连接。等到水下混凝土充分硬化后,抽掉临时隔墙内的水,再进行管段内部接头部位混凝土衬砌的施工。

水下混凝土法形成的接头是刚性的,一旦产生误差难以修补,并且该法工艺复杂、潜水工作量大,现已较少应用。

10.3.7.2 水力压接法

利用作用在管段上的巨大水压力使安装在管段端部周边上的橡胶垫圈发生压缩变形,进而形成一个水密性良好而又可靠的管段接头,其主要工序如下。

(1)对位。当管段着地下沉时必须结合管段连接工作的对位。当管段沉设到临时支撑上后,首先进行初步定位,而后临时支撑上的垂直、水平千斤顶进行精确定位。

(2)拉合。用一个较小的机械力量,将刚沉放好的管段拉向前一节已铺设的管段,使 GINA 橡胶垫圈的尖肋部被挤压而产生初步变形,使两节管段初步密贴。拉合时一般只要求 GINA 橡胶垫圈被压缩 20 mm,便能达到初步止水。拉合时所需的拉力一般由安装在管段竖壁上的千斤顶提供,用液压千斤顶驱动锤形螺杆,并将其插进既有管段端部的螺口内,用约 1 500 kN 的力把新设管段托靠到既有管端上。除拉合千斤顶之外,还可以采用定位卷扬机进行拉合作业。

(3)压接。打开安装在临时隔墙上的排水阀,抽掉在临时隔墙内的水。排水后,作用在新设管段自由端的静水压力将达到几千甚至几万吨,于是巨大的水压力将管段推向前方,GINA 橡胶垫圈再一次被压缩,接头就完全封住了。

压接完毕后即可拆除隔墙,各既设管道相通,连成整体。

水力压接法工艺简单、施工方便、质量可靠、节省工料费用,目前已在各国的水底工程中普遍采用。

10.3.8 基础施工

沉管隧道对各种地质条件的适应性很强,几乎没有什么复杂的地质条件能阻碍沉管法施工。在沉管隧道中,进行基础处理的目的不是为了对付地基土的沉降,而是因为开槽作业后的槽底表面总有相当程度的不平整(不论使用哪一种类型的挖泥船),使槽底表面与沉管底面之间存在着很多不规则的空隙。这些不规则的空隙会导致地基受力不均而局部破坏,从而引起不均匀沉降,使沉管局部受到较高的局部压力,以致开裂。因此,在沉管隧道中必须进行基础处理即将其一一垫平,以消除这些有害空隙。

基础施工的方法有刮铺法、喷砂法、压砂法(也称流沙法,Sand flow method)等三种主要方法。刮铺法是在管段沉放之前进行,而其他两种方法在管段沉放后进行,又称为后填法,潜水工作量小,对航道的干扰也小。

10.3.8.1 刮铺法

刮铺法如图 10.9 所示,在基底两侧打数排短桩安设导轨,以控制高程和坡度。在刮板船上安设导轨和刮板梁,刮板梁支撑在导轨上,钢刮板梁扫过水底的沙子、碎石而形成基础。刮板船用大块平衡重沉到海底,使船浮于水中稳定的水位。

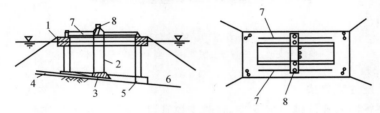

图 10.9　刮铺法

1—浮箱;2—砂石喂料管;3—刮板;4—砂石垫层(0.6~0.9 m)
5—锚块;6—沟槽底面;7—钢轨;8—移动钢梁

用抓斗或刮铺机砂石喂料管向海底投放砂、石料。投放的范围为一节管段的长度,宽度为管段底宽加 1.5~2 m。按投放材料最佳粒径为 1.3~1.9 cm 的圆形沙砾石。纯砂粒径太小,在水流作用下,基础易遭破坏。必要时,对易刮石材料通过管段底部预留孔压注水泥膨润土。

未保证基础密实,管段就位后,加过量压重水,使基础沉降。刮铺法表面平整度变化范围刮砂约±5 cm,刮石约±20 cm。

刮铺法的主要特点:

(1)需加工特制的专用刮铺设备,否则精度较难控制,作业时间较长。

(2)导轨的安装要求具有较高精度,否则会影响基础处理的效果。

(3)需要水下潜水作业,既费时又费工。

(4)在刮铺完成后,对于回淤土必须不断清理,直到管段沉放为止。这对于在流速大、回淤快的河道上施工时显得较为困难。

(5)刮铺作业时间较长,因而作业船在水上停留时间也较长,对航道的影响较大。

10.3.8.2　喷砂法

喷砂台架如图 10.10 所示。此工法的原理是:在设于管段上的门式起重机上的 3 根 1 组的钢管中,用中央的钢管把水和砂一起喷射,用另外的 2 根钢管同时吸引管段和基础间同量的水来填充砂。此法的问题是砂的供给需要从管段以外取得,作业受到气候条件的影响。此外,砂的填充情况不能完全得到确认。因此,日本开发出从管段内部用同样方法修筑基础的方式。

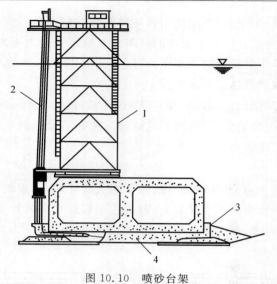

图 10.10 喷砂台架

1—喷砂台支架；2—喷管及吸管；3—临时支座；4—喷入砂垫

10.3.8.3 压注砂浆法

此法是先在管段底连续铺设尼龙袋，临时支撑管段。而后，从沉管作业船上把准备好的砂浆向尼龙袋中压注。也有直接从管段内部向管段底的空隙压注的，即通过事先设在管段底板的压浆孔（每隔 4～9m 设置），从存放好的管段内压注。此法的优点是不受气候和航道的影响，从压浆孔压注的情况，也易于确认。

压注砂浆的流动性要好，对地层反力要有足够的安全度。

采用抛石基层及管底注入填充材料的连续支撑是基础施工步骤，实例如图 10.11 所示。

以上三种是基本的基础形式，此外，特殊情况如松软土层中的沉管基础，也用桩基础。桩基础主要由桩、承台组成，管段搁置在承台上，每个承台用 8～10 根桩支撑。为了易于施工和确保桩的高度和平面位置的精度，采用最多的方法是打钢管桩，桩径 1 m 左右，桩要打到沟槽底部。水深时，要特别注意高度和平面位置的施工。

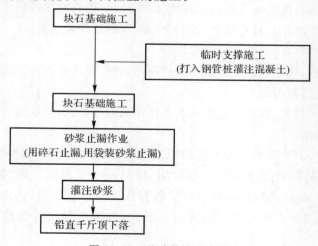

图 10.11 基础的施工步骤

10.4　沉管隧道施工的基本特点

沉管隧道施工具有以下特点：

(1)隧道的长度可缩短。只要在不妨碍通航的深度下沉管隧道就可设置,故沉管隧道长度可缩短。

(2)施工质量有保证。由于预制管段是在船台或临时干船坞内浇注,因此可制作出质量均匀且防水性能良好的隧道结构;此外,与盾构法相比,每节的预制管段很长,一般为 100 m 左右,因而需要在隧道现场施工的隧道接缝非常少,漏水的机会相应也大大减少;而且沉管接头采用水压力接法后,可达到滴水不漏的程度,使施工质量的保证率大大提高。

(3)沉管隧道造价较低。首先,采用沉管隧道施工水底挖沟槽土方少,而且比地下挖土单价低;其次,由于每节管段长度可达 100 m 左右,它一般均为整体制作,完成后从水面上整体托运,所需的制作和运输费用比盾构法中大量管片分块制作及完成后用汽车运送到隧道所需的费用要低得多;再次,接缝数量减少,也使费用相应减少。因而沉管隧道比盾构隧道的延米单价低。此外,由于沉管隧道可浅埋,水底沉管隧道的总长比埋深大的盾构隧道短得多,所以工程总价相应大幅度降低。

(4)沉管隧道施工工期短,对航运干扰小。一条沉管隧道只需要用较短的时间在临时干船坞浇制几节较长的预制管段,并且制作管段和基槽开挖可同步进行,管段的托运和沉放也很快,这样沉管隧道的总施工期比用其他方法建造的水底隧道要短得多。管段预制等大量工作不在隧址,沉放一般在 1~3 d 就能完成,因此在运输十分繁忙的航道上修建水底隧道,航运因施工作业受干扰和影响的时间,以沉管隧道为最短。

(5)施工条件好。沉管施工中管段的预制、管段的托运、沉放等都是在陆地或水面上完成,水下作业亦很少,基本上没有,不需要沉箱法和盾构法的压缩空气作业。在相当水深的条件下,能安全施工,因此施工条件好,施工较为安全。

(6)对地质条件的适应性强。该方法在隧址的基槽开挖较浅,基槽开挖和基础处理的施工技术比较简单,而且沉管受到水的浮力作用使地基上的负荷较小,因此该法对地基条件的适应性很强,即使是在流砂层中施工也不需特殊的设备和措施。

(7)适用水深范围较大。由于管段先预制后在水中浮运沉放,简化了水中作业,故可在深水中施工。在实际工程中,曾达到水下 60 m。如以潜水作业的最大深度为限度,则沉管隧道的最大深度可达 70 m。

(8)沉管隧道可做成大断面多车道。由于施工可采用先预制后浮运、沉放,所以可将隧道横向尺寸做大。并且结构基本没有多余空间,一个断面内可同时容纳 4~8 个车道,空间利用率大大提高。

思　考　题

1. 沉管隧道按施工方式如何分类?
2. 简述管段浮运前的准备工作。
3. 简述沉管隧道的施工工艺。

参 考 文 献

[1] 张凤祥. 沉井与沉箱[M]. 北京:中国铁道出版社,2002.

[2] 谢雄耀,张乃元,周彪. 沉管隧道基础处理技术发展与展望[J]. 施工技术(中英文),
      2002,51(7):1-9.

[3] 马宗豪,宋江伟. 先铺法基床整平在沉管隧道中的应用及发展[J]. 中国港湾建设,2018,
      38(2):16-19.

第 11 章　人工冻结法施工技术

本章主要介绍人工冻结法施工的原理与适用条件、立井冻结法凿井方案设计、立井冻结法施工技术要点、斜井井筒冻结技术和地铁工程冻结技术等内容。

11.1　人工冻结法原理与适用条件

11.1.1　人工冻结法原理

冻结法施工是在井筒(隧道)开凿之前,用人工制冷的方法,将井筒(隧道)周围的不稳定地层和含水层冻结成封闭的冻结壁(围岩体),以抵抗地压,隔绝地下水和施工井筒(隧道)的联系,暂时改变井筒(隧道)周围的地质条件,然后在冻结壁(围岩体)的保护下进行掘砌(开挖)工作的一种特殊井筒(隧道)施工方法。为了形成冻结壁(围岩体),首先在井筒周围打一定数量的冻结孔,孔内安装冻结管,以便输送冷媒介质吸收热量,使之降温。随着冻结工作的延续,各冻结孔周围的冻结壁不断发展,逐渐相互连接而形成不透水且能抗地压、水压的冻结壁(围岩体)。图 11.1 所示为一立井井筒冻结的示意图。

11.1.2　适用条件

冻结法施工技术适用于松散不稳定的冲击层、裂隙含水层、松软泥岩层以及含水量和水压特大的岩层。冻结施工技术既可作为地质条件复杂的井巷工程施工,又可作为工程抢险和事故处理的手段。其已广泛用于矿山井巷工程中,并在城市地铁、港口、桥涵、大容积地下硐室以及高层建筑物的深基础工程中使用。需要指出的是,人工冻结施工技术可用于立井、斜井、平硐、城市地铁工程的施工。本章重点介绍立井井筒冻结施工技术。

11.2　立井冻结法凿井方案设计

11.2.1　准备工作

在进行冻结设计前需要进行资料的准备,设计必备资料包括井筒检查钻孔、工程地质及水文地质资料。

11.2.1.1　检查钻孔的位置、个数、深度及施工要求

(1)位置。检查钻孔不得布置在井筒范围内,井筒检查钻距井筒中心 25 m 以内;当冻结

深度超过 400 m,确定检查孔位置时,应考虑在冻结深度范围内,检查钻的钻孔位置不得偏入冻结壁内。

(2)个数。通常为 1 个,当开发的新矿区地质和水文地质复杂时,井筒检查钻钻孔数可增加,其个数及布置方式应根据工程设计及施工要求而定。

(3)深度。深度要超过井筒设计深度。当采用井筒全深冻结时,检查孔的终孔深度应比井筒设计深度深 10 m。

检查孔的施工要求:检查孔的施工要求应遵照《煤矿井巷工程质量验收规范》有关规定执行。检查孔要求全孔取芯,采取率在黏土层和基岩中应不少于 75%,在砂层、破碎带、软夹层和溶洞充填物中应不少于 60%。检查孔中遇到的每层土都要取样,以便进行相应的测试。

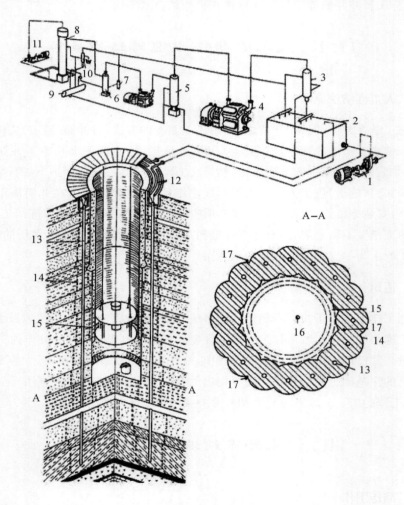

图 11.1 冻结法凿井示意图

1—盐水泵;2—蒸发器;3—氨液分离器;4—氨压缩机;5—中间冷却器;6—油氨分离器;
7—集油器;8—冷凝器;9—氨储液器;10—空气分离器;11—冷却水泵;12—配、集液圈;
13—冻结管;14—冻结壁;15—井壁;16—水文观测孔;17—测温孔

11.2.1.2　检查钻孔试样必须进行的试验内容

(1)每层取样,进行岩石、土的物理力学性质试验、冻土(岩)物理力学性质试验、抽水试验、流速测试、地温测试。冻土(岩)物理力学性质试验的取样要求、个数,应由业主单位提出要求。

(2)物理力学性质试验主要内容为砂层(岩层)的颗粒成分、湿度、天然重度、比重、孔隙度、渗透参数、内摩擦角等,测定黏土层(岩层)的湿度、天然重度、相对密度、孔隙度、可塑性、膨胀性、内聚力抗压强度及氯化钙、氯氖钠等物质的含量。

(3)冻土(岩)物理力学性质试验内容:−5～−15℃状态下的冻土(岩)三向受力、冻土蠕变、无侧限抗压强度;黏土层应作膨胀性及冻胀量、比热容、导热系数等试验。

11.2.1.3　应提供的资料

井筒检查钻钻孔施工完成,在对土(岩)样进行相应的试验后,应提供岩土工程勘察报告,该报告应包括的以下内容。

(1)地质柱状图。

(2)检查钻孔地质报告及附图。检查钻孔的地质报告内容应按《煤矿井巷工程质量及验收规范》有关规定执行。

(3)冻土(岩)物理力学性质试验专题报告。

11.2.2　立井井筒冻结深度确定的一般原则

立井冻结施工中冻结深度需要按照不同的地质条件进行确定,一般原则如下。

(1)冲积层底部基岩风化严重,且两者有水力联系:冻结深度穿过基岩风化带,伸入不透水基岩 10 m 以上;冲积层以下基岩先进行地面预注浆时,冻结深度只需伸入不透水基岩 10 m 以上。

(2)冲积层底部基岩下部 30 m 左右仍有含水岩层时:冻结深度应穿过含水基岩到不透水基岩;基岩段可采用差异冻结。

(3)冲积层底部为第三纪,并有水力联系,胶结性差,且含水量大时:冻结深度应穿过第三纪到不透水的基岩,第三纪地层可采用差异冻结。

(4)冲积层较厚占井筒总深度的比例达 75% 以上,且基岩又有多层涌水量较大的含水层时:冻结深度应全深冻结,冻结深度应到不透水的基岩;当冻结管穿过管子道、马头门时,冻结设计应采取措施。

11.2.3　立井井筒冻结施工方案

我国立井井筒冻结施工方案归纳为全深冻结、长短管冻结、局部冻结、分期冻结和双排冻结 5 种。

11.2.3.1　一次全深冻结

一次全深冻结有 4 种形式(见图 11.2):同径冻结管、异径冻结管、双供液管、双圈冻结管。各形式的特点、适用条件、优缺点如下。

1.同径冻结管

(1)特点。

1）从地面到需要冻结的深度一次冻结。

2）全部冻结管都穿过不稳定含水地层，一般插入不透水基岩 10 m 以上。

3）供液管下至冻结管的底锥隔板上。

4）来自冷冻站的低温盐水经泵压入干管，经供液管输入冻结管底部，并沿环形空间上升，经回液管到集液圈、干管返回盐水箱内，如此反复循环与地层进行热交换，以达到冻结的目的。

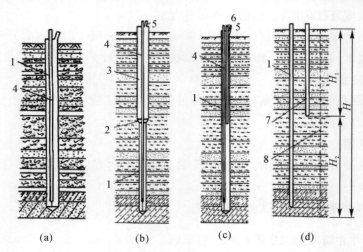

图 11.2　立井井筒一次全深冻结的四种形式

（a）同径冻结管；（b）异径冻结管；（c）双供液管；（d）双圈冻结管

1—冻结管正常直径部分；2—变径短节；3—冻结管加大直径部分；4—供液管；5—回管液；

6—短供液管；7—辅助冻结管；8—井帮位置；H—冻结总深度；H_1—上段冻结长度；H_2—下段冻结长度

（2）适用条件。

1）适用于各类土（岩）层。

2）不宜采用其他冻结方案的地层。

3）冻结设备能满足积极冻结期最大需冷量的要求。

（3）优缺点。

1）对地质和水文地质条件复杂的含水砂层、淤泥层、破碎带以及基岩含水层等适应性强，施工安全可靠，为立井最常用的冻结方案。

2）整个冻结管内盐水一次循环，克服温差过大引起断管现象。

3）可利用盐水正反循环达到初期加强上部冻结和后期加强下部冻结。

4）冻结器结构和供液管安装均较其他冻结方案简单。

5）打钻工程量较差异冻结方案多，管材消耗、冷冻站制冷能力、冻土挖掘量均较一次冻结全深的其他方案多。

2. 异径冻结管

（1）特点。

1）用增大冻结管与地层热交换面积来加快上部冻土（岩）扩展速度。

2）可达到提前开挖和防止片帮的目的。

（2）适用条件。

1）上部含水砂性土层多、稳定性差。

2）冻结孔布置圈距井帮小于 2.5 m。

3）冲积层厚度为 150～200 m。

（3）优缺点。

1）加大管径部分的冻土扩展速度增大值，等于加大的管径与原管径的比值。

2）措施简单，易于实现。

3）需要加大一部分冻结管的管径和变径接头。

4）冻结初期需冷量较大。

5）冻结管变径部位强度要加大，否则易断管。

3．双供液管

（1）特点。

1）冻结前期增大盐水流量或流速，使冻结器环形空间内盐水由层流状态过渡到紊流状态，以加快上部冻土扩展速度，实现提前开挖和防止片帮。

2）开挖后可改变冻结管内盐水循环方式，以减少上部盐水循环量，控制冻土扩展速度或变为局部冻结，以减少上部冷量损失。

（2）适用条件。

1）上部含水砂性土层多、稳定性差。

2）冻结孔布置圈距井帮 2.5～3.0 m。

3）冲积层厚度为 150～250 m。

（3）优缺点。

1）当两根供液管的盐水流量相同时，上部的冻结速度约加快 1/5～1/6。

2）措施简单，易于实现。

3）当掘进工作面超过短供液管后，可将它改为回液管，使上部较早转入维持冻结，减少冷量损失。

4）增设短供液管，需要加强盐水流量的控制。

5）加大盐水泵的流量。

4．双圈冻结管

（1）特点。

1）增设辅助冻结管，其作用包括两方面：第一，加快上部冻土扩展速度，实现提前开挖和防止片帮；第二，加强下部冻结壁的强度，特别是冻结深度大于 40 m，下部又是特厚的黏土层时，更为重要。

2）为了加快上部冻土扩展速度，辅助冻结管的深度约为 100 m 左右。

3）为了加强下部冻结壁的强度，辅助冻结管的深度应为最深一层黏土层的深度。

（2）适用条件。

1）上部含水砂性土层多、稳定性差。

2）冻结孔布置圈距井帮≥3.0 m。

3）冲积层厚度大于 250 m，下部为特厚黏土层。

（3）优缺点。

1）能有效地达到提前开挖和减少下部冻土挖掘量。

2）冻结深度大于 400 m 时，可加强下部冻结壁强度，减少蠕变，为确保井筒安全掘砌创造条件。

3）增加辅助冻结孔的打钻工程量、工期和冻结初期需冷量，冷冻沟槽与管路的布置和施工较复杂。

4）加大了盐水泵的设计流量，内外圈冻结管盐水流量不易控制。

11.2.3.2　长短管冻结

立井井筒长短管冻结（见图 11.3）的特点、适用条件及优缺点如下。

1. 特点

（1）冻结管采用长短管间隔布置，下部长短管间距较上部冻结管的孔间距大一倍。为使上、下段冻结壁的交圈时间和厚度相适应，可适当加大长管的供液管直径，采用正循环，而短管采用反循环。

（2）上部利用长短管共同冻结，尽快形成冻结壁，给井筒提前开挖创造条件；下部由于冻结管间距大，冻结壁较薄，减少了井筒下部的冻土挖掘量。

（3）必须控制长短管孔底间距，保证开挖到短管底前，长管部分冻结壁强度已满足施工要求。

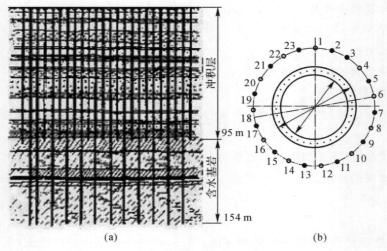

图 11.3　长短管冻结管布置图

（a）冻结管分布剖面图；（b）冻结管分布平面图

2. 适用条件

（1）上部为含水丰富的冲积层，下部为风化带及其附近基岩，含水量大，需要冻结，但地压、水压不大。

（2）冲积层以下的基岩厚度占井筒的总深度的比例小，且与冲积层有水力联系，涌水量大于 10 m³/h。

（3）由于基岩冻结扩展速度比黏土层、砂层快，因此在强化带以下部分的基岩均可采用长短管冻结。

11.2.3.3　局部冻结

局部冻结方案只适用井筒穿过的地层仅局部在不稳定土层或井壁破坏导致涌水、涌砂而淹井时。采用此方案时不进行冻结段的土层必须是稳定的,而且可采用普通法通过,否则用此方案将会发生冻结管断裂等事故。国内外部分立井井筒局部冻结主要技术参数见表 11.1,局部冻结的冻结器结构形式有 4 种(见图 11.4),现介绍它们的适用条件和使用效果。

表 11.1　国内外部分立井井筒局部冻结主要参数

序号	国别	井筒名称	井筒净直径/m	冲积层厚度/m	局部冻结特征				
					施工条件	冻结深度/m	局部冻结深度/m	冻结孔布置	冻结器结构
1	中国	淮北张大庄副井	4.4	51.6	原用沉井法施工至 36.1 m,因刃角部位冒砂地面塌陷,井筒无法继续施工	43	16～43	布置圈径5.25 m,18 个孔	活隔板式
2	苏联	扎波罗兹南风井	6.0	245.0	0～140 m 为黏土、砂互层,140～245 m 为黏土,240～425 m 为淤泥砂岩、页岩、灰岩	425	分两段冻结 0～140 和240～425	布置圈径13.0 m,26 个孔	采用两根聚乙烯管 $\phi44×4$ mm改变双输液管深度冻结第二段

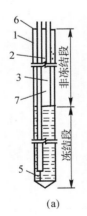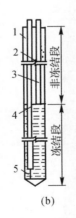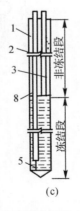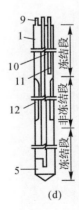

图 11.4　局部冻结的冻结器结构形式

(a) 充填压气式;(b) 隔板式;(c) 充填盐水式;(d) 套管式

1—冻结管;2—供液管;3—回液管;4—隔板;5—供液管支撑;6—充气管;

7—压气;8—不循环盐水;9—上段冻结时为回液管;10—下段冻结时为供液管;

11—上段冻结时为供液管,下段冻结时为回液管;12—套管式隔热层

1. 充填压气式

(1)适用条件:下部冻结而上部不冻结的井筒应优先选用。

(2)使用效果。

1)隔热效果好,非冻结段的冻土扩展速度为冻结段的1/4~1/5。

2)结构简单,容易实现。

3)压气要按要求压力进行控制,否则将降低使用效果。

2. 隔板式

(1)适用条件:下部冻结而上部不冻结的井筒。

(2)使用效果。

1)与充填压气的隔热效果相接近。

2)隔板加工要求较严,下放供液管较为麻烦。

3. 充填盐水式

(1)适用条件:下部冻结而上部不冻结的井筒。

(2)使用效果。

1)隔热效果较差,非冻结段的冻土扩展速度为冻结段的 40%~50%,正循环的盐水干扰区为 13~15 m(比反循环小)。

2)结构和工艺简单,容易实现。

4. 套管式

(1)适用条件:上部和下部冻结,而中部不冻结的井筒。

(2)使用效果。

1)与充填压气的隔热效果相接近。

2)结构复杂,加工要求严格,不易实现。

11.2.3.4　分期冻结

(1)分期冻结的方法(见图 11.5)。

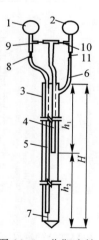

图 11.5　分期冻结

1—配液圈;2—集液圈;3—冻结管;4—上段冻结时为供液管,下段冻结时为回液管;

5—下段冻结时为供液管;6—上段冻结时为回液管;7—供液管支撑;8,9,10,11—阀门;

h_1—上段冻结深度;h_2—下段冻结深度;H—冻结全深

1)进行上段冻结时,打开阀门 9 和 11,关闭阀门 8 和 10,使冷盐水由配液圈 1 流经供液管 4 进入分期冻结分界面,再沿环形空间上升,经回液管 6 流回集液圈 2。此时下段的盐水除干扰区参加循环外,其余处于静止状态。

2)上、下段同时冻结时,打开阀门 8 和 11,关闭阀门 9 和 10,使冷盐水由配液圈 1 经供液管 5 流入冻结管底部,并沿环形空间上升,经回液管 6 流回集液圈 2。

3)下段积极冻结上段维护冻结时,打开阀门 8,10 和 11,关闭阀门 9,使冷盐水经配液圈经供液管 5 流入冻结管底部,并沿环形空间上升至分期冻结分界面,经回液管 4 和 6 进入集液圈 2。对上段维护冻结的盐水供应量,可通过阀门 10 和 11 的开启量加以控制。

4)只冻结下段时,打开阀门 8 和 10,关闭阀门 9 和 11,使冷盐水由配液圈流经供液管。

5)进入冻结管底部,并沿环形空间上升经回液管 4 流入集液圈 2。

(2)特点。

1)分期冻结是将一个井筒所需冻结深度,分为两段或两段以上进行顺序冻结。

2)当上段冻结一定时间并转入井筒掘砌后,再开始下段冻结。

(3)适用条件。

1)当冲积层较厚、中部有较好的黏土隔水层,可作为分期冻结的止水底垫时方能使用。

2)冻结基岩段占冻结总深度的比例较大,且在适宜的深度有一定厚度的隔水层可作为分期冻结止水垫时。

(4)优缺点。

1)冻结需冷量小,设备少,冻结费用低。

2)合理使用冷量,加快了井筒上部的冻结。

3)上段井筒的掘砌与下段冻结平行,为下段井筒少挖冻土提供了条件,可提高掘进速度。

4)要估算和安排处理好上段凿砌速度和下段开冻时间的关系,否则会造成下段冻结壁的厚度和强度减少,以及分期冻结分界面的盐水温差较大,容易引起冻结管断裂。

(5)注意事项。

1)在设计冻结需冷量时,应将盐水干扰区(长 13~15 m)的冷量损失计算在内。

2)下段井筒掘砌段高不宜过大,防止冻结壁变形过大引起冻结管断裂。

3)冻结管的壁厚应大些,以防温差应力引起冻结管断裂。

4)该方案的成败关键在于掌握上、下段冻结期的转换时间,以及井筒掘砌速度之间的合理安排。当上段形成并达到设计的冻结壁强度,井筒开始进行凿砌时,就应着手考虑投入下段冻结期的合适时间,使井筒凿砌接近上段底部时,下段冻结壁已形成,并达到了设计强度的要求。

5)上、下段冻结分界线必须在隔水层处,并深入隔水层不少于 10 m(即为上段冻结深度)。另外上、下段合理位置选择,宜是上段冻结期和下段冻结期所需冷量相当,使整个井筒冻结期内冷量均衡,以达到最佳的技术、经济效果。

11.2.3.4　双排冻结孔冻结

双排冻结孔(见图 11.6)的适用条件、特点及优缺点如下所述。

(1)适用条件。

1)适用于深部地压大、具有膨胀性、冻土流变性大的厚黏土层及地温高的地层。

2)地下水流速大。

3)含有盐分的地层。

（2）特点。

1）当双排冻结孔与单排冻结孔形成的冻结壁的有效厚度相同情况下，双排冻结孔平均温度比单排冻结孔降低 15％～30％。

2）平均扩展速度提高 1.3～1.7 倍。形成冻结壁设计厚度的时间短，加快了冻结速度。

（3）优缺点。

1）解决了冲积层厚度超过 400 mm 时，冻结壁的计算厚度达 8 m 以上时的技术问题。

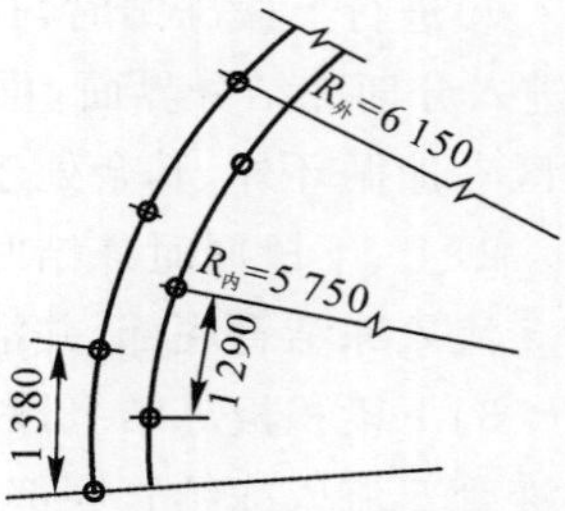

图 11.6　古城副井双排冻结孔布置

2）比单排孔的冻结时间短、形成冻结壁强度高。

3）由于冻结壁强度高、蠕变变形小，能防止冻结管断裂，确保掘砌安全。

4）打钻工程大、制冷量大、安装量大、冻结费用高。

（4）注意事项。

1）冻结孔布置时应以外排为主，外排孔应比内排孔多。

2）双排孔的盐水供应管路应分设，外排、内排孔分设盐水泵，以便灵活控制盐水供应量。

如图 11.6 所示为古城副井的冻结孔布置示意图，该副井采用冻结法施工的主要原因是：距古城副井井筒 250～500 m 以内有自来水厂水源井 8 口，日采水量达 2.25×10^4 m³，距地表 66.4 m 地下水流速为 23.66～40.08 m/d，为此采用人工冻结技术，采用了双排冻结孔冻结方案，经实践该井筒用－30℃盐水冻结 30 d 后交圈冒水、冻结 63 d 试挖，顺利通过最大地下水流速处。

11.2.4　立井井筒冻结壁厚度计算

冻结法凿井中起临时支护作用的冻结壁和起永久支护作用的井壁，都是圆筒形的地下工作结构。其壁厚的确定主要取决于结构所受的外力（地压）和材料强度。关于地压的计算方法详见有关的岩石力学教材。冻结壁的厚度一般在 2～6 m 之间，属于非均质的厚壁筒。

由于所依据的假设条件不同，计算冻结壁厚度的公式有多种。按冻结壁所处的力学状态分，有按弹性体计算、按弹塑性体计算、按塑性体计算和按流变体（包括弹-黏体或塑-黏体）计算的；按冻结壁两端的约束条件分，有按非固定端无限长圆筒计算和按两端或一端固定的有限长圆筒计算；按所采用的强度理论分，有按第三强度理论计算的和按第四强度理论计算。冻土的强度随温度不同而变化，其弹性模数与温度的关系尚待深入研究。冻结壁是一个非均质体，其性质与温度分布、水的含量和土的性质等有关，它给冻结壁厚度计算带来很大困难。下面介绍的计算方法（除模拟试验所得公式外），无论基于弹性的、弹塑性的，或塑性的理论，都不得不把冻结壁首先简化为均质的。因此得到的计算公式必然存在误差。这种误差不是力学理论的问题，而是应用力学理论时所作假设造成的。用物理模拟试验和有限单元法仿真计算等相结合的方法来求得经验公式计算冻结壁厚度，是解决冻结壁厚度计算的重要途径之一。

11.2.4.1　按无限长弹性厚壁圆筒计算

该方法是 1852 年法国工程师拉麦（G. Lame）提出的，他把无限长的厚壁筒作为平面变形问题处理。在弹性的、均质的、小变形的厚壁筒受均匀外压力 p 作用下（见图 11.7）得出的应力计算公式如下：

径向应力
$$\sigma_r = \frac{b^2 p}{b^2 - a^2}\left(1 - \frac{a^2}{r^2}\right) \tag{11.1}$$

切向应力
$$\sigma_t = \frac{b^2 p}{b^2 - a^2}\left(1 + \frac{a^2}{r^2}\right) \tag{11.2}$$

从上式可见，切向应力总是大于径向应力。当 $r = b$ 时，得
$$\sigma_r = p \tag{11.3}$$
$$\sigma_t = \frac{b^2 + a^2}{b^2 - a^2}p \tag{11.4}$$

当 $r = a$ 时，得
$$\sigma_r = 0 \tag{11.5}$$
$$\sigma_t = \frac{2b^2}{b^2 - a^2}p \tag{11.6}$$

即最大径向应力发生在筒壁的外边缘，最大切向应力发生在筒壁的内边缘。但因为最大切向应力远大于最大径向应力，所以危险点从厚壁筒的内边缘出现。

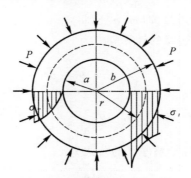

图 11.7　厚壁圆筒的应力分布

冻土属流变体，宜考虑采用塑性流动的强度理论，即最大剪应力理论和形状改变比能理论。

按最大剪应力理论认为安全工作时的强度条件是
$$\sigma_1 - \sigma_3 \leqslant [\sigma] \tag{11.7}$$
即最大与最小主应力之差应小于或等于材料的容许应力 $[\sigma]$，而与中间主应力无关。由此得
$$(\sigma_t)_{max} - (\sigma_r)_{min} \leqslant [\sigma] \tag{11.8}$$

将式(11.5)、式(11.6)代入式(11.8)，得
$$2P\frac{b^2}{b^2 - a^2} \leqslant [\sigma]$$

因为 $b = E + a$，所以壁厚为
$$E = a\left(\sqrt{\frac{[\sigma]}{[\sigma] - 2P}} - 1\right) \tag{11.9}$$

式中　　$[\sigma]$ —— 冻土抗压的容许应力，$[\sigma] = \dfrac{\sigma}{K}$；

$\quad\quad\quad\sigma$ —— 冻土抗压极限强度；

$\quad\quad\quad K$ —— 安全系数，$K = 2 \sim 2.5$。

按形状改变比能理论，认为安全工作时的强度条件是

$$\sigma_0 = \sqrt{\sigma_r^2 + \sigma_z^2 + \sigma_t^2 - \sigma_r\sigma_t - \sigma_t\sigma_z - \sigma_z\sigma_r} \leqslant [\sigma] \qquad (11.10)$$

式中　　σ_0——计算应力。

在平面变形问题中，竖向应变为零，由广义虎克定律得

$$\left. \begin{array}{l} \varepsilon_z = \dfrac{\sigma_z}{E} - \dfrac{\mu}{E}(\sigma_r + \sigma_t) = 0 \\[2mm] \sigma_z = \mu(\sigma_r + \sigma_t) \end{array} \right\} \qquad (11.11)$$

形状改变比能理论考虑了材料的塑性不可压缩条件（受力后体积不变），所以取泊桑比 $\mu = 1/2$，由此得

$$\sigma_z = \frac{1}{2}(\sigma_r + \sigma_t) \qquad (11.12)$$

将拉麦公式(11.1)、式(11.2)代入式(11.12)，得竖向应力为

$$\sigma_z = \frac{b^2}{b^2 - a^2} P \qquad (11.13)$$

危险点发生在冻结壁的内边缘，即 $r = a$ 处，将式(11.5)、式(11.6)和式(11.13)的 σ_r, σ_t, σ_z 值代入式(11.10)，得冻结壁内边缘的计算应力为

$$\sigma_0 = \sqrt{3} P \frac{b^2}{b^2 - a^2} \qquad (11.14)$$

安全工作时间强度条件为

$$\sqrt{3} P \frac{b^2}{b^2 - a^2} \leqslant [\sigma] \qquad (11.15)$$

由式(11.15)可解得计算冻结壁厚度的公式为

$$E = a \left(\sqrt{\frac{[\sigma]}{[\sigma] - \sqrt{3} P}} - 1 \right) \qquad (11.16)$$

需要指出的是，拉麦公式假定整个冻结壁都处于弹性状态，忽略了井帮产生的塑性变形，因而使冻结壁的安全度偏高，计算出的冻结壁厚度偏大。这不但很不经济，而且当表土层加深，地压值增大时，将得出很大的壁厚数值，以至无法采用。例如，当 $P = \dfrac{[\sigma]}{2}$ 或 $P = \dfrac{[\sigma]}{\sqrt{3}}$ 时，冻结壁厚度 E 将为无穷大。因此，拉麦公式的应用范围一般局限在浅表土层中，深度一般在 100 m 以内。

11.2.4.2　按无限长弹塑性厚壁圆筒计算

1915 年，德国的多姆克(O. Domke)教授提出了按无限长弹塑性厚壁圆筒计算的方法，该方法把冻结壁视为理想弹塑性体组成的无限长厚壁圆筒，并认为当冻结壁的内圈进入了塑性状态，而其外圈仍为弹性状态时，在均匀外压力 p 的作用下，冻结壁出现以半径 $r = \rho$ 为界面的塑性变形带($a \leqslant r \leqslant \rho$)和弹性变形带($\rho \leqslant r \leqslant b$)，整个冻结壁没有失去承载能力(见图 11.8)。在此基础上经过严密推导并进行必要地简化，得出多姆克公式：

$$E = a \left[0.29 \left(\frac{p}{\sigma} \right) + 2.3 \left(\frac{p}{\sigma} \right)^2 \right] \quad \text{（采用最大剪应力理论）} \qquad (11.17)$$

$$E = a \left[0.56 \left(\frac{p}{\sigma} \right) + 1.33 \left(\frac{p}{\sigma} \right)^2 \right] \quad \text{（采用形状改变比能理论）} \qquad (11.18)$$

式中　　E——冻结壁计算厚度；

a—— 井筒掘进荒半径；

p—— 计算层位的地压；

σ—— 与冻结壁暴露时间相适应的冻土长时强度。

在没有做蠕变试验，不能确定长时强度 σ 时，可用瞬时强度除以 $2 \sim 2.5$ 作为 σ。该公式主要用于埋深大于 200 m 的黏土和埋深大于 300 m 的砂土。

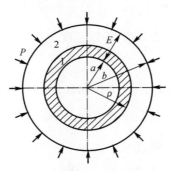

图 11.8　弹塑性状态下的冻结壁
1— 塑性变形带；2— 弹性变形带

11.2.4.3　按有限长塑性厚壁圆筒计算

由于分段掘砌，冻结壁在任何时候都不会同时暴露其全长，而主要是在未支护的有限段高内起作用，而且段高上、下端的约束程度对冻结壁的强度和稳定性有很大的影响。之前所述的按无限长圆筒的计算方法都忽略了这些因素，而导致过多的强度储备。这样不仅不经济，而且在深度大时往往得出难以置信的计算结果。但国外深井冻结的实践表明，只要合理控制段高，冻结深度大于 400 m 时，冻结壁厚度取 $5 \sim 6$ m，也是完全可行的。

据此，国外有不少学者建议，对深井冻结壁应按有限长厚壁圆筒计算：先给定段高值，求所需的冻结壁厚度；或者先给定壁厚，求掘进时应取的段高值。并在壁厚和段高两者间进行合理地调整。

但是，按固定端(一端或两端固定)有限长圆筒计算时，解题过程复杂，甚至无法得到精确的解。然而，从工程实际出发，进行合理地简化，便可得出具有一定准确度的计算公式。下面介绍的便是在此基础上推导出的两种公式。

1. 里别尔曼公式

里别尔曼于 1960 年曾提出用极限平衡理论的极值原理来计算冻结壁厚度，他认为外压力一定时，其变形值保持常重之前，冻结壁是稳定的。这时，冻结壁只是内边局部地带的应力达到流动极限。只有当塑性带达到冻结壁的外缘时，厚壁筒才失去稳定性。为适应工程计算，将复杂的演算进行简化，为此作了如下假设：

(1) 作用于冻结壁的侧压力为 γH（γ 为土层的平均容重，H 为计算处深度）；

(2) 冻结壁在段高的上下端都是固定的；

(3) 视冻结土为理想塑性体，根据第三强度理论，抗剪极限强度为抗压极限强度的一半；

(4) 计算时取随时间变化的冻土强度。

最后，得出计算冻结壁厚度的近似公式为

$$E = \frac{\gamma H}{\sigma_t} h K_1 \tag{11.19}$$

式中 h——未支护的段高，一般小于井筒掘进半径；

  σ_t——根据载荷作用时间计算的冻土极限强度，一般取长时强度 σ_c；

  K_1——安全系数，一般取 $1.1\sim1.2$。

式(11.19)主要用于埋深大于 300 m 深厚黏土层的井筒冻结壁厚度计算。

2. 维亚洛夫-扎列茨基公式

维亚洛夫和扎列茨基于 1962 年曾提出按有限长塑性厚壁筒计算的公式。假设冻土为理想塑性体，并采用形状改变比能理论（抗剪极限强度 $\tau=\dfrac{\sigma}{\sqrt{3}}$）。根据最高两端固定程度的不同，有下列两个公式。

(1)当段高上端固定，下端固定不好（工作面处井内未冻实）时，冻结壁厚度按下式计算：

$$E=\frac{\sqrt{3}\,Ph}{\sigma_t} \tag{11.20}$$

(2)当段高上、下端均固定（工作面处井内基本冻实）时，冻结壁厚度按下式计算：

$$E=\frac{\sqrt{3}\,Ph}{2\sigma_t} \tag{11.21}$$

式中 P——计算处的地压值。

在式(11.20)、式(11.21)的推导过程中，已引进了一些安全的假定，一般不再考虑安全系数。

11.2.4.4 按变形条件计算冻结壁厚度

冻结壁的计算一般应按两种极限状态进行，即按强度条件和变形条件。按强度条件的计算是指确定作用于冻结壁的应力不超过其强度极限时所必需的冻结壁厚，按变形条件的计算是指确定冻结壁的变形不超过允许值时所必需的冻结壁厚。

前面介绍的各种计算方法都是按强度条件进行的。自 20 世纪 60 年代初起，国外有些学者提出了按变形条件计算的各种方法。其中最有影响的是苏联学者 C.C. 维亚培夫和 I-O. K. 扎列茨基。他们通过对冻土流变性的研究和模拟试验表明，在蠕变大的黏性冻土中，即使在冻结壁没有破坏、也没有丧失承载能力之前，冻结壁变形可能达到导致冻结管断裂的严重程度。

按变形条件计算时，冻结壁厚度 E 和段高 h 应根据冻结管相对挠度 f 不超过容许值的原则来确定，即

$$f\leqslant[f] \tag{11.22}$$

式中 f——冻结管相对挠度，为冻结管径向位移 U_d 与段高 h 之比：$f=\dfrac{U_d}{h}$；

  $[f]$——冻结管容许相对挠度，根据质量不同，$[f]=0.01\sim0.02$。

冻结管的挠度与冻结壁的蠕变变形密切相关。根据试验，在恒定压力下冻结壁中冻土的蠕变有如下规律：

$$\varepsilon_i^m=3^{\frac{1+m}{2}}\frac{\sigma_i}{A(\tau,t)} \tag{11.23}$$

式中 ε_i,σ_i——冻土的应变和应力；

  τ——时间；

  t——温度；

  $A(\tau,t)$——取决于时间和温度的冻土的变形模数，一般用实验方法确定；

m—— 冻土的强化系数,根据试验,亚砂土 $m=0.27$,对黏土 $m=0.4$。

基于上述对冻结壁变形的限制和对冻土蠕变规律的认识,经过复杂的推导,得出有限段高为 h 时,冻结壁厚度的计算公式如下(见图 11.9):

$$\frac{b}{a}=\left[1+(1-\xi)\frac{(1-m)P}{3^{-\frac{1+m}{2}}A(\tau,t)}\left(\frac{h}{a}\right)^{1+m}\left(\frac{a}{u_a}\right)^m\right]^{\frac{1}{1-m}} \tag{11.24}$$

式中　ξ—— 表示段高上、下端约束程度差异的参数,$0\leqslant\xi\leqslant0.5$。

u_a—— 冻结壁内表面允许的最大径向位移值。

式(11.24)主要用于埋深大于 300 m 深厚黏土层的井筒冻结壁厚度的计算。由该式可见,冻结壁厚度取决于地压 P、冻土流变性 A 和 m、段高 h、允许位移 u_a,以及两端约束条件 ξ。在具体运用时,也可先给定壁厚,反求允许的掘进段高。

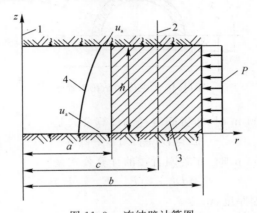

图 11.9　冻结壁计算图

1— 井筒中心线;2— 冻结管中心线;3— 冻结壁;4— 冻结壁内侧位移线

11.2.5　立井井筒冻结施工冻结孔和观测孔的布置

11.2.5.1　冻结孔的开孔间距和偏斜率的确定

冻结孔的开孔间距和偏斜率与冲积层埋深关系密切,这两个参数的确定方法可参照表 11.2 进行。

表 11.2　立井冻结孔的开孔间距和偏斜率的设计参考值

冲积层埋深 H/m	< 100	100 ~ 200	200 ~ 300	> 300
开孔间距 /m	1.2 ~ 1.4,通常取 1.3			1.25 ~ 1.3
偏斜率 /(%)	0.2	0.2 ~ 0.25	0.25 ~ 0.3	0.3

11.2.5.2　冻结壁内外侧厚度比值的确定

冻结壁内外侧厚度比值的确定按 55∶45 ~ 50∶50 选取。

11.2.5.3　冻结孔的圈径及孔数的计算

1. 主冻结孔(见图 11.10)

(1)布置圈直径。一般地,布置圈直径的计算公式是

$$D = D_1 + 1.2E + 2\theta H$$

式中　D—— 冻结孔布置圈直径,m;

　　D_1—— 井筒掘井直径,m;

　　E—— 冻结壁设计厚度,m;

　　θ—— 冻结孔设计偏斜率;

　　H—— 冲积层最大埋深或最大地压深度,m。

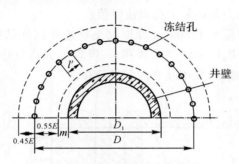

图 11.10　主冻结钻孔布置图

当冲积层厚度小于 300 m 时,布置圈直径的计算公式是

$$D = D_1 + 1.1E + 2\theta H \tag{11.25}$$

当冲积层厚度大于 300 m 时,布置圈直径的计算公式是

$$D = D_1 + 2(E - E_y + \theta H) \tag{11.26}$$

式中　E_y—— 冻结壁外侧厚度,m。

（2）个数计算公式

$$n = \frac{\pi D}{l} \tag{11.27}$$

式中　n—— 主冻结孔初算数量,个;

　　l—— 主冻结孔预选开孔间距,m。

（3）开孔间距计算公式

$$l' = \frac{\pi D}{n'} \tag{11.28}$$

式中　l'—— 主冻结孔实际开孔间距,m;

　　n'—— 主冻结孔选定数量,个;

2. 辅助冻结孔（见图 11.11）

（1）布置圈直径的计算公式

$$D = D_f + 2E_f \tag{11.29}$$

式中　D_f—— 辅助冻结孔布置圈直径,m;

　　E_f—— 辅助冻结孔至井帮的距离,m,

而

$$E_f = 0.3E_n + \theta H_f \tag{11.30}$$

式中　E_n—— 主冻结孔距井帮的距离,m;

　　H_f—— 辅助冻结孔深度,m。

（2）个数的计算公式

$$n_f = \frac{\pi D_f}{l_f} \tag{11.31}$$

式中　　n_f——辅助冻结孔数量，个；

　　　　l_f——辅助冻结孔开孔间距，m，一般按 $2E_f < l_f < 4$ 或取 $(2 \sim 3)l'$ 的整数。

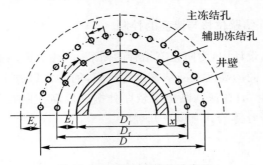

图 11.11　辅助冻结钻孔布置

（3）开孔间距计算公式

$$l'_f = \frac{\pi D_f}{n'_f} \tag{11.32}$$

式中　　l'_f——辅助冻结孔实际开孔间距，m；

　　　　n'_f——辅助冻结孔选定数量，个。

　　需要指出的是，当辅助冻结孔作为增强深部冻结壁强度时，主冻结孔的布置圈直径（D）可适当加大。深井冻结圈径除按公式计算外，还应校核冻结管距荒径距离，该距离应大于 2.5 m，向井心偏值 $0.6 \sim 0.8$ m，在此值内冻结管不易断裂。

11.2.5.4　观测孔的种类和布置

1. 水文观测孔

（1）布置原则：位于井筒净断面内，一般距井心 $1.0 \sim 2.0$ m，应不妨碍提升和方便掘砌工作。

（2）深度：有一根水文管要伸入冲积层底部含水层中，但底部含水层下部必须有一隔水层或不含水基岩，以免基岩中的水与水文孔串通，给水位观测和开挖工作造成困难。

（3）结构：

1）隔板套管式结构起到以孔分层观测冻结壁形成情况。

2）在主要含水层部分设过滤网。

（4）要求：

1）成孔后要进行测斜，不允许偏出井外。

2）下管后要把泥浆冲净，以防泥浆沉淀堵塞，影响正常观测。

3）下水文观测孔时，过滤网必须下在设计位置，否则，会影响水文孔的观测。

2. 温度观测孔

（1）布置原则：

1）位于偏斜较大的两冻结孔界面上。

2）冻结壁内外侧至少各布置一个孔，新区或地质条件复杂的地区，孔数应适当增加。

(2) 深度：至少要有一个观测孔伸入冻结段的全部含水层中。

(3) 结构：

1) 测温管底部为封底式。

2) 管子接头不渗不漏。

(4) 要求：成孔后要进行测斜，然后下 $\phi 38 \sim 50$ mm 钢管。

11.2.6　立井井筒冻结壁位移与段高的控制

在深厚表土层的冻结设计中，为防止冻结管的断裂，应用有限段高计算冻结管的位移量，根据计算提出控制掘砌段高的高度及冻结壁暴露时间，通常深厚黏土层掘砌段高控制在 $2 \sim 2.5$ m，暴露时间控制在 24 h；在深度黏土层较厚处掘砌段高控制在 1.5 m，暴露时间控制在 20 h 以内。冻结管位移量计算公式有以下几种。

(1) 维亚洛夫位移计算公式：

$$U_d = \frac{1}{3\dfrac{1+B}{2}\left(1+\dfrac{R_b}{R_a}\right)} \left\{ \frac{(1-\zeta)\left(1-\dfrac{1}{B}\right)P}{R_a\left[\left(\dfrac{R_b}{R_a}\right)^{1-\frac{1}{B}}-1\right]} \right\} At^c h^{B+1} \qquad (11.33)$$

$$U_a = R_a - \sqrt{R_a^2 + U_a^2 - 2R_d U_d}$$

式中　U_d——冻结管位移量，cm；

$\quad\quad U_a$——冻结壁位移量，cm；

A,B,C——冻土单轴蠕变参数（此数需通过试验获得）；

$\quad\quad \zeta$——工作面固端系数 $0 \sim 0.5$；

$\quad\quad P$——地压，Pa；

$\quad\quad h$——掘进段高，cm；

$\quad\quad t$——暴露时间，h；

$\quad\quad R_a$——荒径，cm；

$\quad\quad R_d$——冻结圈半径，cm；

$R_b = \dfrac{E}{2} + R_d$，cm，其中 E——冻结壁厚度，cm。

(2) 有限段高冻结壁位移速度计算公式：

$$V = \frac{3}{4}P \left| \frac{1}{2}\left(\frac{1}{a^2}-\frac{1}{b^2}\right) + \frac{1}{2(\zeta h)^2} \right| h\,(b/a)^{-1}At^{C-1} \qquad (11.34)$$

式中　V——冻结壁位移速度；

$\quad\quad P$——地压；

$\quad\quad h$——段高；

$\quad\quad \zeta$——固端系数；

$\quad\quad t$——时间；

$\quad\quad A'$——系数，$A' = 2^{(B-1)}A$；

A,B,C——冻土蠕变试验系数；

$\quad\quad a,b$——冻结壁内、外半径。

11.3　立井冻结法施工

立井冻结法施工主要包括冷冻站安装、钻孔冻结和冻结器的安装、井筒冻结、井筒掘砌及收尾工作。

11.3.1　冷冻站安装

1. 冷冻站位置的确定原则

冷冻站位置应以供冷、供电、供水和排水方便为原则。同时,应不影响永久建筑施工,尽量少占地。为减少冷量损失,冷冻站离井口应尽量近些,一般为一个井筒服务时,距离为 30～50 m;当为主、副两个井筒服务时,位置选在两井中间,距离为 50～60 m 左右,有关防火、通风等应符合有关规程。

2. 冷冻站施工程序

冷冻站安装与打钻同时进行。对于氨压缩机的安装质量应予以格外重视。氨压缩机的混凝土基础要严格照图纸施工,其他设备也应按各自的技术质量标准进行安装。

3. 冷冻站试运转

冷冻站试运转包括下列主要内容:

(1)管路耐压密封试验。制冷系统安装完毕后,应进行耐压密封试验,试验前,先进行氨压缩机的空载及负荷运转,运转累计时间不得少于 24 h。合格后,再对氨循环管路压风吹洗,清除管内碎屑杂物,然后进行耐压密封试验。试验可分压气和真空试漏两种。压气试漏时间规定为 24 h,开始 6 h 由于压缩空气冷却允许压降为 $0.2～0.3 \ kg/cm^2$,此后 18 h 内不再下降为合格。一般试压压力为工作压力的 1.5 倍。为了进一步检查管路的密封性,还要进行真空试验,将管路抽成真空度为 730～760 mmHg。24 h 后真空度仍保持在 700 mmHg 的为合格。

(2)管路绝热保温。管路密封性试验合格后,应对低压管路和进备进行绝热保温。一般认为硬质泡沫塑料是一种很好的保温材料,保温层内外应敷设防湿层。绝热层厚度以计算为准。

(3)灌盐水及充氨。根据设计的密度配制盐水。在灌盐水时,冻结管中的清水因小于盐水的密度而自动排出,灌盐水时应注意经常放空气,使干管、配液圈充满盐水,盐水箱内盐水要高出蒸发器立管 200 mm。严禁将浓度很高的盐水直接灌入冻结管内,以防析盐堵管。灌盐水时开动盐水泵,经常循环,以防盐水结晶。

(4)盐水灌注后才能充氨。充氨前,应先将氨系统抽成真空,液氨由于氨瓶内的压力作用自行流入,当系统内压力高于瓶内压力时,靠压缩机进行充氨,直至充到设计量为止。

11.3.2　冻结钻孔和冻结器的安装

冻结法凿井所需要钻的孔包括冻结孔、水文观测孔和测温孔。我国现均使用旋转式钻机钻冻结孔。为保证钻孔垂直,国外常用涡轮钻机钻孔或迪纳钻具纠斜。

11.3.2.1　冻结孔的钻进

对钻孔的要求是终孔直径比冻结管管箍外径大 10～25 mm,钻进中不发生严重坍孔或过大孔径,孔深达到设计要求,孔的偏斜值不得大于允许值。

11.3.2.2 测斜方法

在钻孔工作中,必须树立"防偏为主、纠偏为辅"的思想,钻进过程中要经常测斜,了解孔的偏斜情况以便采取措施。

11.3.2.3 纠偏

钻孔偏斜原因很多,大致分两类:

(1)地质原因。由于地层软硬不同、地层倾斜角度不同、卵石层、大裂隙、空洞等都能引起钻孔偏斜。

(2)操作技术原因。导向管安装不正,钻机主轴不垂直,钻杆弯曲,泥浆质量不好,钻孔过大、钻孔中有落物等均可引起钻孔偏斜。

11.3.2.4 冻结器的安装

冻结器的安装顺序是首先安装冻结管,然后安装供液管,最后安装回液管及管盖。

冻结管的安装非常重要,这里重点叙述其安装要求和内容。其安装要求是:冻结管总长度应符合设计长度,长度不得少于 200 mm,冻结管不漏。为此,要对冻结管进行试压和试漏。冻结管安装顺序是钻好一个孔,安装一个孔的冻结管。其安装内容包括:

(1)试压。

冻结管耐压试验分两步进行,安装前要以三节冻结管为一组,分组做试压,安装后再做整体试漏。分组试压的压力应比工作压力大 15 个大气压,试验时间不少于 15 min,在试压期间压力不应有下降现象,否则应给予处理,直至合格为止。

(2)试漏。

冻结管安装后应进行整体试漏,试验方法是:

1)静压试漏。将冻结管灌满清水,水面距管口 100～200 mm,其上充 30 mm 机油防止水分蒸发,管口加盖,一天后开始记录,三天内的每天液面下降不超过 1 mm 为合格。静压试验后,再做加压试验。

2)加压试验。冻结管内充满清水,加盖密封,再用水压机加压,其压力为 1.25 倍的工作压力(不得小于 1.0 个大气压)。经 10 min 后,压力不下降为合格。

(3)冻结管渗漏处理。

冻结管如有渗漏,必须处理。否则,冻结管周围岩层因渗有盐水而不冻结,形成"窗口",造成涌砂冒泥,严重的会使冻结凿井失败。渗漏原因主要是丝扣联结不好,或底锥下方磨损造成的。其处理方法有:在地面扭紧冻结管丝扣;每昼夜渗漏高压在 5 mm 左右时,可用比重为 1.2～1.25 的 $CaCl_2$ 溶液压入冻结管,使其有少量渗漏,在 1～4 h 后排出,空置 1～3 d,使渗漏处生锈堵漏。当每昼夜渗漏高度在 5～30 mm 时,可用浓度为 $25°Be$ 的水玻璃和 $10°Be$ 的 $CaCl_2$ 溶液,交替向冻结壁压注。每种溶液在静压状态 6～12 h 后排出,用清水冲洗再注另一种,如此反复数次,使渗漏裂隙中产生硅胶堵漏。如果每昼夜渗漏高度在 50 mm 以上时,则可用比重为 1.2 的稀水泥浆在管内循环 2～3 d,也可使其在锥底沉淀 500～600 mm 的水泥塞。如果以上方法均无效,只有拔出冻结管重新检查,重新安装直至合格为止。

11.3.3 井筒冻结

从开始冻结到冻结壁设计厚度,这个时期叫积极冻结期,积极冻结期的主要工作是维护冷冻站的正常运转,使用一切测试手段检查冻结壁发展情况,保证高速度、高质量形成冻结壁。

创造开挖条件。为此必须做好以下几项工作。

1. 一、二级压缩混合系统的合理使用

这种系统的优点在于能适应积极冻结期间对盐水温度和冷量变化的要求。积极冻结初期，冻结器中热交换强烈，采用一级压缩比较合理。随着冻结时间的延长，冻结器中热交换强度下降，而需要降低盐水温度增强热交换时，采用二级压缩比较合理。这样可以充分发挥冷冻站设备潜力，提高压缩机的制冷效率。特别在积极冻结期的后期，盐水温度一般可以达到 $-30℃$ 以下，对于加快冻结速度是有利的。

2. 正、反盐水循环的合理使用

在积极冻结期间，可据地层各需冷量情况，灵活运用正、反盐水循环，达到既能提前开挖又能不挖冻土的目的。例如深井冻结时，深部地层温度高，可先用正循环而后再用反循环。而浅井冻结时，由于上下岩层温度相差不大，用正循环时会使冻结壁下厚上薄，对提前开挖和下部掘进均不利。根据此种情况，最好初期用反循环，使冻结壁早日交圈提前开挖，而后期用正循环，维护上部冻结壁，加速下部冻结壁扩展速度。

3. 去、回路盐水温差及流量监视

开始冻结时，去、回路盐水温差较大。但随着冻结壁的形成，热交换强度降低并趋于稳定，去、回路盐水温度也趋于稳定。其值为：冻结深度在 100 m 以内时，其温差为 $2\sim3℃$，深度大于 100 m 时，为 $3\sim4℃$。

为了观察每根冻结管盐水冷量供应和盐水流失情况，应在去、回路支管上安装流量计，如有流失，及时处理。

4. 温度的测定及数据处理

在冻结的过程中要经常测量测温孔各点温度变化情况，根据所测数据，用作图法求解冻结壁扩展位置，给开挖时间提供可靠依据。

5. 水文观察孔的水位观察

当冻结壁形成一个封闭圆筒后，因水温下降可能会引起水文孔内水位短暂下降，但随后不久，因冻结壁向井内扩展时体积膨胀，迫使地下水沿水文孔上升，以致冒水，它仅仅表明冻结壁已经初步形成。

6. 开挖时间的确定

通过综合分析资料，在水文孔水位明显上升，已测知冻结壁位置，而冷冻站工作正常以及冻结时间与设计时间基本相符时，可进行试挖。如无异常，则可正式掘进。

11.3.4 井筒掘进

1. 冻结井筒掘进特点

冻结井筒掘进较普通掘进简单，井内无涌水、淋水、不用排水设备，一般不用临时支护。使用风动工具时，应安装压风干燥装置，解决风路及风动工具防冻问题。地面临时凿井设备布置和普通凿井相同，井架和掘进设备在冻结期内安装。

2. 掘进段高

掘进段高是指掘进段未经支护的高度。确定段高的影响包括以下因素包括。

(1)冻土强度对段高的影响。冻土强度对段高影响很大，当其他条件不变时，冻土强度越大，相应的段高可增大。而影响冻土强度大小的因素主要是岩石矿物成分、颗粒大小及其薄膜水含量的多少。例如:相同温度下的塑性岩石较非塑性岩石冻土的强度低,塑性变形大,则段高应小一些。

(2)地压对段高的影响。地压越大,段高应越小。一般深度越大地压就越大。若深度相等,塑性岩石较之非塑性岩石地压大,段高应当小一些。

(3)冻结壁几何尺寸对段高的影响,冻结壁的几何尺寸是指冻结壁内直径、厚度以及形状的轴对称程度。内直径越小,冻结壁厚度越大,段高相应越大。如果钻孔偏斜严重,冻结圆筒失去了轴对称性,其抵抗外力的能力将大大降低。在这种情况下,掘进段高应适当降低。

(4)掘进速度对段高的影响。在掘进速度快的情况下,冻结壁暴露时间短,段高可适当加大。

(5)冻结壁形成过程对段高的影响。冻结过程实际上是土壤水结冰的过程。如果冻结速度快,土壤中的水会变成六面冰晶体,否则,由于冻结速度慢,水只能形成针状冰晶体,这将大大降低冻土强度。因此使用低温冻结,对加快冻结速度,提高冻结壁强度,减薄冻结壁厚度都有着十分重要的意义。特别在深井冻结时更是如此。

一般地,可按表 11.3 确定段高及裸露时间。

表 11.3　冻结井筒掘进段高及裸露时间

岩、土性质	段高不宜超过数/m	裸露时间不宜超过时间/h
砂层、胶结较好的卵石层	10	72
砂质黏土层	5	48
黏土层、胶结较差的卵石层	2.5	24
强膨胀性钙质黏土层及深部易膨胀变形大的黏土层	1.5	20
风化带、破碎带的不稳定岩层无临时支护	2.5	24
基岩稳定,临时支护用网喷混凝土	15	应有专门安全防护措施

11.3.5　井筒砌壁

1. 冻结井壁的施工特点

冻结井壁坐落在地压大、含水量丰富的不稳定地层,为了抵抗地压,井壁必须有足够的强度、厚度和良好的防水性能。

冻结井壁与普通井壁的区别在于冻结井壁是在低温下施工、养护的。因混凝土只有在常温下才能很好地硬化并达到设计标号。其养护温度和强度增长率成正比。然而冻结井壁却处于冻土温度为 0～−10℃ 的环境中。虽然混凝土的入模温度为 15～20℃,加速凝剂后在水化时还可能暂时升高到 40℃ 以上,但是,由于冻土和混凝土之间存在着如此大的温差,混凝土中的热量很快被冻土吸收,使冻土融化,其融化范围可达 300 mm 左右。在消极冻结中,冷冻站继续供冷,融化的冻土又回冻了,使混凝土井壁又处于寒冷之中,混凝土硬化过程受到影响。回冻还产生了很大的冻胀力,有时甚至超过永久地压值,井壁经不起冻胀力的作用,经不起寒冷的打击,便产生了许多裂纹,造成井筒漏水。采用复合井壁是解决该问题的有效方法。

2. 冻结井壁的施工方法

双层井壁的外层井壁采用自上而下的短段掘砌单行作业。内层井壁采用自下而上的一次或分次砌筑到顶的施工方法。近年来,为了提高砌壁效率,保证井壁质量,开始试行多工序平行或部分平行作业的砌壁新工艺。

11.3.6　收尾工作

冻结凿井的收尾工作包括回收氨、盐水,拆除冷冻站设备及管路,拔冻结管和充填冻结孔等。

一般氨及盐水的回收率为 70% 左右。冻结管的回收率一般在浅井可达 70%～90%。因此,搞好回收工作对降低冻结凿井成本具有重要意义。

近年来,随着冻结深度的增加,冻结管回收率有所降低,在拔管以后尽管充填了冻结孔,但是由于填充质量差,在冻结壁解冻后均有不同程度的地表沉陷,因此在深井冻结是否要拔冻结管还要权衡利害。

11.3.7　施工组织

当一个新建井需要冻结施工时,有的先冻副井后冻主井。因为副井直径大,消耗冷量多,待副井转入消极冻结期后再冻主井。也有的考虑冻结设备的合理利用,按工程的合理安排,先冻结主井后冻结副井。无论采用哪种施工方案,均应做好工程安排。打钻、冷冻站安装、井筒掘砌应合理安排,以缩短建井工期。

11.4　斜井井筒冻结技术

我国斜井井筒冻结技术的使用始于 20 世纪 70 年代,由于我国斜井井筒冻结没有专门打斜长孔钻机,打钻均采用垂直孔,其缺点是打钻工程量大,占地面积大,因此只适用于浅表土,或原斜井井筒施工用普通法因出事故无法继续施工的情况。

表 11.4 是国内主要的人工冻结斜井工程的冻结斜长。陕西榆林袁大滩煤矿副斜井表土层段 931.3 m,其中明槽开挖 250.3 m,冻结段全长 681 m(坡度 5.5°),是目前已知的冻结斜长最后的冻结斜井。冻结段越长伴随的施工风险也就越大。本节主要介绍冻结斜井井筒施工的几个关键技术问题。

表 11.4　国内主要斜井冻结法凿井筒冻结斜长参数

序号	矿井名称	冻结斜长/m	地点
1	马泰壕主斜井	440	内蒙古
2	庞庞塔二号副斜井	113	山西
3	长度主斜井	30.24	内蒙古
4	古城主斜井	600	山西
5	查干淖尔主斜井	270	内蒙古

续 表

序号	矿井名称	冻结斜长/m	地点
6	庞庞塔主斜井	288.35	山西
7	庞庞塔一号副斜井	129.96	山西
8	王洼矿一号副斜井	116	宁夏
9	王洼矿二号副斜井	44.3	宁夏
10	王洼矿二号主斜井	52.32	宁夏
11	李家坝副斜井	167.2	宁夏
12	李家坝主斜井	163.2	宁夏
13	李家坝回风斜井	152.7	宁夏
14	黑梁主斜井	289	宁夏
15	大南湖十号主斜井	203	新疆
16	大南湖十号副斜井	470	新疆
17	金鸡滩副斜井	450	陕西
18	榆家梁主斜井	200	陕西
19	榆家梁副斜井	200	陕西
20	榆家梁风斜井	200	陕西
21	袁大滩煤矿主斜井	420	陕西
22	袁大滩煤矿副斜井	681	陕西

11.4.1 打钻

采用垂直孔,其特点是冻结孔浅而数目多,施工范围大,因此要采用多台钻机同时作业。

11.4.2 冻结壁厚的确定

冻结壁设计同立井井筒一样,以最深一层砂层作控制层,其计算公式可采用秦氏巷道自然平衡拱理论来计算。斜井井筒两侧形成冻土滑动体的宽度 c 和形成顶部自然冻土拱顶高度 e,冻结壁厚度大于 e,c 即可。另可将斜井井筒封闭的冻结壁看成是厚壁筒,用拉麦公式确定其厚度,然后进行校验,并结合经验最后确定。

秦氏巷道自然平衡拱理论计算公式为

$$c = h\tan\left(45° - \frac{\varphi}{2}\right)$$
$$e = (a + c)/f$$

(11.35)

式中　c——冻土滑动体的宽度，m；

　　　h——井筒横断面开挖高度，m；

　　　φ——无黏结力松散体内摩擦角度，(°)，可取 $\varphi = 26°$；

　　　a——斜井井筒掘进宽度，m；

　　　f——冻土坚固系数。

11.4.3　冻结孔的深度和布孔方式的确定

冻结孔布孔应考虑：井壁厚度，斜井井筒地板隔水条件，形成顶、底板冻结壁所需中间孔排数，斜井在下端封水要求，掘砌施工的进度等因素。通常以轴向布置 3 排孔，墙两侧各一排，拱顶一排。拱顶一排冻结孔是否穿透斜井拱顶至底板，视板冻结交圈情况而定，若两侧孔的孔间距能达到交圈封底可不穿斜井井筒断面。冻结孔深度及布孔方式可参照图 11.12。榆树林子斜井，布置三排孔，Ⅰ、Ⅱ 段底板为含水砂层，故冻结孔深入底板以下 3 m，中间孔穿过断面见 A—A，B—B 剖面。Ⅲ 段穿过淤泥层增加两侧冻结孔各一排，见 C—C 剖面。Ⅳ、Ⅴ 段下段底板离水层不远，中间冻结孔深度 15.2 m，最深冻结孔深度为 52.9 m，斜长 94.7 m，水平距离 85.8 m。

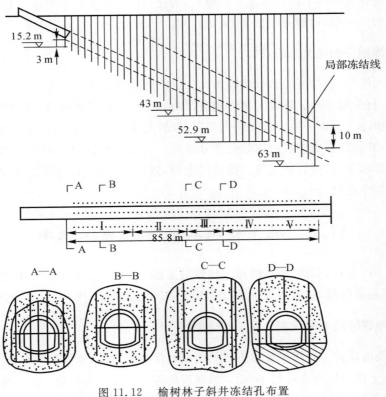

图 11.12　榆树林子斜井冻结孔布置

11.4.4 冻结方式和制冷量的确定

可采用一次冻结或分期(段)与局部冻结相结合方式。当冻结深度较浅时,可采用一次冻结;当冻结深度较大时,为减少制冷量可采用分期(段)与局部冻结相结合的方式。如榆树林子斜井冻结斜井长 114.8 m,可采用 3 段冻结,深部冻结孔用盐水分隔层法进行冻结,采用分段冻结各段所需的理论制冷量为

$$Q_i = q_i + (0.5 + 0.6)q_{i-1} \qquad (11.36)$$

式中 Q_i——第 i 段积极冻结时所需的理论制冷量,kJ/h;

q_{i-1}——上一段,即第 $i-1$ 段各冻结管为积极冻结时所需的冷量,kJ/h。

通常在第 i 段为积极冻结时,第 $i-1$ 段正在掘进中,计算出各段制冷量后,从中选取最大值,再乘 $1.15 \sim 1.2$ 冷损系数,作为计算制冷量。

11.4.5 地面管路系统布置

斜井冻结水平距离长,盐水干管为平行布置,管路系统比立井井筒复杂,为此要合理安排盐水来回路线,保证各冻结管能均匀分配到流量。

11.4.6 冻结交圈判断

斜井井筒冻结在井内不能设置水文观察孔,为此只能用测温孔来判断,测温孔一般布置在一侧边墙冻结管外一侧,沿轴向布置 3~4 个。

11.4.7 冻结与掘砌关系的安排

可采用冻掘平行、积极冻结和维护冻结交叉进行的作业方式。以榆树林子斜井为例,全井分三段掘砌,实行分期冻结。首先对第一掘进段的冻结孔进行积极冻结,其后结合第二掘进段的冻结孔进行供冷。当第一掘进段开始掘进时,即转入维护冻结,同时对第二掘进段的冻结孔进行积极冻结,并给第三掘进段的冻结孔部分冷量。当第一掘进段套内壁后即可关闭第一掘进段的冻结孔盐水循环,然后转入第二掘进段掘砌,依次继续冻结,掘砌实行冻、掘平行作业,可缩短工期及减少冷量。

11.5 地下铁道工程冻结施工技术

目前,在上海、北京、广州、西安的城市地铁隧道施工过程中,采用人工冻结技术完成了软土加固、隧道穿越流砂层、隧道通过含水量大的土层工程,解决了许多施工中遇到的技术难题。

11.5.1 地铁隧道盾构浅覆土人工冻结加固

上海地下铁道建设中使用了日本进口的大型加压泥水盾构,这种盾构直径达 11.22 m,它在推进中,要求上部有盾构直径的 1~1.5 倍厚度的覆土为安全保护层。而上海地铁通道在江西路段,该段覆土的最小厚度为 2.6 m,路面下设有高压电缆、市电话电缆、上下水管、煤气管道。若不对覆土加固,盾构不能推进,研究决定采用冻结加固。经冻结加固后,盾构在推进过

程中,冻结土体稳定,管线良好,达到预想的目的。这是我国首次将冻结技术用于隧道工程,它的成功为人工冻结工程应用于地下工程开拓了广阔前景。现介绍该工程的有关情况。

　　1. 冻结管的布置与施工

　　加固范围为 37 m×16 m,由西向东布置 31 排冻结孔,每排的间距为1.2 m。每排布置约 13 个孔,开孔间距 0.8~1.4 m,钻孔深度,由盾构轴线向两侧为 2.6~15 m。设计施工冻结孔为 420 个,测温孔 15 个,测变形孔 12 个。由于地下情况复杂,实际施工中有局部变动,实际施工冻结孔 412 个,测温孔 19 个,测变形孔 13 个,最大孔间距 2.3 m(见图 11.13)。

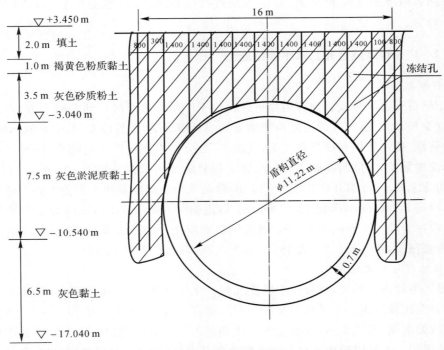

图 11.13　上海地铁隧道冻结孔布置与冻土拱体的横断面图

(图中冻结孔开孔间距的单位为 mm)

　　2. 设备选择

　　根据现场特点,在闹市区施工,场地小,采用 2 个冷冻站,站内设置 ZKA20C 螺杆冷冻机组 1 台,标准制冷量为 209×10⁴ kJ/h(581.5 kW);配套 150F－22A 盐水泵站,流量 173 m³/h;清水泵 1 台,流量 200 m³/h;单级离心泵 1 台,流量 200 m³/h;分配冷却塔 1 台。

　　3. 冻结运转

　　冻结孔运转分东、中、西 3 个区,东区与中区形成一个冻结系统。

　　4. 加固情况判断

　　分析冻结过程中的土体温度、压力、变形的变化,由电脑进行控制、处理和监测,对所测试数据进行全面分析,当土体最薄弱地区的冻结交圈,整个冻土层呈封闭状态时,土体温度基本达到－10℃设计要求,即加固成功,盾构可进入冰冻区。

5. 盾构进入冻结区应采取的措施

为了保证盾构机顺利通过人工冻结区,应该采取下列技术措施:

(1)加强对地表,特别是管线部位的土体隆起、沉降等变形观测。

(2)盾构推进前方的冻结孔要进行复查,对超深冻结孔,在盾构切口前 5 m 进行处理。

(3)对盾构的推进轴线、里程、环号复核,地表设明显标志。

(4)盾构推进东区、冷冻机下面,进入冰冻区前,为安全起见冷冻机停止运转 2 d。

(5)关闭盾构推进时,切断前两排冻结管和通过盾尾的全部冻结管。

(6)根据盾构推进速度和位置,对冷冻站进行维护运转,盐水温度分别控制在 −25℃,−20℃,−15℃。

11.5.2 广州地铁隧道超长水平冻结施工

1. 工程概况

广州市轨道交通 3 号线天河客运站折返线位于广州市天河区广汕公路下方,斜穿广汕公路和沙河立交桥。首先,该区段道路两侧地下管线纵横交错,数目较多,其中有电信管线、给水管线、电力管线、排水管线和煤气管线等;其次,广汕公路是连接广州与汕头、增城之间的重要交通干道,交通繁忙,不能封路施工,因此,该工程只能采用暗挖法施工。如图 11.14 所示,折返线长度为 147.8 m,冻结开挖长度为 140 m,隧道顶面距离地表最小约为 8 m。隧道净断面为马蹄形,净高 9 146 mm,净宽 11 400 mm。隧道临时支护为厚 350 mm 的 C20 格栅钢架网喷混凝土,内衬为厚 450 mm 的 C30S8 模筑钢筋混凝土。经过方案比较,该工程决定采用矿山法冻结帷幕施工,水平超长距(大于 100 m)、大断面(直径大于 10 m)。

2. 工程地质与水文地质

广州地区地处南亚热带,属海洋季风性气候。全年降水丰沛,雨季明显,日照充足。夏季炎热,冬季一般比较温暖。年平均气温 21.8℃,最高气温 38.7℃。雨季(4~8 月)受海洋气流的影响,吹偏南风,天气炎热,降水量大。汛期是地下水补给期,10 月至次年 3 月为地下水消耗期和排泄期。本区段的地下水补给来源主要是大气降水。勘察期间实测钻孔稳定水位埋深为 1.25~3.10 m,平均埋深为 1.76 m。地下水位线的起伏与地面线的起伏一致。

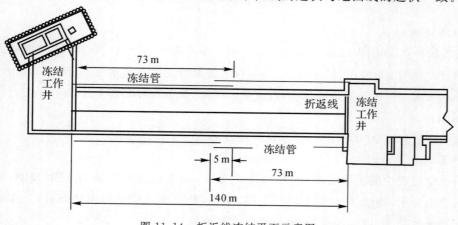

图 11.14 折返线冻结平面示意图

天河客运站站后折返线主要地层为花岗风化残积土和花岗岩风化带。由于花岗岩风化残积土遇水易软化崩解,中、微风化岩与其他风化层间的力学强度差异大,这些特殊地质现象也是该区段的不良地质现象。

根据抽水试验及室内试验得出渗透系数如下。

陆相冲-洪积黏土层:$K=0.01$ m/d;

陆相冲-洪积砂层:$K=15.0$ m/d;

花岗岩残积土砂质黏性土:$K=0.4$ m/d;

花岗岩全风化带:$K=0.3$ m/d;

花岗岩强风化带:$K=0.5$ m/d。

根据隧道设计位置,围岩为〈4-1〉,〈3-2〉,〈5-1〉,〈5-2〉,〈6H〉,岩土层。其中冲洪积砂层〈3-2〉为主要含水层,强透水,富水性好,根据初勘、详勘抽水试验,砂层渗透系数 $K=$ 15 m/d,为强透水性地层;〈5H-2〉,〈6H〉为花岗岩残积土及全风化层,具有一定的透水性,富水性一般,但由于遇水易软化崩解,因此稳定性差。总体来讲,隧道的水文地质条件较差,涌水量较大。通过计算分析,折返线隧道在天然状态下的涌水量为 1 801 m³/d。

3. 冻结设计

按照折返线直线冻结距离 140 m 设计,南、北段冻结长度均为 73 m,保证末端搭接冻结范围大于 3 m。冻结壁厚度为 2 m。冻结孔开孔间距顶板部分取 0.8～0.9 m,侧壁和底板部位取 0.9～1.0 m,开孔孔位偏差不应大于 50 mm。若须避开障碍物时,应调整开孔角度进行回归。冻结孔开孔布置轴线距隧道开挖边沿设计为 1.0m。根据冻结孔布置设计,单断面冻结孔数为 46 个,如图 11.15 所示。冻结孔原则上不允许内偏(隧道中心径向方向),为减少冻土挖掘量,应控制终孔径向外偏角在 0.5°～0.8°范围内,钻孔的偏斜应控制在 10‰以内。用 $\phi 108$ mm×8 mm 的低碳钢无缝钢管作为冻结管。单根管材加工长度为 2～4 m,采用丝扣连接,后用手工电焊进行补焊。

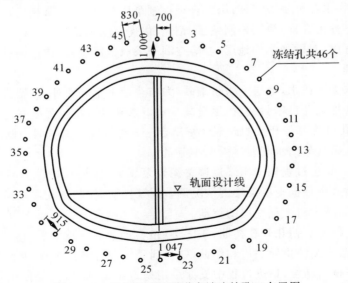

图 11.15　折返线暗挖隧道南端冻结孔口布置图

为准确掌握和预测冻结帷幕的发展,在冻结帷幕范围内不同方向布置 4 个测温孔。隧道南段设测温孔 2 个:顶板冻结壁外侧 1 个,长度约 75 m;侧墙冻结壁内侧 1 个,长度为 20~30 m。隧道北段设测温孔 2 个:底板冻结壁外侧 1 个,长度约 70 m;侧墙冻结壁外侧 1 个,长度为 20~30 m。测温孔内根据地层情况每 5~10 m 布置一个测温点。

水文孔主要检查冻结帷幕是否交圈,卸压孔是为消除冻结过程中的冻胀水压力。隧道两端各设水文孔、卸压孔 4 个,深度为 2~8 m,孔口安装泄压阀和压力表。测温管和水文管均选用 φ108 mm×8 mm 的低碳钢无缝钢管。水文管在含水层位置设滤孔,滤孔面积为 10%。

冻结盐水温度在积极期为 -25~-30℃,维护期为 -22~-25℃。冻结壁平均温度为 -8℃。冻结孔单孔盐水流量为 6~8 m³/h。

冻结时间估计:冻土发展速度根据既有冻结施工经验选取,向内约 20 mm/d,向外约 12 mm/d(交圈后),相邻两冻结孔之间为 25 mm/d。冻结壁交圈时间预计为 50 d。隧道开挖前冻结时间为 90 d。隧道开挖后即维护冻结时间预计为 94 d,冻结运转总时间为 184 d。

4. 钻孔施工技术措施

(1)试验孔施工。钻孔采用非开挖技术,并利用测温孔作为初期打钻试验孔,回归分析钻进中技术参数和钻孔偏斜规律,为加快打钻速度、保证钻孔质量提供准确可靠的工艺参数,并以此计算出精确的冻结孔开孔角度。

(2)水平冻结孔开孔施工。准确确定水平孔开孔孔位、控制水平孔开孔角度是保证水平孔不偏斜的关键。要求开孔孔位允许偏差±50 mm,孔位不得内移,导向孔倾斜 1°~2°,具体角度视现场第一个水平孔施工参数而定。

(3)钻进技术参数控制。

1)在确定开孔角度时,根据以往经验结合试验孔试验结果,需要给钻孔水平方位角与垂直角以合理的纠偏值。

2)在水平钻孔钻进中,岩粉、碎石块、碎砂易在钻具底部沉淀,造成钻孔上仰或左右偏斜。因此在钻进中,第一加强冲洗液管理;第二合理控制泵压与泵量、泥浆稠度,以保证岩粉碎渣在强悬浮力的作用下冲出孔外;第三控制钻压、钻速,以保持快速钻进为宜。

3)在钻进过程中,对软硬不均地层、岩溶空洞等采取低压慢转、快速给进的钻进方法,遇有情况时应慎重处理。

4)由于地下水为承压水,地层土为粉细砂,为防止地下水和砂外流,钻进时应采用低泵压、小水量、慢转速,并加强孔口密封装置,尽量减少地下水和砂流出。另外在开孔时,开孔应残留 6~8 cm 的砼壁,孔口管要与开孔的砼壁严密结合——缠好麻。钻进时应随时调节密封,以减少密封处漏水。孔口管的回水阀要尽量调小流量。

(4)泥浆系统。钻进过程根据出浆量调整泥浆泵压力,保持孔内压力平衡,钻孔开孔位置安装密封装置。钻进中根据土层及渗透情况调整泥浆性能,控制钻孔泥浆循环量,防止钻孔冒泥引起的地层变形,减少对上部地层的扰动。

(5)钻孔防偏、纠偏。钻孔开孔初期,10~20 m 深时进行一次测斜,使用 CX-3 型(水平)测斜直读仪,结合激光测斜指导钻进和纠偏,钻孔到底后进行终孔测斜,并绘制偏斜端面图。

为了保证钻进偏斜精度,钻进过程中支撑采用稳定组合钻具,配套使用扶正器和扩孔器,减少钻具振动和摆动。钻进中发现偏向、偏斜较大时及时纠偏,采用反复扫孔和调整钻机(具)角度钻进方式进行纠偏。当冻结孔施工结束后,根据偏斜成果图,当孔间距大于设计要求且影响冻结安全时,需进行补孔。

(6)冻结孔密封与冻结器安装。冻结孔到底并密封后,用水冲洗干净孔内泥浆,加水进行动压试漏,试漏压力为 0.6 MPa,稳压 30 min,压力下降不超过 0.05 MPa 为合格。冻结管安装完毕后,用堵漏材料密封冻结管与端头基坑混凝土墙之间的间隙。在冻结管内下入供液管,然后焊接冻结管端盖、羊角,并安装去、回路闸阀。测温孔施工方法和要求与冻结孔相同。水文孔安装后要进行洗孔,确保出水畅通。

5. 冻结制冷施工主要技术措施

(1)各种制冷设备和冷却水泵、盐水泵在安装前要认真进行检修,冷冻站安装完成后要按规范要求进行压力试漏和抽真空试漏。

(2)加强制冷调节站调节,确保盐水温度 15 天降至 −20℃,30 天降至 −28℃。

(3)盐水系统设过滤网,预防冻结器堵孔,保证每个冻结器正常工作。

(4)进行制冷系统、盐水系统、冷却水系统的温度、压力监测,及时调整工况参数。

(5)加强冻结器去、回路盐水温度和冻结器测温孔温度的监测,保证冻结效果优良。

(6)根据对测温孔温度、水文泄压孔水位及温度等多项指数的综合分析,在判定冻结壁确已交圈,且已达到设计要求的强度和厚度后,方可进行隧道开挖。

(7)在隧道施工过程中,加强冻结壁温度和位移的监测,分析冻结壁冻结状况,发现异常及时分析,并采取相应措施果断处理。

(8)在隧道开挖过程中,开挖长度控制在 0.5～1 m 为宜,避免引起地表沉降和冻结管破裂。

(9)在隧道掘进过程中,原则上不得放炮掘进,如遇硬岩确需放炮时,应采取光面爆破,每次放炮炮眼深度不宜超过 1.2 m,周边眼距冻结管距离控制在 1.2 m 以上,放炮前应编制放炮措施。

(10)混凝土质量保证措施。

1)控制冻结孔偏斜径向外偏,开孔定位增加仰角,使冻结管远离开挖面,尽可能地提高冻结开挖面温度,为砼养护创造条件。

2)提高砼入模温度,保证砼入模温度在 20℃以上。

3)在砼中掺入 3%～10% 的早强复合防冻剂,提高砼抗冻性能,提高早期强度。

6. 冻胀及融沉预防措施

土层冻胀主要是由土层中水结冰膨胀引起的,影响因素除含水量的大小外,还有冻土压力大小、冻结速度快慢、冻结温度高低、冻土中水量补给状况等因素。冻土的融沉是相对冻胀产生的,因为冻土融化后,土中水分因自重作用减小,融土在围岩压力及土颗粒自重作用下,压缩体积引起融沉。其具体措施如下:

(1)加强冻结壁温度、厚度监测,及时调节冻结盐水温度和冻结时间,并尽可能采用间隔制冷冻结措施。

(2)在开挖断面内外,视地层情况施工泄压孔,以减少冻胀压力,控制冻胀影响范围和方向。

(3)加快盐水降温速度,加大盐水流量,以加快冻土冻结进度,减少冻土的水分迁移,即减少冻胀。

(4)在隧道开挖过程中,根据揭露地层的情况,在软土、黏土中预埋或预留注浆孔,在冻结壁融化时,视融沉发展情况,及时跟踪压密注浆控制融沉。

(5)在开挖隧道断面内布设监测点,跟踪监测地面及冻结壁的位移情况,及时分析、及时处理,视情况可采取液氮冻结补强、泄压或注浆等措施,控制位移、冻胀和融沉。

(6)冻结停冻后,及时回收供液管,用比重 1.6 ~1.7 的水泥浆充填冻结管。

思　考　题

1. 人工冻结法施工的原理是什么?
2. 立井井筒冻结深度确定的一般原则是什么?
3. 斜井井筒冻结的技术特点有哪些?
4. 人工冻结法施工在地铁隧道施工中有哪些工程应用?

参　考　文　献

[1] 崔云龙. 简明建井工程手册:下册[M]. 北京:煤炭工业出版社,2003.

[2] 中国矿业学院. 特殊凿井[M]. 北京:煤炭工业出版社,2003.

[3] 李大建. 广州地铁超长水平冻结施工设计[J]. 都市快轨交通,2007,20(2):55 - 59.

[4] 周晓敏,王梦恕. 人工地层冻结技术在我国城市地下工程中的兴起[J]. 都市快轨交通,2004,17(增刊):4.

[5] 杨平,张婷. 城市地下工程人工冻结法理论与实践[M]. 北京:科学出版社,2015.

[6] 李亚汝,蔡海兵. 地铁隧道冻结法施工地层冻胀的研究进展及展望[J]. 低温建筑技术,2019,41(1):76 - 80.

第12章 注浆法施工技术

本章主要介绍注浆法原理、注浆材料及选择、注浆法施工流程和施工要点等内容。

12.1 注浆法原理

注浆法的主要优点是：所需设备较少、工艺简单、方法可靠、造价低、效果好。因此，目前在水利水电、矿山、交通隧道、建筑基础、边坡等土木工程的各个领域得到了广泛应用。注浆法的分类方法很多，通常有以下几种：

(1)按注浆材料种类分为水泥注浆、黏土注浆和化学注浆。

(2)按注浆施工时间不同分为预注浆和后注浆。

(3)按注浆对象不同分为岩层注浆和表土层注浆。

(4)按注浆工艺流程分为单液注浆和双液注浆。

(5)按注浆目的分为堵水注浆和加固注浆。

(6)按作用机理分为充塞注浆、渗透注浆和挤压注浆。

12.1.1 浆液扩散机理

浆液在地层中的运动规律和地下水的运动规律非常相似，不同之处在于浆液具有黏度。因此，浆液在地层中流变学特性取决于浆液的结构特性。浆液在地层孔隙或裂隙中的流变性可用层流条件下的流变参数来表示。由于浆液的类型不同，浆液流变性也不同，一般将浆液分为牛顿体和非牛顿体两大类。流动性较好的化学浆液属于牛顿体，它的特点是在浆液凝胶前符合一般牛顿流体的流动特性，当达到凝胶时间后瞬时凝胶。牛顿流体的切应力和应变速度呈线性关系，又叫牛顿内摩擦定律，其流动曲线是通过坐标原点的直线，方程为

$$\tau = \mu \upsilon$$

(12.1)

式中 τ——剪切应力(单位面积上的内摩擦力)；

μ——黏度(产生单位剪切速率所需要的剪切应力)；

υ——剪切速率或流速梯度。

水泥浆等粒状材料，从结构上看，属于两相流体，应符合两相流动理论。一般将其看成具有均质准流体，考察其流动性，应用非流体力学的方法研究浆液的两相流动特性。非牛顿流体包括剪切稀化流体、剪切稠化流体、宾汉姆流体等多种类型，水泥浆等粒状注浆材料可当作宾汉姆流体考虑。由于多相流体中，作为分散相的颗粒分散在连续相中，分散的颗粒间强烈的相互作用形成了一定的网状结构，为破坏网状结构，使得对宾汉姆流体只有施加超过屈服值的切应力才能产生流动。

在注浆施工中,浆液在地层中的作用方式主要表现为劈裂扩散、挤压填充。浆液在地层中的两种扩散机理模式如图 12.1 所示。

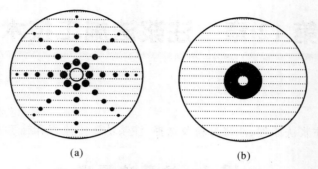

图 12.1　浆液在地层中扩散机理模式图
(a)劈裂扩散；(b)挤压填充

(1)劈裂扩散。劈裂扩散是指在对于弱透水性地层中,当注浆压力超过劈裂压力时土体产生水力劈裂,也就是在土体内突然出现裂隙,于是地层吸浆量突然增加,浆液呈脉状进行渗透。劈裂面发生在阻力最小主应力面,劈裂压力与土体中的最小主应力及抗拉强度成正比。

劈裂注浆时,浆液在注浆压力作用下先后克服地层的切应力和抗拉强度,使其在垂直于最小主应力的平面上发生劈裂,浆液便沿此劈裂面渗入和挤密土体,并在其中产生化学加固,形成作为骨架的浆脉。劈裂注浆通过形成网状劈裂脉,使土体的力学性质及透水性得以改善,从而达到注浆加固和堵水的目的。在均质松软地层中,劈裂注浆首先主要产生竖向劈裂裂隙,而在层状软岩中则首先产生水平劈裂裂隙。

当地层埋深较浅时,应防止劈裂作用导致地表隆起而危及注浆周边构筑物的安全。因此,在注浆过程中应随时进行地表变形监测,以防止地表发生有害的变形。

(2)挤压填充。挤压填充是指浆液在地层中难以扩散或劈裂地层进入孔隙中,而是在注浆压力作用下,地层被浆液挤密。挤压注浆只是在基础处理时,为提高地基承载力而采取的一种注浆方式,注浆效果较差,因此一般不宜采用。

12.1.2　注浆作用机理

1.加固机理

注浆加固或堵水,浆液在地层中扩散,多以劈裂方式进行。为此,现仅介绍劈裂注浆作用机理。

(1)无黏性土地层加固。地层在注浆后,注浆材料通过劈裂、渗透等作用将地层孔隙或裂隙进行充填、胶结。同时,浆液在化学反应过程中,某些化学剂与地层中的元素进行离子交换形成了新的物质,增加地层的黏聚力。注浆加固机理可用地层强度增长的原理进行解释。

(2)黏性固结土地层加固。对于黏性土地层,在注浆压力作用下,浆液克服了地层的初始应力和抗拉强度,使地层沿垂直于小主应力的平面上发生劈裂,浆液进入劈裂的地层形成脉状固结体。脉状浆液固结体,由于浆液与地层颗粒的化学作用以及因浆液脉状扩散的注浆压力而挤密的地层,未受注浆影响的原地层,一起组成一种复合地基,共同承受外部载荷。

(3)围岩劈裂加固注浆。注浆可以加固破碎围岩,提高围岩整体性和支撑能力,从而达到安全开挖隧道的目的。围岩劈裂注浆作用机理:隧道围岩一经开挖扰动将出现破裂区、塑性区和弹性区,应力重新分布。在此围岩中钻注浆孔将再次引起应力重新分布。劈裂注浆将导致产生新的裂隙及原有裂隙的扩展,并使其充满与围岩凝固胶结。围岩钻孔后将导致钻孔周围产生更大的应力集中,可能沿钻孔周围出现新的破裂区。

由实验室实验和现场注浆试验可知,围岩劈裂过程中的注浆压力变化规律分为以下几个阶段:

(1)浆液充填。注浆开始,浆液充填注浆管、注浆孔和围岩较大的孔、裂隙,这阶段实际是无压注浆阶段,持续时间短,甚至只有几十秒。

(2)初次劈裂。当充填阶段结束后,注浆压力便很快上升,直至孔内浆液压力达到起裂压力时,初次劈裂将在最小主应力面发生,随后浆液压力迅速下降,而流量增大。

(3)二次劈裂阶段。初次劈裂阶段结束后,注浆流量增加导致注浆压力继续上升,浆液流量又将逐渐减小,继而又产生二次劈裂,此时的注浆压力大于初次劈裂的压力。

(4)三次劈裂阶段。过程与上相似,不过三次劈裂时注浆压力更大。

(5)结束注浆阶段。注浆压力上升到规定压力时结束注浆。劈裂注浆过程中可能发生一次或多次劈裂现象,各劈裂发生的间隔时间不等,但是后续劈裂时注浆压力总是大于前者,而且劈裂面总发生在当时最小主应力面上。

2.堵水机理

地层注浆后,孔隙或裂隙被浆液所填充,或者通过剪切劈裂使地层密实度提高,从而降低地层的渗透能力,起到注浆堵水作用。对于地层的防渗标准,可采用单位吸水率、透水率和渗透系数来判定。

12.2　注浆材料及选择

注浆材料是注浆堵水与加固的关键,它直接关系到注浆成本、注浆效果、注浆工艺等一系列问题。因此,在采用注浆法进行堵水或加固时,首先应正确选择注浆材料及其配方。

12.2.1　注浆材料

12.2.1.1　注浆材料的要求

注浆材料的种类很多,但理想的注浆材料应满足以下要求:

(1)黏度低,流动性和可注性好,能进入细小裂隙或粉细砂层内。

(2)浆液凝固时间可调并能准确控制。凝胶固化过程在瞬时完成。

(3)浆液固化时不收缩,结石率高,结石体抗渗性能好,拉压、抗拉强度高,与砂石间黏结力大。

(4)浆液稳定性好,便于保存运输。

(5)浆液无毒、无臭,对环境无污染,对人体无害。不易燃易爆,对设备、管路无腐蚀性。

(6)结石体抗地下水侵蚀的能力强。能长期耐酸、碱、盐、生物细菌等侵蚀,耐老化性能好。

(7)材料来源广泛,价格便宜,注浆工艺简单,浆液配制方便。

应该指出,目前世界各国所用的注浆材料中,还找不出一种材料能同时满足上述要求。因此,应首先熟悉各种浆材的不同特性,然后根据工程条件和注浆的目的要求来合理选择注浆材料。

12.2.1.2 浆液性质评价指标

注浆材料的主要性质评价指标包括分散度、沉淀析水性、凝结性、热学性、收缩性、结石强度、渗透性和耐久性。

1. 材料的分散度

分散度是影响可灌性的主要因素,一般分散度越高,可注性就越好。分散度还将影响浆液的一系列物理力学性质。

2. 沉淀析水性

在浆液搅拌过程中,水泥颗粒处于分散和悬浮状态,但当浆液制成和停止搅拌时,除非浆液极为浓稠,否则水泥颗粒将在重力作用下沉淀,并使水向浆液顶端上升。沉淀析水性是影响注浆质量的有害因素。浆液水灰比是影响析水性的主要因素,研究证明,当水灰比为 1.0 时,水泥浆的最终析水率可高达 20%。

3. 凝结性

浆液的凝结过程分为两个阶段:初凝阶段,浆液的流动性减小到不可泵送的程度;第二阶段,凝结后的浆液随时间而逐渐硬化。研究证明,水泥浆的初凝时间一般在 2~4 h,黏土水泥浆则更慢。由于水泥微粒内核的水化过程非常缓慢,故水泥结石强度的增长将延续几十年。

4. 热学性

由水化热引起的浆液温度主要取决于水泥类型、细度、水泥含量、灌注温度和绝热条件等因素。

5. 收缩性

浆液及结石的收缩性主要受环境条件的影响。潮湿养护的浆液只要长期维持其潮湿条件,不仅不会收缩还可能随时间而略有膨胀。反之,干燥养护的浆液或潮湿养护后又使其处于干燥环境中,就可能发生收缩。一旦发生收缩,就将在注浆体中形成微细裂隙,使浆液效果降低,因而在注浆设计中应采取防御措施。

6. 结石强度

影响结石强度的因素主要包括浆液的起始水灰比、结石的孔隙率、水泥的品种及掺合料等,其中以浆液浓度最为重要。

7. 渗透性

与结石的强度一样,结石的渗透性也与浆液起始水灰比、水泥含量及养护龄期等一系列因素有关。不论纯水泥浆还是黏土水泥浆,其渗透性都很小。

8. 耐久性

水泥结石在正常条件下是耐久的,但若灌浆体长期受水压力作用,则可能使结石破坏。

12.2.1.3 浆液材料分类及特性

浆液材料分类的方法很多,如按浆液所处状态可分为真溶液、悬浮液和乳化液,按主剂性质可分为无机系和有机系等。

1. 粒状浆液特性

水泥浆材是以水泥浆为主的浆液,在地下水无侵蚀性条件下,一般都采用普通硅酸盐水泥。它是一种悬浊液,能形成强度较高和渗透性较小的结石体。既适用于岩土加固,也适用于地下防渗。在细裂隙和微孔地层中虽其可注性不如化学浆材好,但若采用劈裂注浆原理,则不少弱透水地层都可用水泥浆进行有效的加固。

水泥浆配比采用水灰比表示,水灰比越大,浆液越稀,一般变化范围为 0.6～2.0;常用的水灰比是 1∶1。为了调节水泥浆的性能,有时可加入速凝剂或缓凝剂等附加剂。常用的速凝剂有水玻璃和氯化钙,其用量约为水泥质量的 1%～2%;常用的缓凝剂有木质素磺酸钙和酒石酸,其用量约为水泥质量的 0.2%～0.5%。

水泥浆材属于悬浮液,其主要问题是析水性大、稳定性差。水灰比越大,上述问题就越突出。此外,纯水泥浆的凝结时间较长,在地下水流速较大的条件下灌浆时,浆液易受冲刷和稀释等。为了改善水泥浆液的性质,以适应不同的注浆目的和自然条件,常在水泥浆中掺入各种附加剂,如表 12.1 所示。

表 12.1　水泥浆的附加剂及掺量

名称	试剂	掺量占水泥重/(%)	说明
速凝剂	氯化钙	1～2	加速凝结和硬化
	硅酸钠	0.5～3	加速凝结
	铝酸钠		
缓凝剂	木质磺酸钙	0.2～0.5	增加流动性
	酒石酸	0.1～0.5	
	糖	0.1～0.5	
流动剂	木质磺酸钙	0.2～0.3	
	去垢剂	0.05	产生空气
加气剂	松香树脂	0.1～0.2	产生约10%的空气
膨胀剂	铝粉	0.005～0.02	约膨胀 15%
	饱和盐水	30～60	约膨胀 1%
防析水剂	纤维素	0.2～0.3	
	硫酸铝	约20	产生空气

黏土类浆液采用黏土作为主剂,黏土的粒径一般极小(0.005 mm),而比表面积较大,遇水具有胶体化学特性。黏土颗粒越细浆液的稳定性越好,一般用于护壁或临时性的防护工程。

由于黏土的分散性高,亲水性强,因而沉淀析水性较小。在水泥浆中加入黏土后,兼有黏土浆和水泥浆的优点,成本低、流动性好、稳定性高、抗渗压和冲蚀能力强。

水泥砂浆由水灰比不大于 1.0 的水泥浆掺砂配成,与水泥浆相比有流动性小、强度高和耐久性好、节省水泥的优点。地层中有较大裂隙、溶洞,耗浆量很大或者有地下水活动时,宜采用该类浆液。

水泥-水玻璃类浆液以水泥和水玻璃为主剂。水玻璃的加入可加快凝结。其性能主要取决于水泥浆水灰比、水玻璃浓度和加入量、浆液养护条件等。其广泛应用于建筑地基、大坝、隧道等建筑工程。

2. 化学浆液特性

与粒状浆液相比,化学浆液的特点是能够注入裂隙较小的岩石、孔隙小的土层及有地下水活动的场合。化学浆液按照其功能可分为防渗型、补强型和防渗补强型三类。

（1）防渗型化学浆液。防渗型化学浆液常用丙烯酰胺类浆液和聚氨酯类浆液。

丙烯酰胺类浆液亦称 MG646 浆液，是以丙烯酰胺为主剂，配合交联剂、引发剂、促进剂、缓凝剂和水配成。具有水溶性和可灌性，黏度低（接近水），凝结时间可调，聚合体不溶于水且具有一定弹性等特点。

聚氨酯类浆材是采用多异氰酸酯和聚醚树脂等作为主要原材料，再掺入各种外加剂配制而成的。浆液灌入地层后，遇水即反应生成聚氨酯泡沫体，起加固地基和防渗堵漏等作用。聚氨酯类浆材是一种防渗堵漏能力强、固结体强度高的浆材。

（2）补强型化学浆液。目前应用于地基加固补强的化学浆液较多，下面主要介绍环氧树脂类浆液和甲基丙烯酸酯类。

甲基丙烯酸酯类浆液具有比水还低的黏度，可灌入 0.05～0.1 mm 细缝，固化强度高，广泛用于地下水位以上混凝土细裂缝补强灌浆。

环氧树脂是一种高分子材料，它具有强度高、黏结力强、收缩性小、化学稳定性好，并能在常温下固化等优点；但它作为注浆材料则存在一些问题，例如浆液的黏度大、可注性小、憎水性强、与潮湿裂缝黏结力差等。改性环氧树脂具有黏度低、亲水性好、毒性较低以及可在低温和水下注浆等特点，特别适用于混凝土裂缝及松软岩基特殊部位的灌浆处理。

（3）其他化学浆液。下面主要介绍水玻璃浆液和木质素类浆材。

水玻璃又称硅酸钠，在某些固化剂作用下，可以瞬时产生胶凝。水玻璃类浆液是以水玻璃为主剂，加入胶凝剂，反应生成胶凝，是当前主要的化学浆材，它占目前使用的化学浆液的90%以上。

木质素类浆材是以纸浆废液为主剂，加入一定量的固化剂所组成的浆液。它属于"三废利用"，源广价廉，是一种很有发展前途的注浆材料。木质素浆材目前包括铬木素浆材和硫木素浆材两种。

12.2.2 注浆材料的选择

选择注浆材料时必须结合地层地质条件、水文地质条件、工程要求、原材料供应及施工成本等因素，确保施工既有效又经济，一般原则包括以下方面。

（1）在基岩裂隙含水层注浆，需浆量大，往往又要求有足够的固结体强度。因此，当裂隙开度较大时，可选择水泥浆或水泥-水玻璃浆液；当裂隙开度较小时，可采用水泥-水玻璃浆液或水玻璃类浆液；当裂隙开度<0.1 mm 时，采用 MG646 或木质素类浆液。

（2）在含水砂砾层中，粗砂以下可采用水泥-水玻璃浆液；中砂以下采用化学浆液，如丙烯酸胺类、聚氨酯类、水玻璃类等。开凿地下工程过流砂层时，应选强度高的化学浆材。在动水条件下，可采用非水溶性聚氨酯浆材。

（3）对于特殊地质条件（如破碎带、断层、岩溶等），应先注惰性材料，如砾石、砂子和炉渣等，然后注单液水泥浆或 C－S 浆液。

（4）壁内注浆，可采用 MG646、聚氨酯类、铬木素类浆液。当裂隙较大时，亦可采用 C－S 浆液。

（5）壁后注浆可采用单液水泥浆或 C－S 浆液。

（6）应优先选择水泥、水玻璃等货广价廉的材料，化学浆材是松散含水层注浆不可缺少的浆材，但价格较贵，有的还有毒性。因此，只有在必须用化学浆材的条件下才用之。

— 288 —

12.3　注　浆　参　数

选定注浆材料以后,必须选择合理的注浆参数与之相适应,才能获得理想的注浆效果。通常所说的注浆参数主要包括注浆压力、注浆时间、浆液有效扩散半径、浆液流量和浆液注入量、浆液起始浓度和凝胶时间等。注浆参数的选择是注浆设计的主要组成部分,其合理与否,直接关系到注浆的效果和造价。当被注介质条件、浆液条件、设备条件等确定以后,注浆效果的主要参数是注浆压力和浆液注入量。

1. 注浆压力

注浆压力是指克服浆液流动阻力进行渗透扩散的压强,通常指注浆终了时受注点的压力或注浆泵的表压。当地面预注浆时,主要观察和控制表压;当工作面预注浆时,观察和检查工作面上孔口的表压。

提高注浆压力,可增加浆液的扩散距离,减少注浆孔数。从而加快注浆速度。此外,由于注浆压力的提高,细小裂隙亦易被浆液充填,提高了结石体的强度和细密性,改善注浆质量。但是,压力过大会使浆液扩散太远,造成材料浪费,也会增加冒浆次数,甚至引起岩层的变形和移动。若压力太小就难以保证注浆效果。

注浆压力的选择应同时考虑两方面的因素。其一应考虑受注介质的地质和水文地质条件(如受注层埋深、地下水量与水压、受注层的力学性质、裂隙情况等);其二应考虑浆液性质、注浆方式、注浆时间,要求的浆液扩散半径和结石体强度等。工作面预注浆还要考虑支护层的强度和止浆垫的强度等。因为上述因素中有的目前还不能预先了解清楚,所以许多理论计算公式在实际中还不便应用。因此,至今还没有可行的统一方法来计算注浆压力。通常采用经验公式、经验数据或通过注浆现场试验来确定。

在流砂层中进行化学注浆时,注浆压力一般比静水压力大 $0.3\sim0.5$ MPa。在粗砂以上地层中可以用低压注可注性好的浆液;在细砂层中,为了保证扩散的范围和质量,可采取先低压后高压的方式注浆。

2. 浆液流量和浆液总注入量

浆液流量又称为浆液单位注入量,是指一个注浆孔单位时间内注入的浆液体积。浆液总注入量是进行浆液预算和指导注浆施工进度的依据。由于各钻孔的注浆量不同,先注孔要比后注孔大得多,因此,只能进行估算。

3. 注浆时间

每个钻孔分段注浆的时间应小于浆液的凝胶时间,以保证注浆工作的顺利进行。注浆时间可以用理论公式计算,这方面的公式较多。但是,由于地质条件的千差万别,注浆材料、注浆设备和注浆工艺的不同,用理论公式计算出的注浆时间与实际往往相差很大。因此,在实际设计中,一般用每孔注浆量和注浆泵的平均生产率来估算单孔注浆时间。

在细砂中进行化学注浆时,需要的注浆时间与注浆压力、浆液的黏度等密切相关。被注地层的砂粒越小(渗透系数愈小),则需要的注浆压力越高,注浆时间越长;所注浆液的黏度越大,需要的注浆压力愈大,注浆时间愈长。

4. 浆液有效扩散半径

在注浆压力作用下,浆液在岩层裂隙或砂层孔隙间扩散,浆液流动扩散的范围称为扩散半径,而浆液充塞胶结后起堵水或加固作用的有效范围称为有效扩散半径。在裂隙岩层或其他不均匀地层中,由于渗透性和裂隙的各向异性,扩散半径和有效扩散半径的数据相差很大。

有效扩散半径的大小与被注地层的渗透系数、裂隙或孔隙的大小、浆液的凝胶时间、注浆压力、注浆时间及浆液注入量等成正比,与浆液的黏度及浓度成反比。

5. 浆液的凝胶时间

浆液的凝胶时间长短直接影响着注浆时间,因此,要求凝胶时间必须大于注浆时间。在注浆工程中,注浆压力具有重要意义。在注浆参数选择中,多以注浆压力为主,其他注浆参数(如浆液流量、浆液的黏度和浓度、注浆时间、扩散半径等)均要适应注浆压力的变化。由于影响注浆压力的因素很多(如静水压力、浆液性质、地质地层条件等),因此,在实际施工时,要结合施工的具体情况对确定的注浆压力进行必要地调整。

12.4 施工程序及施工要点

12.4.1 施工程序

(1)小导管注浆施工工艺流程,如图 12.2 所示。
(2)周边浅孔注浆施工工艺流程,如图 12.3 所示。
(3)跟踪注浆施工工艺流程,如图 12.4 所示。
(4)径向注浆施工工艺流程,如图 12.5 所示。

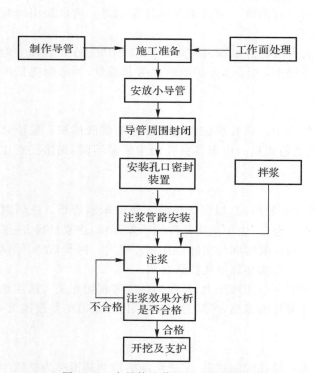

图 12.2 小导管注浆施工工艺程序图

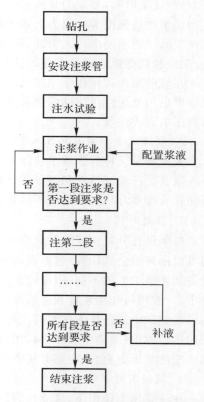

图 12.3 周边浅孔注浆施工工艺程序图

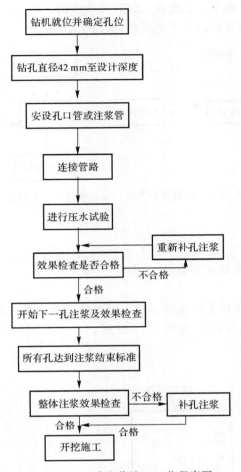

图 12.4　跟踪注浆施工工艺程序图

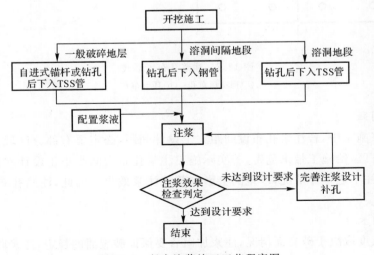

图 12.5　径向注浆施工工艺程序图

（5）基坑周边帷幕注浆施工工艺流程，如图 12.3 所示。

（6）初期支护背后回填注浆施工工艺流程，如图 12.6 所示。

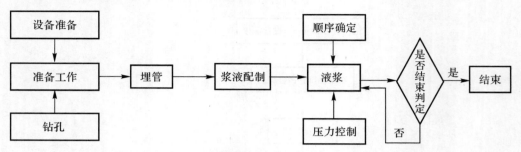

图 12.6　初期支护背后回填注浆施工工艺程序图

12.4.2　施工要点

12.4.2.1　周边浅孔注浆施工要点

1. 注浆孔的布置

注浆孔的布置要根据工程实际情况、地质、周边环境等因素进行综合选取，常用的孔位布置形式有梅花形布置、环形布置等，如图 12.7 所示。

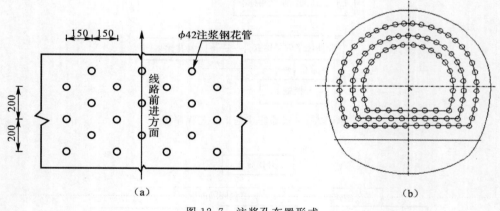

图 12.7　注浆孔布置形式

(a)梅花形布孔；(b)环形布孔

2. 注浆孔间距

在实际注浆施工中，若注浆孔布设间距大于设计间距，必定要有部分区域未被浆液填充，从而形成注浆盲区，给施工带来危害；若实际施工注浆孔布设间距小于设计间距，临近孔的注浆易出现串浆、注不进浆等情况，严重的会影响整体注浆效果。因此，注浆孔布设孔位误差应在 ±10 cm 以内。

3. 注浆段的长度

注浆段的长度取决于破裂面情况，注浆加固后要保证破裂面的稳定，注浆段的长度一般为隧道高度加 2 m。

4.注浆施工

(1)注浆方案的设计参数应经过现场试验确定,并在施工中不断调整。

(2)严格控制注浆孔布设的间距和排距,采用罗盘定位等措施控制误差,钻孔水平误差小于或等于 10 cm。

(3)保证料源固定和材料供应,如需更换材料,应及时通知注浆技术人员做配比试验,确定注浆参数,保证注浆质量。

(4)注浆过程中应做好详细的注浆记录,加强周边环境巡视,并对浆液进行凝胶时间的测定,确保注浆施工效果及安全。

(5)注浆谨防跑浆,如发生跑浆,应在注浆管周围喷混凝土或施作止浆墙,并调节浆液凝胶时间,或采用间歇注浆。

(6)注浆中谨防串浆的发生,如串浆,应加大跳孔距离,调整注浆参数,必要时,可同时对多个孔同时注浆。

(7)注浆中如发生地表隆起,应立即根据工程地质实际,调整注浆材料和注浆参数。

(8)在注浆过程中,应加强监测,观察周围是否冒浆,是否产生隆起等现象。若发生隆起,则应采取调整浆液配比,缩短凝胶时间,瞬时封堵孔洞等措施。

12.4.2.2　小导管注浆施工要点

1.小导管的参数确定

小导管注浆设计应根据地质条件、隧道断面大小及支护结构形式选用不同的设计参数。根据地下工程特点,小导管注浆主要参数如下。

(1)小导管长度(L):L＝上台阶高度＋1 m;

(2)小导管直径:30～50 mm;

(3)安设角度:100°～150°;

(4)注浆压力:0.5～1.5 MPa;

(5)浆液扩散半径:0.15～0.25 m;

(6)注浆速度:30～100 L/min;

(7)浆液注入量 Q:

$$Q = \pi R^2 L n \alpha \beta \qquad (12.2)$$

式中　Q——单管注浆量,m³;

　　　R——浆液扩散半径,m;

　　　L——注浆管长度,m,一般 3～5 m;

　　　n——地层孔隙率或裂隙度;

　　　α——地层填充系数(堵水时一般取 0.7～0.8,加固地层时一般取 0.6～0.7);

　　　β——浆液消耗系数,一般取 1.1～1.2。

(8)每循环小导管搭接长度为 0.5～1.0 m。

小导管沿隧道周边布设,一般为单层布置;大断面隧道、松软围岩地层亦可双层布置。环向间距为 30～40 cm。小断面隧道钢拱架间距为 75～100 cm,每开挖 2～3 循环安设一次;大断面隧道钢拱架间距为 0.5 m,每开挖 1～2 循环安设一次。小导管超前预注浆示意图如图 12.8 所示。

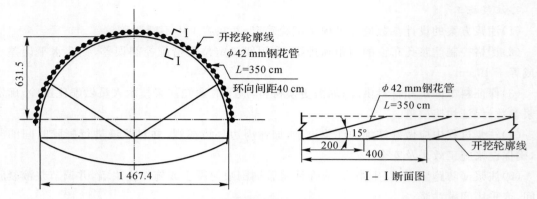

图 12.8　小导管超前注浆示意图(单位:cm)

2. 注浆材料

小导管注浆通常采用单液水泥浆、水泥-水玻璃双液浆或改性水玻璃浆液 3 种材料。

根据凝胶时间的要求,水泥浆的水灰比通常为 0.6∶1～1∶1(质量比),水玻璃浆浓度为 25～35Be′,水泥、水玻璃体积比可为 1∶1,1∶0.8,1∶0.6。改性水玻璃的模数在 2.8～3.3 之间,浓度为 40 Be′以上;硫酸浓度 98%以上;浆液配合比,甲液水玻璃为 10～20 Be′,乙液为 10%～20%的稀硫酸。

3. 小导管的制作

超前小导管宜采用直径为 25～50 mm 的焊接钢管或无缝钢管制作。

先把钢管截成需要的长度,在钢管的前端切割、焊接成 10～15 cm 长的尖锥状,在钢管后端 10 cm 处焊接直径 6 mm 钢筋箍,以利套管顶进,管尾 10 cm 车丝,和球阀连接。距后端钢筋箍处 90 cm 开始开孔,每隔 20 cm 梅花形布设直径 8 mm 的溢浆孔。小导管制作如图 12.9 所示。

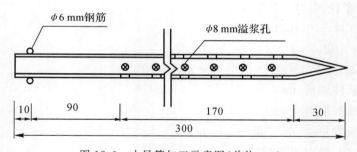

图 12.9　小导管加工示意图(单位:cm)

4. 小导管安设

小导管的安设可采用引孔或直接顶入方式。其安设步骤如下:

(1)用 YT - 28 风钻或煤电钻引孔,或用吹管将砂石吹出成孔,孔径大于小导管直径 10～20 mm,孔深视导管长度而定。

(2)插入导管,如插入困难,可用带顶进管套的风钻顶入。

(3)用吹风管将管内砂石吹出或用掏钩将砂石掏出。

(4)小导管尾缠棉纱,使小导管与钻孔固定密贴,并用棉纱将孔口临时堵塞。

(5)为防止注浆过程中工作面漏浆,小导管安设后必须对其周围一定范围的工作面喷射混凝土进行封闭。喷射厚度视地质情况,以 5~8 cm 为宜。

5.机具设备

小导管注浆应配备与工艺相适应的成孔设备、注浆设备、搅拌设备和其他设备,以保证注浆质量。成孔设备可根据地质情况,选用成孔深度 3 m 以上的风钻、高压(0.6 MPa)吹管。根据注浆工艺,应配有单液注浆泵、双液注浆泵,其注浆压力应不小于 5 MPa,排浆量应大于50 L/min,并可连续注浆。搅拌设备应选用低速机械式搅拌机,其搅拌有效容积不小于400 L混合器:采用 T 形混合器,其为两个进浆口和一个出浆口,口径为 25 mm。

小导管注浆时,应根据需要配有抗震压力表、高压胶管、高压球阀、水箱及储浆桶等辅助设备,还应配备必要的检验测试设备,如秒表、pH 计、波美计等。

6.注浆施工

(1)注浆开始前,应进行压水或压稀浆试验,检验管路的密封性和地层的吸浆情况,压水试验的压力不小于设计终压,时间不小于 5 min。

(2)注浆顺序。周边超前小导管自两侧向拱顶方向注第一序孔(单号),然后以同样顺序注第二序孔(双号)。注浆过程中要根据不同地层及掌子面含水情况,将胶凝时间调整在 30~180 s,以防止浆液随地下水流失过远,而造成止水效果不佳和浆液的浪费。单孔注浆结束后应迅速用棉纱将孔口封闭,并用水清洗泵及管路,然后移至下一孔进行施工。

(3)水泥浆注浆,浆液的水灰比为 0.6∶1~1∶1,水泥强度等级为32.5。注浆压力为 0.5~1.5 MPa,为防压裂工作面,同时还需控制注入量,当每根导管的注浆达到设计量时即可停止。当孔口压力达到规定值,但注入量不足时也应停止。

(4)注浆时,要经常观测注浆压力和流量的变化,发现异常情况,及时处理。如压力逐渐上升,流量逐渐减少属于正常现象;如压力长时间不上升(小导管注浆 5 min),流量不减,可能出现跑浆或漏浆情况;如压力急剧上升,流量急剧减少,在排除地层因素外,可能是管路阻塞。

(5)在注浆过程中,要经常观察工作面及管口情况,发现漏浆和串浆,要及时进行封堵。

(6)双液注浆,每隔 5 min 或变更浆液配比时,要在孔口测量浆液凝胶时间,并根据情况进行调整。

(7)在注浆过程中要做好注浆记录,每隔 5 min 详细记录压力、流量、凝胶时间等,并记录注浆过程中的情况,作为注浆效果分析的基础。

(8)为防止串浆情况发生,应采取隔孔注浆的顺序进行注浆。

(9)注浆效果检查。注浆结束后,应采用分析法和钻孔取芯法,检查注浆效果,如未达到设计要求时应补孔注浆。

(10)注浆结束标准:

1)单孔注浆结束标准。在注浆过程中,压力逐渐上升,流量逐渐减少,当压力达到注浆终压,注浆量达到设计注浆量的 80% 以上,可结束该孔注浆;注浆压力未能达到设计终压,注浆量已达到设计注浆量,并无漏浆现象,亦可结束该孔注浆。

2)本循环注浆结束标准。所有注浆孔均达到单孔注浆结束标准,无漏注现象,即可结束本循环注浆。

12.4.2.3 跟踪注浆施工要点

跟踪注浆技术适用于对高层建筑基坑、地铁车站、市政隧道、地下车库、地下商场等市政地下设施建设工程中的临近建筑物、道路桥梁、管线和其他地下构筑物等的沉降位移控制。其技术特点是在地下结构开挖的同时，在结构外一定范围内土体中注入有一定特殊要求的注浆材料，补充土体位移产生的空隙量，胶结泥沙，增加土体强度，减小土体的孔隙率，从而减小地面建筑物或地下构筑物的沉降和变形范围。

1. 注浆材料

跟踪注浆的主要材料是 42.5 普通硅酸盐水泥和水玻璃，沉降处理采用水泥单液注浆，防止近邻建筑物沉降的止浆帷幕采用双液浆或单双液浆混合注浆。

2. 注装参数

(1)凝胶时间。双液浆凝胶时间一般控制在 1 min 左右，单液浆凝胶时间尽可能调节到最短。

(2)注浆压力。注浆压力是表征双液浆劈裂土体能力及浆液影响范围的参数。从加固土体与扰动土体两方面考虑，注浆压力不宜过大，一般控制在 0.3 MPa 左右。在相同的条件下，被动区注浆压力可适当增大，而主动区应尽量调小。

(3)流量、注浆管提升速度和注浆量。多个工程应用实践证明，流量控制不大于 50 L/min，注浆效果最佳。注浆管的提升速度是另一个重要参数。首先，注浆量一般要求在一定范围内均匀分布，因此，注浆管应匀速提升。当然，对于某一深度，比如围护墙变形增量较大的地方，注浆量应适当加大，达到优化的目的。注浆量是由提升速度控制的，某一注浆孔的注浆量一般应为该处地层损失量的 2 倍，以便达到加固土体的作用。

12.4.2.4 径向注浆施工要点

径向注浆作为工程结构的一部分，它能起到加固、堵水的作用，因而在选择注浆材料时要综合考虑材料的耐久性、高强性，以及收缩性和无污染性。因此，选择普通水泥单液浆、超细水泥单液浆作为径向注浆材料，径向注浆材料配比见表 12.2。

表 12.2 径向注浆材料配比

序号	浆液名称	原材料要求	宜选择配比（水灰比）
1	普通水泥单液浆（简称 C 浆）	P·O 32.5R 以上普通硅酸盐水泥	0.6∶1～0.8∶1
2	超细水泥单液浆（简称 MC 浆）	MC-20 细度以下超细水泥	0.6∶1～0.8∶1

当地层裂隙不太发育时，径向注浆管采用钻孔后下入孔口管进行注浆，孔口管采用直径为 42 mm，长度为 1 m 的焊接钢管。当地层裂隙比较发育时，或在溶洞间隔地段及溶洞区段，径向注浆要求很高，因而宜采用 TSS 管，直径为 42 mm，长度为钻孔深度。

径向注浆采用全孔一次性注浆方式进行施工。注浆顺序宜按两序孔进行，即先跳孔后跳排注一序孔，然后注剩下的二序孔。这样，通过实施约束性注浆模式，实现挤压密实，提高围岩整体性和密实性的注浆目的。

一序孔注浆结束标准以定量定压相结合的原则进行控制。在注浆施工过程中,以定压为第一控制原则,如果长时间注浆压力不上升,应调整注浆材料配比,如果注一段时间后压力仍不上升,可按定量标准进行注浆控制。两序孔注浆结束标准以必须达到设计注浆终压的原则进行控制。

注装效果检查评定:①径向注浆,所有注浆孔的注浆 P－Q－T 曲线必须符合设计要求;②径向注浆结束后,渗漏水量应达到设计规定的允许渗漏水量标准要求。

12.4.2.5　基坑周边帷幕注浆施工要点

基坑工程注浆参数见表 12.3。基坑工程注浆一般要求浆液具有可注性、可靠性、可控性,无毒、无污染。因此,根据地质条件和工程要求,注浆材料采用普通水泥-水玻璃双液浆、超细水泥-水玻璃双液浆。普通水泥-水玻璃双液浆采用普通型或早强型 32.5R 以上普通硅酸盐水泥。双液浆浆液配比:水泥浆水灰比为 0.6 : 1～1.5 : 1,水泥浆与水玻璃体积比为 1 : 1～1 : 0.3,水玻璃浓度为 25～35Be′,缓凝剂掺量为 0～3%。

表 12.3　基坑工程注浆参数表

参数名称	桩外止水帷幕	桩间止水		基底止水帷幕	工程抢险注浆
		基坑开挖前止水	基坑开挖后止水		
扩散半径/m	0.6～0.8	0.6～0.8	0.4～0.6	0.6～1	根据涌水、涌砂规模,按桩外止水帷幕或基坑开挖前桩间止水设计
注浆终压/MPa	1～2	1～2	2～3	1～2	
浆液凝胶时间/min	0.5～3	0.5～3	0.5～1	0.5～3	
注浆速度/(L·min^{-1})	20～40	20～40	20～40	20～40	
注浆分段长度/m	0.4～0.6	0.4～0.6	0.4～0.6	0.4～0.6	
分段注浆量/m³	采用公式计算	采用公式计算	定压注浆	采用公式计算	

超细水泥-水玻璃双液浆配比:超细水泥浆水灰比为 1.5 : 1～2 : 1,超细水泥浆与水玻璃体积比为 1 : 1～1 : 0.3,水玻璃浓度为 25～35 Be′,缓凝剂掺量为 0～3%。

为了提高注浆效果,桩外止水帷幕、基坑开挖前桩间止水、基底止水帷幕、工程抢险注浆,采取袖阀管后退式分段注浆,基坑开挖后止水采用花管一次性注浆。桩外止水帷幕、基坑开挖前桩间止水、基底止水帷幕、工程抢险注浆采取两序孔注浆控制,一序孔为单号孔,一般采取定量注浆;二序孔为双序孔,一般采取定压注浆。基坑开挖后止水采取定压注浆方法。

注浆效果检查是评定注浆效果好坏,保证工程施工安全和施工质量的关键。根据以往工程施工经验,基坑工程注浆效果检查参考方法及标准,见表 12.4。

表 12.4 基坑注浆效果检查必需项目标准

注浆效果检查方法	桩外止水帷幕	桩间止水		基底止水帷幕	工程抢险注浆
		基坑开挖前止水	基坑开挖后止水		
P-Q-T 曲线法	符合设计的定量、定压控制原则				
涌水量对比法			堵水率 90% 以上		
检查孔观察法	不坍孔	不坍孔		不坍孔	不坍孔
检查孔取芯法	岩芯完整	岩芯完整		岩芯完整	岩芯完整
渗透系数测试法	$<10^{-5}$ cm/s	$<10^{-5}$ cm/s		$<10^{-5}$ cm/s	$<10^{-5}$ cm/s
水位推测法	水位稳定	水位稳定		水位稳定	水位稳定

12.4.2.6 初期支护背后回填注浆施工要点

1. 孔点布置与钻孔

孔点布置与钻孔是回填注浆顺利实施的前提与基础。孔点布置应结合相似工程,在隧道拱部布置。

2. 埋管

埋管是回填注浆的一个环节,对注浆效果也很重要。埋管采用直径 25 mm 钢管,外缠绵纱,用钢钎嵌入固定,钢管长 50 cm,外露 20 cm。埋管时确保钢管没有被水泥等堵塞。

3. 注浆材料

衬砌背后回填注浆的目的是填充空洞,使衬砌和围岩密贴,保证围岩和衬砌整体承载,所以注浆材料要耐久、强度高,一般选择单液水泥浆或水泥砂浆。

4. 装液配比

浆液应严格按照规定的配比进行配制,否则将无法保证注浆效果。

5. 注浆

注浆是整个回填注浆的关键所在。注浆的关键技术包括注浆方式、注浆压力与注浆顺序等,应遵循设计技术参数进行注浆。

6. 注浆结束标准

回填注浆应注意注浆压力的控制,当注浆压力达到 0.5 MPa,且上部注浆孔出现冒浆,即可结束该孔注浆。

7. 特殊情况的处理

(1)注浆过程如有外漏,可采取嵌缝封堵、降低压力、加浓浆液等方式处理,必要时可掺速凝剂,加速浆液凝固。

(2)注浆过程如发现洞壁混凝土开裂、起包、脱落等异常现象,应立即停止注浆,分析、查明原因,以及时采取应对措施。

12.5　注 浆 设 备

注浆设备是指配制、压送浆液的机具和注浆钻孔机具。这些设备的合理选择与配置是完成注浆施工的重要保证。注浆设备主要包括钻孔机械、注浆泵、搅拌机、混合器、止浆塞、流量计和输浆管路等。当注浆量较大时,通常在地面设注浆站。

1. 注浆站

注浆站是布置造浆和压浆设备的临时建筑,其面积的大小主要与设备的型号、数量及选用的注浆材料有关,水泥浆注浆站面积约 200 m²,水泥-水玻璃注浆站面积约 300 m²。注浆站应尽量靠近受注点,使注浆管路短、弯头少,以减少浆液的压力损失。当附近同时有几个大的注浆工程时,最好用同一注浆站,其位置要适中。

2. 钻孔机械

钻注浆孔主要使用钻探机械、潜孔钻机、潜风锤、气腿式凿岩机和钻架式钻机等。选择的依据主要有钻孔深度、钻孔直径、钻孔的角度等。在煤矿使用时还须考虑其防爆性。凿岩机主要用于壁后注浆等浅孔(深度小于 5 m)的钻进,钻架式多为立井钻凿炮眼用的伞形钻架(可达10～15 m)。

3. 注浆泵

注浆泵是注浆施工的主要设备。注浆泵要依据设计的供浆量和最大注浆压力来选择。泵压应大于或等于注浆终压的 1.2～1.3 倍。在注浆过程中能及时调量调压,并保证均匀供液;双液注浆时,注浆泵应能使双液吸浆量保持一定的比例。

注浆泵的种类很多,按动力分,有电动泵、风动泵、液压泵和手动泵;按压力大小分,有高压泵(15 MPa 以上)、中压泵(5～15 MPa)和低压泵(5 MPa 以下);按输送的介质分,有水泥注浆泵和化学注浆泵;按同时可输送的浆液数量分,有单液注浆泵和双液注浆泵;按用途分,有专用注浆泵和代用注浆泵两种。

4. 搅拌机

搅拌机是使浆液拌和均匀的机器。它的能力应与注浆泵的最大排浆量相适应,目前国内还很少有定型搅拌机,多是施工单位自制或与注浆泵配套供应。搅拌机的有效容积一般为0.8～2 m³。

5. 止浆塞

止浆塞是把待注浆的钻孔按设计要求上、下分开,借以划分注浆段高,使浆液注到本段内岩石裂隙部位的工具。它在孔中安设的位置,应是在围岩稳定、无纵向裂隙和孔型规则的地方。止浆塞应结构简单、操作方便、止浆可靠。

目前使用的止浆塞分为机械式和水力膨胀式两大类。机械止浆塞主要是利用机械压力使橡胶塞产生横向膨胀,与孔壁挤紧,从而实现分段注浆。橡胶塞的外径为 42～130 mm,高度为 150～200 mm,可根据实际情况选 2～4 个,机械式止浆塞有孔内双管止浆塞、单管三爪止浆塞和小型双管止浆塞等形式。目前,三爪止浆塞应用范围较广,地面预注浆多采用这种形式。

思 考 题

1. 注浆法的原理是什么？
2. 如何选择注浆材料？
3. 小导管注浆的施工程序是什么？
4. 说明小导管注浆的施工要点。

参 考 文 献

[1] 叶观宝.地基处理[M].北京:中国建筑工业出版社,2009.

[2] 刘斌.地下特殊施工技术[M].北京:冶金工业出版社,1994.

[3] 周传波,陈建平,罗学东,等.地下建筑工程施工技术[M].北京:人民交通出版社,2008.

[4] 王梦恕,等.中国隧道及地下工程修建技术[M].北京:人民交通出版社,2010.

[5] 吴焕通,崔永军.隧道施工及组织管理指南[M].北京:人民交通出版社,2005.

[6] 姜玉松.地下工程施工技术[M].武汉:武汉理工大学出版社,2008.

[7] 崔光耀.地下工程施工技术[M].北京:中国建材工业出版社,2020.

[8] 申玉生.隧道及地下工程施工与智能建造[M].北京:科学出版社,2021.